EUROPUMP TERMINOLOGY

Pump Names

Désignations de Pompes

Denominazione delle Pompe

Denominación de las Bombas

Pumpenbenennungen

TRADE & TECHNICAL PRESS LTD

ISBN: 8 5461 089 8

Editor: EUROPUMP

Published and Printed in Great Britain by Trade & Technical Press Limited, Morden, Surrey, England.

CONTENTS

SOMMAIRE

SOMMARIO

CONTENIDO

INHALT

Extract from the Foreword to the First Edition

Commission 1 of the European Committee of Pump Manufacturers — EUROPUMP — is working on a four language terminology for liquid pumps. Volumes dealing with Pump Classification and Names of Pump Components have been completed.

The work has been realised by the endeavours of the Members of Commission 1 and their Companies.

The technical vocabulary is the result of several years close co-operation between pump experts, on an international basis. Not only should this be a general contribution to European understanding, but, should also serve as terminology taking into account language peculiarities and at the same time clarify the terms in the different languages themselves. It should be mentioned here that the supernational standardization of terms in the four languages could only be achieved by obtaining national concessions.

The vocabulary will contribute to avoid misunderstandings both in the user's as well as in the foreign language and eliminate its consequences. Furthermore, the designer and technician by making use of the terms will be encouraged to form new expressions appertaining to pump design and will correctly apply those terms which could not be incorporated in the present vocabulary.

It is hoped that his work will serve all those making or using pumps, as a guide to use correct and non-ambiguous terms in any language, be it for the purpose of technical publication,in design,correspondence or in the stores. In this way the purpose of this book will be fulfilled.

Valuable suggestions for improvement and new results in the field of standardisation will be taken into account for the next edition. Any proposals will be thankfully accepted by your national Association of Pump Manufacturers.

Chairman of Commission 1

F. Villinger 1968

Extrait de l'evant-propos de la première édition

La Commission 1 du Comité Européen des Constructeurs de Pompes — EUROPUMP — s'attache à la mise au point d'une terminologie quadrilingue relative à la technique des pompes pour liquides. Les présents volumes concernent d'une part les désignations de pompes et d'autre part les désignations d'éléments constitutifs de pompes.

Pareil travail n'a été rendu possible que grâce au dévouement des Membres de la Commission 1 et à l'action désintéressée de leurs entreprises respectives.

L'établissement du présent vocabulaire technique est le résultat d'une longue et étroite collaboration sur le plan européen, entre techniciens de l'industrie des pompes. Ce document doit non seulement contribuer au rapprochement européen de façon générale, mais servir en outre à une elucidation des termes eu égard aux particularités linguistiques, et exercer simultanément, sur chacune des langues considérées, une saine influence quant à la normalisation de ces termes. Qu'il soit ici particulièrement souligné que pareille normalisation terminologique supranationale, découlant de l'assimilation entre eux des termes des quatre langues, n'a été rendue possible que grâce au consentement de concessions nationales.

Ce vocabulaire doit ainsi aider à prévenir des erreurs de compréhension aussi bien dans la langue nationale que dans les autres langues étrangères, avec toutes les conséquences que cela implique. Par ailleurs, le mode de définition ici retenu peut apporter aux constructeurs et aux techniciens d'utiles suggestions en vue de la création de néologismes en matière de construction de pompes et favoriser l'emploi judicieux de tous les autres termes techniques qui n'ont pu trouver place dans le présent vocabulaire.

Dans une prochaine édition, il sera tenu compte de toutes les suggestions d'amélioration du présent document valablement justifiées, ainsi que des résultats acquis dans le domaine de la

Estratto dalla prefazione alla 1ª edizione

La Commissione 1 del Comitato Europeo dei Costruttori di Pompe — EUROPUMP — sta lavorando alla terminologia quadrilingue riguardante la tecnica delle pompe per liquidi. Presentiamo i volumi concernenti la denominazione delle pompe e la denominazione delle parti componenti le pompe.

Tale lavoro è stato reso possibile soltanto grazie alla dedizione dei Membri della Commissione 1 e all'azione disinteressata delle loro rispettive Ditte.

La redazione di questo vocabolario tecnico è il risultato di una lunga e stretta collaborazione a livello europeo, fra tecnici dell' industria delle pompe. Quest' opera deve non solo contribuire ad una maggiore comprensione in campo europeo in generale, ma servire ad una chiarificazione dei termini in considerazione delle particolarità linguistiche ed esercitare allo stesso tempo, per ognuna delle lingue adottate, una sana influenza sulla normalizzazione di tali termini. Teniamo a sottolineare particolarmente che simile normalizzazione terminologica soprannazionale, derivando dalla mutua assimilazione dei termini delle quattro lingue, è stata possibile soltanto grazie a reciproche concessioni.

Questo vocabolario deve cosi aiutare ad evitare errori di interpretazione tanto nelle lingua nazionale che nelle altre lingue straniere, con tutte le conseguenze che ciò implica. D'altra parte, il metodo qui adottato per le denominazioni può dare ai costruttori e ai tecnici utili suggerimenti per la creazione di neologismi in materia di costruzione di pompe e favorire l'impiego opportuno di tutti gli altri termini tecnici che non hanno potuto trovare posto in questo vocabolario

In una prossima edizione di quest' opera si terrà conto di tutti i miglioramenti suggeriti con una valida giustificazione, come pure dei risultati acquisiti nel campo della normalizzazione. L'associazione nazionale dei costruttori di pompe

Extracto del prólogo de la primera edición

La comisión 1 del Comité Europeo de Constructores de Bombas — EUROPUMP — está trabajando en la puesta a punto de una terminología en cuatro idiomas relativa a la técnica de las bombas para líquidos. Los presentes volumenes se refieren de una parte a la denominación de las bombas y de otra a la denominación de los elementos constitutivos de ellas.

Este trabajo, ha sido posible gracias a la abnegación de los miembros de la Comisón 1 y a la colaboración desinteresada de sus respectivas Sociedades.

La consecución del presente vocabulario técnico es el resultado de una larga y estrecha colaboración en el plano Europeo entre técnicos de la industria de las bombas. Este documento debe no solamente contribuir al acercamiento europeo de manera general, sino también de otra parte a clarificar los términos a considerar en las particularidades lingüísticas, y a provocar simultaneamente, en cada lengua considerada, una sana influencia en cuanto se refiere a la normalización de estos términos. Cabe aquí subrayar particularmente que tal normalización terminologica supranacional, debida a la asimilación entre los términos de las cuatro lenguas, no es posible sin el consentimiento de concesiones nacionales.

Este vocabulario debe también ayudar a evitar errores de comprensión, tanto en la lengua nacional propia como con las otras extranjeras, con todas las consecuencias que ello implica. Además, las definiciones aquí expuestas pueden aportar a los constructores y a los técnicos, útiles sugerencias para formar nuevas expresiones en materia de construcción de bombas y favorecer el empleo juicioso de todos los términos técnicos que no haya podido encontrar en el presente vocabulario.

En una próxima edición serán consideradas debidamente todas las sugerencias de mejoramiento del pre-

Auszug aus dem Vorwort zur ersten Auflage

Die Kommission 1 des Europäischen Komitees der Pumpenhersteller — EUROPUMP — arbeitet an einer viersprachigen Terminologie des Fachgebiets Flüssigkeitspumpen. Die Bände Pumpenbenennungen und Benennungen von Pumpeneinzelteilen werden hiermit vorgelegt. Ermöglicht wurde diese Arbeit durch den selbstlosen Einsatz der Mitglieder der Kommission 1 und deren Firmen.

Das vorliegende Fachwörterbuch ist das Ergebnis einer langjährigen engen Zusammenarbeit von Pumpenfachleuten auf internationaler Ebene. Es soll nicht nur allgemein einen Beitrag zur europäischen Verständigung leisten, sondern darüber hinaus der Begriffsklärung unter Berücksichtigung sprachlicher Eigenheiten dienen und somit zugleich einen reinigenden Einfluß im Sinne einer Begriffsnormalisierung innerhalb der einzelnen Sprachen ausüben. Es sei an dieser Stelle besonders betont, daß die übernationale Normalisierung, die Angleichung der Terminologie der vier Sprachen untereinander, ohne die Bereitschaft zu nationalen Zugeständnissen nicht immer möglich war.

Das Wörterbuch soll somit Verständigungsfehler in der eigenen und der fremden Sprache und die damit verbundenen Folgen verhindern helfen. Weiterhin kann die hier praktizierte Art der Begriffsbestimmung dem Konstrukteur und dem Techniker Anregungen geben für die Neubildung von Benennungen im Pumpenbau sowie für die sachgerechte Anwendung all jener Fachwörter, die im vorliegenden Wörterbuch nicht erfaßt werden konnten.

Wertvolle Anregungen zur Verbesserung und neue Ergebnisse auf dem Gebiet der Normalisierung sollen bei einer späteren Auflage berücksichtigt werden. Vorschläge nimmt jederzeit der nationale Pumpenverband dankbar entgegen.

Möge dieses Buch all jenen, die mit Pumpen zu tun haben, als Richtungsweiser bei der Einführung einer guten und eindeutig zu übersetzenden

normalisation. L'association nationale des constructeurs de pompes accueillera toujours avec reconnaissance toutes propositions formulées à cet égard.

Puisse cet ouvrage servir de guide à tous ceux qui ont à s'occuper de pompes, et contribuer à la promotion d'une langue technique aisément traduisible, qu'il s'agisse de publications techniques, de construction, de correspondance ou de tenue des stocks. Ainsi cet ouvrage aurait-il pleinement atteint son objectif.

Le Président de la Commission 1

F. Villinger 1968

accetterà sempre con riconoscenza ogni proposta fatta a tale scopo.

Possa quest'opera servire di guida a tutti coloro che si devono occupare di pompe e contribuire all'incremento di una lingua tecnica facilmente traducibile, sia che si tratti di pubblicazioni tecniche, di costruzione, di corrispondenza o di immagazzinamento. In tal modo quest' opera avrà pienamente assolto il suo compito.

Il Presidente della Commissione 1

F. Villinger 1968

sente documento debidamente justificadas, así como los resultados adquiridos en el campo de la normalización. La Asociación Nacional de Constructores de Bombas, recibirá siempre con agrado todas las proposiciones formuladas en este sentido.

Esperamos que este trabajo, sirva de guia a todos los que se ocupan de bombas, y contribuya a la promoción de una lengua técnica facilmente traducible, cuando se trate de publicaciones técnicas, de construcción, para correspondencia ó almacenes. Con ello esta obra habrá conseguido plenamente su objetivo.

El Presidente de la Comisión 1

F. Villinger 1968

Sprache auf ihrem Fachgebiet dienen, sei es in technischen Veröffentlichungen, in der Konstruktion, in der Korrespondenz oder in der Lagerhaltung. Der Zweck dieses Buches wäre damit erfüllt.

Der Vorsitzende der Kommission 1

F. Villinger 1968

Extract from the Foreword to the Second Edition of the EUROPUMP Terminology

At the request of the European Committee of Pump Manufacturers, EUROPUMP, Commission 1 herewith presents the second enlarged edition of the EUROPUMP Terminology. This edition represents quite apart from a thorough revision, also a considerable extension.

By including the Spanish language the present specialized terminology for liquid pumps is now in five languages, German, English, French, Italian and Spanish.

This work was again made possible by the selfless endeavours of all members of Commission 1 and the full understanding of this work by their companies, both are gratefully acknowledged.

It is hoped that this second, extended edition, will help to avoid misunderstandings and eliminate their consequences. Furthermore may it serve all those who have anything to do with pumps as a useful source of information and assistance in translations in this specialized field.

EUROPUMP November, 1978

Chairman of Commission 1

Heinrich Hatzfeld

Extrait de l'avant propos de la seconde edition de la Terminologie EUROPUMP

Au nom du Comité Européen des Constructeurs de Pompes (EUROPUMP), la Commission 1 présente la seconde édition augmentée de la Terminologie européenne. La présente édition constitue en effet, un ouvrage non seulement remanié, mais considérablement développé.

De plus, la langue espagnole ayant été introduite dans la présente terminologie, celle-ci est désormais publiée en cinq langues (allemand, anglais, français, italien, espagnol).

Pareil travail n'a pu être effectué que grâce à l'action désintéressée des Membres de la Commission 1 et la bienveillante compréhension des Sociétés auxquelles ils appartiennent. Que les uns et les autres en soient ici particulièrement remerciés.

Puisse cette seconde édition, revue et augmentée, contribuer également à prévenir toutes erreurs de compréhension avec toutes les conséquences afférentes; puisse-t-elle enfin se révéler d'une aide efficace pour tous ceux qui ont à s'occuper de pompes, notamment en matière de traductions.

EUROPUMP Novembre 1978

Le Président de la Commission 1

Heinrich Hatzfeld

Estratto della prefazione alla seconda edizione della terminologia EUROPUMP

Per conto del Comitato Europeo dei Costruttori di Pompe — EUROPUMP — la Commissione 1 di tale Comitato ha il piacere di annunciare la seconda edizione ampliata della Terminologia EUROPUMP. Questa edizione costituisce non una semplice rielaborazione, ma soprattutto un considerevole ampliamento dell'opera. Con l'introduzione della lingua spagnola, la presente terminologia tecnica delle pompe per liquidi è ora disponib e in cinque lingue (tedesco, inglese, francese, italiano, spagnolo).

Tale mole di lavoro è stata possiblile grazie all'opera disinteressata di tutti i Membri della Commissione 1, nonchè alla comprensione delle Ditte delle quale gli stessi fanno parte.

A tutti va un sentito ringraziamento.

Ci auguriamo che anche questa seconda edizione ampliata contribuisca ad evitare errori di comprensione e le relative conseguenze e possa così essere di ausilio a chiunque abbia problemi di traduzione nel campo specifico delle pompe.

EUROPUMP Novembre 1978

Il Presidente della Commissione 1

Heinrich Hatzfeld

Extracto del prólogo de la segunda edición de la Terminologia EUROPUMP

En nombre del Comite Europeo de Constructores de Bombas (EUROPUMP), la Comisión 1 presenta la segunda edición aumentada de la terminología Europea. La presente edición constituye, no solamente una obra debidamente revisada, sino también notablemente ampliada.

Además, el idioma Español, ha sido incluido en la presente terminología, por lo que la misma está ahora en cinco idiomas (aleman, ingles, frances, italiano y españo).

Este trabajo, ha sido posible gracias al esfuerzo de los miembros de la comisión 1 y a la comprensión de sus Sociedades. A ambos nuestro agradecimiento.

Esperamos que esta segunda edición, revisada y aumentada, ayudará a evitar errores y sus consecuencias. Además, puede ser útil para quienes sin trabajar directamente con bombas, sea una fuente de información y asistencia en traducciones en sus respectivos campos.

EUROPUMP Noviembre, 1978

El presidente de la Comisión 1

Heinrich Hatzfeld

Auszug aus dem Vorwort zur zweiten Auflage der EUROPUMP Terminologie

Im Auftrag des Europäischen Komitees der Pumpenhersteller EUROPUMP legt die Kommission 1 des EUROPUMP die zweite, erweiterte Auflage der EUROPUMP Terminologie vor. Diese Auflage stellt neben einer Überarbeitung vor allem eine erhebliche Erweiterung dar.

Durch die zusätzliche Aufnahme der spanischen Sprache ist die vorliegende Terminologie des Fachgebiets Flüssigkeitspumpen nunmehr fünfsprachig (deutsch, englisch, französisch, italienisch, spanisch).

Ermöglicht wurde die Arbeit wiederum nur durch den selbstlosen Einsatz der Mitglieder der Kommission 1 und durch das Verständnis der Firmen, denen sie angehören. Beiden sei in besonderem Maß gedankt.

Möge auch die zweite, erweiterte Auflage Verständigungsfehler und die damit verbundenen Folgen verhindern helfen; möge sie ferner all denjenigen, die mit Pumpen zu tun haben, als Hilfsmittel für Übersetzungen in diesem Fachgebiet dienen.

EUROPUMP November 1978

Der Vorsitzende der Kommission 1

Heinrich Hatzfeld

Foreword to the Second Edition of the Volume on Pump Names of the EUROPUMP TERMINOLOGY

At the request of the European Committee of Pump Manufacturers, EUROPUMP Commission 1 presents a new and revised volume on Pump Names.

During the review new names were included, particularly from the area of nuclear power station, desalination and offshore technology. At the same time some names have been deleted, others regrouped and a summary of prefixes and suffixes added (see Arrangements and Explanations to the volume on Pump Names).

For the pump names and as available their definitions national and international standards were taken into account wherever possible. Furthermore international literature on pumps as well as the suggestions of others outside EUROPUMP were studied. The Spanish language has been included so that the volume Pump Names of the EUROPUMP TERMINOLOGY is now published in five languages (German, English, French, Italian and Spanish).

The subdivision of groups and the reference number of the names have been retained. Only in a few exceptions where a name has been moved to another section or names have been amalgamated has a new reference number been given. We hope that this unpopular but necessary measure on the interest of intelligibility is accepted by users of TERMINOLOGY.

The deletion of some names causes gaps in the sequence of reference numbers.

The work was only possible through the devotion of the members of Commission 1 and the understanding of their parent companies. Both are heartfully thanked.

Commission 1 hopes that this volume as well as its predecessor is a useful

Avant-propos pour la seconde édition du tome "Désignations de pompes" de la Terminologie EUROPUMP

Au nom du Comité Européen des Constructeur de Pompes (EUROPUMP), la Commission 1 présente une nouvelle édition, revue et corrigée, du tome ''Désignations de pompes''.

Lors des travaux de refonte de nouvelles définitions ont été adoptées, notamment dans les domaines des centrales nucleaires, de dessalement de l'eau de mer et de la technique offshore. Par contre, certaines définitions ont été supprimées ou encore regroupées. Enfin, on y a ajouté un sommaire sur les termes qualificatifs antérieurs et postérieurs (cf. Tome ''Désignations de pompes'' — Plan et commentaires).

Pour les désignations et leurs définitions, dans la mesure oụ celles-ci s'imposaient, on a tenu compte autant que possible des normes nationales et internationales. En outre, la littérature internationale en la matière a été largement utilisée, de même qu'on a tenu compte des diverses suggestions émises par des personnalités étrangères au Comité Européen.

En outre, en introduisant la langue espagnole, le tome ''Désignations de Pompes'' de la Terminologie EUROPUMP est désormais publié en cinq langues : allemand, anglais, français, italien et espagnol.

Le plan de l'ouvrage et les numéros d'ordre attribués aux désignations ont été maintenus. L'attribution de nouveaux numéros n'est intervenue que dans des cas très rares, ceux oụ l'on a estimé nécessaire de rattacher la désignation à une autre section ou de regrouper plusieurs désignations. Nous espérons que ces mesures, sans doute quelque peu genantes mais prises dans l'intérêt de la clarté de l'ouvrage seront agréées par l'utilisateur de la Terminologie.

Par suite de la suppression de certains numéros il n'y a pas toujours continuité dans la série des numéros d'ordre à l'intérieur des différents paragraphes.

Prefazione alla seconda edizione del volume "Denominazione Delle Pompe" della Terminologia EUROPUMP

A nome del Comitato Europeo dei Costruttori di Pompe (EUROPUMP), la Commissione 1 presenta una nuova edizione, riveduta e corretta, del volume 'Denominazione delle pompe'.

Durante i lavori di revisione della nuova edizione sono stati introdotti nuovi termini, in particolare nel campo delle centrali nucleari, della dissalazione dell'acqua di mare e della tecnica Offshore. Per contro, alcune definizioni sono state soppresse oppure raggruppate.

E' stato infine aggiunto un sommario relativo ai termini qualificativi precedenti e seguenti. (Cfr. vol. "Denominazione delle pompe", piano dell'opera e commenti).

Circa le denominazioni e relative definizioni, si è tenuto conto, qualora se ne rivelasse la necessità, per quanto possibile, delle norme nazionali e internazionali. Inoltre è stata largamente utilizzata la letteratura internazionale in materia, come pure si è tenuto conto dei diversi suggerimenti ricevuti da persone non facenti parte del Comitato Europeo.

Con l'introduzione, inoltre, della lingua spagnola, il volume "Denominazione delle pompe" della terminologia EUROPUMP è ora pubblicato in cinque lingue: tedesco, inglese, francese, italiano e spagnolo.

Il piano dell'opera e la numerazione delle denominazioni sono stati conservati.

L'attribuzione di nuovi numeri si è verificata solo in quei casi, molto rari, in cui si è ritenuto necessario di ricollegare le denominazioni ad una differente sezione o di raggruppare più denominazioni.

Noi speriamo che tali modifiche, prese nell'interesse della chiarezza dell'opera, anche se possono arrecare qualche disturbo, saranno gradite all'utilizzatore della terminologia.

Prólogo de la segunda edición del tomo "Denominacion de las Bombas" de la terminología EUROPUMP

En nombre del Comité Europeo de Constructores de Bombas (EUROPUMP), la Comisión 1, presenta una nueva edición, revisada y corregida, del Tomo "Denominación de las Bombas".

También han sido adoptadas en este trabajo, nuevas definiciones, basicamente en los campos de centrales nucleares, de desalinización del agua del mar y en la técnica "offshore". Por el contrario, algunas definiciones han sido suprimidas o bien reagrupadas. Por último se adjunta un resumen de los términos calificativos anteriores y posteriores (Tomo "Denominación de las Bombas" — Exposición y comentarios).

Para las denominaciones y sus definiciones, en la medida de que ellas se van imponiendo, se han tenido en cuenta las normas nacionales e internacionales. Por otra parte, la literatura internacional en esta materia, ha sido ampliamente utilizada, así como se han considerado las diversas sugerencias recibidas de personalidades extranjeras del Comité Europeo.

También, se introduce el idioma Español, por lo que el TOMO "Denominación de las Bombas" de la Terminología EUROPUMP, se publica en 5 idiomas : Aleman, Ingles, Frances, Italiano y Español.

El plan de la obra y los números de orden asignados a las denominaciones se mantienen. La adjudicación de nuevos números, solo se ha hecho en raros casos, cuando se ha estimado oportuno llevar la denominación a otra sección ó para reagrupar varias denominaciones. Esperamos que tales modificaciones, sin duda de poca importancia, redundaran en una mayor claridad de la obra y serán bien acogidas por los usuarios de la terminología.

Por otra parte, la supresión de ciertos números, hace que no siempre exista una continuidad en el número de orden de los diversos apartados.

Este trabajo, ha sido posible gracias a la abnegación de los miembros de la

Vorwort zum Band Pumpenbenennungen der zweiten Auflage der EUROPUMP Terminologie

In Weiterführung des Auftrages des Europäischen Komitees der Pumpenhersteller EUROPUMP legt die Kommission 1 des EUROPUMP die Überarbeitung des Bandes "Pumpenbenennungen" vor.

Bei der Überarbeitung wurden neue Benennungen, insbesondere aus den Einsatzgebieten Kernkraftwerke, Meerwasserentsalzung und Offshore-Technik, aufgenommen. Daneben wurden einige Benennungen gestrichen, einige andere zusammengefaßt und eine Übersicht "Vor- und nachgestellter Beschreibungsmerkmale" (siehe Aufbau und Erläuterungen zum Band "Pumpenbenennungen") hinzugefügt.

Bei den Pumpenbenennungen und — soweit vorhanden — ihren Definitionen wurden möglichst weitgehend nationale und internationale Normen berücksichtigt. Außerdem wurde das internationale Schrifttum über Pumpen ausgewertet; Anregungen von Außenstehenden wurden aufgegriffen.

Die spanische Sprache wurde zusätzlich aufgenommen, so daß auch der Band "Pumpenbenennungen" der EUROPUMP Terminologie nunmehr fünfsprachig vorliegt (deutsch, englisch, französisch, italienisch, spanisch).

Die Gliederung des Stoffes und die Ordnungsnummern der Benennungen wurden beibehalten. Nur in wenigen Ausnahmefällen, in denen die Zuordnung der Benennung zu einem anderen Abschnitt für notwendig erachtet wurde oder eine Zusammenfassung von Benennungen erfolgte, ergibt sich eine neue Ordnungsnummer. Wir hoffen, daß diese sicherlich "unpopuläre", aber im Interesse der Verständlichkeit erforderliche Maßnahme vom Benutzer der Terminologie gebilligt wird.

Der Fortfall einiger Benennungen ruft innerhalb der Abschnitte Lücken in der Folge der Ordnungsnummern hervor.

Ermöglicht wurde die Arbeit wiederum durch den selbstlosen Einsatz

translation tool for all those involved with translation in pump engineering.

EUROPUMP December, 1981

Chairman of Commission 1

Heinrich Hatzfeld

Ce travail n'a pu être mené à bien que grâce au dévouement des membres de la Commission 1 et à l'action désintéressée de leurs firmes. Qu'ils en soient particulièrement remerciés.

Puisse le présent tome comme les précedents apportér une aide efficace à tous ceux qui ont à s'occuper des questions de pompes notamment en matière de traduction. Tel est le voeu qu'émet la Commission 1.

EUROPUMP Decembre 1981

Le Président de la Commission 1

Heinrich Hatzfeld

ITALIANO

In seguito all'eliminazione di alcuni termini, non sempre vi è continuità nella numerazione all'interno dei diversi paragrafi.

Questo lavoro è stato condotto a termine solamente grazie all'attività dei membri della Commissione 1 e alla partecipazione disinteressata delle rispettive ditte.

Ad essi vada il nostro particolare ringraziamento.

Possa il presente volume apportare, come i precedenti, un aiuto efficace a tutti coloro che debbano occuparsi di questioni attinenti alle pompe, particolarmente per quanto riguarda la traduzione. Tale è il voto che esprime la Commissione 1.

EUROPUMP Dicembre 1981

Il presidente della Commissione 1

Heinrich Hatzfeld

ESPAÑOL

Comisión 1 y a la colaboración desinteresada de sus Sociedades. A unos y otros nuestro reconocimiento.

Esperamos que el presente tomo, como los anteriores, aporten una ayuda eficaz a todos los que se ocupan de cuestiones sobre bombas y en especial en materia de traducción. Tal es el deseo que expresa la Comisión 1.

EUROPUMP Diciembre, 1981

El Presidente de la Comisión 1

Heinrich Hatzfeld

DEUTSCH

der Mitglieder der Kommission 1 und durch das Verständnis der Firmen, denen sie angehören. Beiden sei in besonderem Maße gedankt.

Die Kommission 1 gibt der Hoffnung Ausdruck, daß auch dieser Band wie seine Vorgänger sich bei Übersetzungen im Fachgebiet Pumpen als nützliches Hilfsmittel für alle diejenigen erweist, die mit diesen Maschinen zu tun haben.

EUROPUMP Dezember 1981

Der Vorsitzende der Kommission 1

Heinrich Hatzfeld

1. The second Edition of the EUROPUMP Terminology is arranged in the Volumes:

Pump Applications
Pump Names and
Names of Pump components

The Volume Pump Names contains the sections:

1. Pump Names and
2. Alphabetical Indices

In Section 1, the names for liquid pumps and explanations are laid out in so far as available, from left to right in the five languages, English, French, Italian, Spanish, German. Each entry is provided with a reference number, and the entries are in order of ascending serial numbers, with names sub-divided into Groups:

Hydraulic principle of operation	0010–0927
Liquid pump	0010
Centrifugal pumps	0100–0130
Positive, displacement pumps	0200–0293
Reciprocating displacement pumps	0210–0270
Rotary displacement pumps	0280–0290
Other positive displacement pumps	0291–0293
Ejectors	0300–0304
Gas lift pumps	0400
Pulsators	0500
Hydraulic elevators	0600–0605
Other principles of operation	0701–0705
(Examples of name combinations	1901–1927)
Construction features	1001–1960
(Examples of name combinations	1901–1960)
Operational duty	2001–2905
(Examples of name combinations	2901–2905)
Type of drive	
(Examples of name combinations	3901–3920)
Liquid handled	4001–4036
Material of construction	5001–5016
Fields of application	6001–7954
Water supply	6001–6012
Irrigation and agriculture	6101–6107
Drainage	6201–6206

1. La seconde édition de la Terminologie EUROPUMP est constituée par les tomes:

Utilisation des pompes
Désignations de pompes, et
Désignations des éléments constitutifs de pompes

Le tome "Designation de pompes" comprend deux parties:

1. Désignation de pompes, et
2. Listes alphabétiques

Dans la première partie figurent, de gauche à droite, dans les cinq langues : anglais, français, italien, espagnol et allemand les désignations de pompes et (s'il y a lieu) leurs commentaires. Chaque terme est affecté d'un numéro d'ordre et les termes se suivent dans l'ordre numérique croissant. Dans cette série les désignations de pompes sont regroupées selon les tranches ci-après:

Fonctionnement hydraulique	0010–0927
Pompes pour liquides	0010
Pompes centrifuges	0100–0130
Pompes volumétriques	0200–0293
Pompes volumétriques alternatives	0210–0270
Pompes volumétriques rotatives	0280–0290
Autres pompes volumétriques	0291–0293
Appareils à jet	0300–0304
Pompes système Mammouth	0400
Béliers hydrauliques et hydropulsateurs	0500
Elévatuer à liquides	0600–0605
Autres principes de fonctionnement	0701–0705
(Exemples de combinaison	0901–0927)
Caractéristiques de construction	1001–1960
(Exemples de combinaison	1901–1960)
Mode d'utilisation	2001–2905
(Exemples de combinaison	2901–2905)
Mode d'entraînement	3001–3920
(Exemple de combinaison	3901–3920)

Volume "Denominazione delle pompe" Piano dell'opera e chiarimenti

1. La seconda edizione della Terminologia EUROPUMP é costituita dai volumi :

Utilizzazione delle pompe
Denominazione delle pompe
Denominazione delle parti costituenti le pompe

Il volume "denominazione delle pompe" comprende due parti :

1. Denominazione delle pompe
2. Elenchi alfabetici

Nella prima parte compainono, da sinistra a destra, nelle cinque linge, inglese, francese, italiana, spagnola e tedesca, le denominazioni delle pompe e, se ve ne sono, i relativi commenti. Ogni termine é individuato da un numero d'ordine ed i vari termini si susseguono in ordine di numero crescente.

In tale serie di denominazioni, le pompe sono raggruppate nelle seguenti sezioni :

Funzionamento idraulico	0010–0927
Pompe per liquidi	0010
Pompe centrifughe	0100–0130
Pompe volumetriche	0200–0293
Pompe volumetriche alternative	0210–0270
Pompe volumetriche rotative	0280–0293
Eiettori	0300–0304
Elevatori a gas compresso	0400
Pompe a colpo d'ariete	0500
Elevatori idraulici	0600–0605
Altri principi di funzionamento	0701–0705
(Esempi di combinazioni	0901–0927)
Caratteristiche costruttive	1001–1960
(Esempi di combinazioni	1901–1960)
Genere di servizio	2001–2905
(Esempi di combinazioni	2901–2905)
Azionamento	3001–3920
(Esempi di combinazioni	3901–3920)
Qualitá del liquido	4001–4036

Tomo "Denominacion de las Bombas" Exposición y Comentarios

1. La segunda edición de la Terminología EUROPUMP está formada por los tomos :

Utilización de las bombas
Denominación de las bombas y
Denominación de los elementos constitutivos de las bombas

El tomo "Denominación de las bombas" comprende dos partes :

1. Denominación de las bombas y
2. Listas alfabéticas

En la primera parte figuran, de izquierda a derecha, en los cinco idiomas : Ingles, Frances, Italiano, Español y Alemán, la denominación de las bombas y (si procede) sus comentarios. Cada término, tiene un número de orden y los términos siguen un orden numérico creciente. En esta serie de denominaciones las bombas están agrupadas en los apartados siguientes :

Funcionamiento hidraúlico	0010–0927
Bombas para líquidos	0010
Bombas Centrífugas	0100–0130
Bombas volumétricas	0200–0293
Bombas volumétricas alternativas	0210–0270
Bombas volumétricas rotativas	0280–0290
Otras Bombas volumétricas	0291–0293
Eyectores	0300–0304
Bombas de elevación por gas	0400
Arietes Hidraulicos	0500
Elevadores de líquidos	0600–0605
Otros principios de funcionamiento	0701–0705
(Ejemplos de combinación	0901–0297)
Caracteristicas de Construcción	1001–1960
(Ejemplos de combinación	1901–1960)
Modo de Utilización	2001–2905
(Ejemplos de combinación	2901–2905)
Sistema de Accionamiento	3001–3920
(Ejemplos de combinación	3901–3920)

Aufbau und Erläuterungen zum Band "Pumpenbenennungen"

1. Die zweite Auflage der EUROPUMP Terminologie ist in die Bände

Pumpenanwendung
Pumpenbenennung
und
Benennung von Pumpeneinzelteilen gegliedert.

Der Band "Pumpenbenennungen" umfaßt die Teile

1. Pumpenbenennung
   und
2. Alphabetische Listen

In Teil 1 sind die Benennungen für Flüssigkeitspumpen und Erläuterungen hierzu (soweit vorhanden) von links nach rechts in den fünf Sprachen Englisch, Französisch, Italienisch, Spanisch, Deutsch aufgeführt. Jeder Begriff ist mit einer Ordnungsnummer versehen, und die Begriffe stehen in der Reihenfolge steigender Ordnungsnummern, wobei die Benennungen in Gruppen unterteilt sind:

Hydraulische Wirkungsweise	0010–0927
Flüssigkeitspumpe	0010
Kreiselpumpen	0100–0130
Verdrängerpumpen	0200–0293
Oszillierende Verdrängerpumpen	0210–0270
Rotierende Verdrängerpumpen	0280–0290
Sonstige Verdrängerpumpen	0291–0293
Strahlpumpen	0300–0304
Gasmischheber	0400
Stoßheber	0500
Hebewerke	0600–0605
Sonstige Wirkungsweisen	0701–0705
(Kombinationsbeispiele	0901–0927)
Konstruktive Merkmale	1001–1960
(Kombinationsbeispiele	1901–1960)
Betrieblicher Einsatz	2001–2905
(Kombinationsbeispiele	2901–2905)
Antrieb	3001–3920
(Kombinationsbeispiele	3901–3920)
Fördergut	4001–4036

Sewage disposal	6301–6319
Power stations	6401–6430
Heating plant	6501–6507
Mining and treatment	6601–6609
Oilfield, offshore technology and oil transport	6701–6712
Chemical and petro-chemical industry	6801–6820
Ships and dockyards	6901–6918
Building and construction	7001–7007
Fire fighting	7101–7103
Sugar industry	7200–7224
Paper, cardboard and cellulose industry	7301–7320
Miscellaneous duties	7401–7425
Desalination	7501–7506
(Examples of name combinations	7901–7954)

Section 2 contains alphabetical indices of the names with the corresponding reference number for each of the five languages.

In order to avoid as much as possible the repetition of names, but at the same time to facilitate the illustration of names and their translation, there is attached as well as the alphabetical indices of this volume an alphabetical listing of words or part words, which can be repeated on several pump names (e.g. the numerals one, two, three, forming prefixes). These listings are entitled "Alphabetical lists of prefixes and suffixes".

It should be noted that the additions can be placed before or after the main component part of the name.

Example of a prefix is No.6402 boiler feed pump – **Electro** boiler feed pump.

Example of a suffix is No.0100 Centrifugal pump – Centrifugal pump **with open impeller.**

The operation of this index is described on page 109. The designated examples contained therein appear respectively at the end of the corresponding section of Part 1. (Numerical list), e.g. Electro boiler feed pump under No.3901 at the end of the section: Names according to type of drive and centrifugal pump

Liquides véhiculés	4001–4036
Matériaux	5001–5016
Domaines d'utilisation	6001–7954
Adduction d'eau	6001–6012
Irrigation et agriculture	6101–6107
Assèchement	6201–6206
Evacuation des eaux résiduaires	6301–6319
Centrales de production d'énergie	6401–6430
Installation de chauffage	6501–6507
Industries minières	6601–6609
Extraction et transfert de pétrole, technique offshore	6801–6820
Marine et construction navale	6901–6918
Travaux publics	7001–7007
Lutte contre l'incendie	7101–7103
Industrie sucrière	7200–7224
Industrie du papier et de la cellulose	7301–7320
Utilisations diverses	7401–7425
Dessalement de l'eau de mer	7501–7506
(Exemples de combinaison	7901–7954)

La deuxième partie comprend, dans les cinq langues, le répertoire alphabétique des désignations avec leurs numéros d'ordre.

Afin d'éviter, dans la mesure du possible, des répétitions d'expressions et d'en faciliter simultanément la constitution et leur traduction, il a été ajouté à la liste alphabétique du présent tome également classés dans l'ordre alphabétique, un certain nombre de termes ou locutions susceptibles de se répéter pour plusieurs désignations de pompes (par exemple : les expressions comprenant les adjectifs numéraux un, deux, etc. . . .). Cette nomenclature est intitulée :

"Liste alphabétique des termes qualificatifs antérieurs et posterieurs".

ce qui veut dire que les termes qualificatifs peuvent être placés avant ou après le terme de base de l'expression :

– exemple d'un qualificatif antérieur se rapportant au n° 6402

Materiale di costruzione 5001–5016

Campi di impiego 6001–7954
Alimentazione idrica 6001–6012
Irrigazione ed agricoltura 6101–6107
Prosciugamento 6201–6206
Eliminazione delle acque di rifiuto 6301–6319
Centrali per produzione di energia 6401–6430
Impianti di riscaldamento 6501–6507
Industria per l'estrazione ed il trattamento dei minerali 6601–6609
Industria per l'estrazione ed il trasporto de petrolio e tecnica offshore 6701–6712
Industria chimica e petrochimica 6801–6820
Installazioni navali 6901–6918
Costruzioni civili 7001–7007
Antincendio 7101–7103
Industria saccarifera 7200–7224
Industria della carta e della cellulosa 7301–7320
Altri impieghi 7401–7425
Dissalazione dell'acqua di mare 7501–7506
(Esempi di combinazioni 7901–7954)

La seconda parte comprende, nelle cinque lingue, l'elenco alfabetico delle denominazioni con i loro numeri progressivi.

Per evitare il piú possibile ripetizioni di espressioni e nello stesso tempo facilitarne la formazione e la traduzione all'élenco alfabetico del presente volume é stato aggiunto, anch'esso ordinato alfabeticamente, un certo numero di termini o locuzioni suscettibili di ripetersi per piú denominazioni di pompe (per esempio: le espressioni comprendenti gli aggettivi numerali uno, due, ecc.).

Questa nomenclatura é intitolata: "Elenco alfabetico dei termini qualificativi anteposti e postposti" ció vuol dire che i termini qualificativi possono precedere o seguire il termine fondamentale dell'espressione:

Líquidos Vehiculados 4001–4036

Materiales 5001–5016

Forma de Utilización 6001–7954
Suministro de agua 6001–6012
Riego y agricultura 6101–6107
Drenaje 6201–6206
Evacuación aguas residuales 6301–6319
Centrales de producción de energía 6401–6430
Instalaciones de calefacción 6501–6507
Industria minera 6601–6609
Extracción y transporte de petroleo, técnica offshore 6701–6712
Química y petroquímica 6801–6820
Marina y construcción naval 6901–6918
Trabajos públicos 7001–7007
Lucha contra incendios 7101–7103
Industria azucarera 7200–7224
Industria del papel y la celulosa 7301–7320
Utilizaciones diversas 7401–7425
Desalinización del agua del mar 7501–7506
(Ejemplos de combinación 7901–7954)

La segunda parte, comprende en los cinco idiomas, la relación alfabética de las denominaciones con sus números de orden. Con el fin de evitar, en la medida de lo posible, la repetición de expresiones y para facilitar la formación y su traducción, se adjunta a la lista alfabética del presente tomo, igualmente clasificado en orden alfabético, un cierto número de términos o locuciones susceptibles de que se repitan por varias denominaciones de bombas (por ejemplo las expresiones que incluyen adjetivos numerales, uno, dos, etc.,). Esta nomenclatura se llama :

"Lista alfabética de términos calificativos anteriores y posteriores"

que indica que los términos calificativos pueden situarse antes o después del término base de la expresión :

– Ejemplo de calificativo anterior, lo podemos aplicar al nº 6402

Werkstoffe 5001–5016

Einsatzgebiete 6001–7954
Wasserversorgung 6001–6012
Bewässerung und Landwirtschaft 6101–6107
Entwässerung 6201–6206
Abwasserbeseitigung 6301–6319
Kraftwerk 6401–6430
Heizungsanlage 6501–6507
Bergbau und Aufbereitung 6601–6609
Bohrfeld, Offshore-Technik und Rohöltransport 6701–6712
Chemie und Petrochemie 6801–6820
Schiffe und Schiffsbau 6901–6918
Bauindustrie 7001–7007
Brandbekämpfung 7101–7103
Zuckerindustrie 7200–7224
Papier-, Pappen- und Zellstoffindustrie 7301–7320
Sonstige Verwendungszwecke 7401–7425
Meerwasserentsalzung 7501–7506
(Kombinationsbeispiele 7901–7954)

Teil 2 enthält für die fünf Sprachen alphabetische Verzeichnisse der Benennungen mit den zugehörigen Ordnungsnummern.

Um Wiederholungen bei den Benennungen möglicht zu vermeiden, zugleich aber die Bildung von Benennungen und deren Übersetzung zu erleichtern, ist den alphabetischen Listen dieses Bandes eine ebenfalls alphabetische Aufzählung von Worten oder Wortbestandteilen angefügt, die sich in mehreren Pumpenbenennungen wiederholen können (z.B. die durch die Zahlwörter eins, zwei, drei. . .gebildeten Vorsilben). Diese Aufzählung trägt die Überschrift

"Alphabetische Liste der vor- oder nachgestellten Beschreibungsmerkmale".

Hiermit soll gesagt werden, daß die Zusätze vor dem Hauptbestandteil der Benennung oder dahinter stehen können.

Beispiel für ein vorgestelltes Beschreibungsmerkmal zu Nr. 6402 Kesselspeisepumpe: **Elektro**-Kesselspeisepumpe.

with open impeller under No.0902 at the end of the section Pump Names according to hydraulic principle of operation.

2. Heat pumps are not contained in this volume, as they are not a liquid handling pump, but an arrangement by which a quantity of heat is "pumped" through compression of a working substance (e.g. freon) from a lower to a higher temperature level in order then to be utilized through a heat exchanger for heating.

3. The names where they appear necessary have short explanatory texts and sometimes additionally the principles are illustrated. In some cases the five language explanations do not correspond completely in meaning; such variations are essentially due to different national interpretations.

4. If there are several names given for one reference number in the numerical lists (Section 1), the first term is the preferred one, which is often standardized. In addition, there are recognized or customary names which may have been added. Any names which have entered linguistic use but have been rejected as factually incorrect or unclear are given in parenthesis.

5. Abbreviations and Symbols:

® Trade name or protected trademark.

/USA/ Country symbol which identifies English terms used only in the USA.

m masculine
f feminine
n neuter
pl plural
} gender of the noun

"pompe d'alimentation de chaudière" : **"electro-pompe** d'alimentation de chaudière".

— exemple d'un qualificatif postérieur se rapportant au n° 0100 "pompe centrifuge" : " pompe centrifuge **avec roue ouverte".**

Le mode d'emploi de cette liste figure à la page 118, les exemples qui y sont mentionnés ont été ajoutés dans la première partie à la fin des paragraphes concernés (liste numérique), par exemple : "electro-pompe d'alimentation de chaudière" figure sous le numéro 3901 à la fin du paragraphe "désignations de pompes selon le mode d'entraînement" et "pompe centrifuge avec roue ouverte" sous le numéro 0902 à la fin du paragraphe "Désignations de pompes selon le fonctionnement hydraulique".

2. Le présent tome ne traite pas de la **"pompe à chaleur"** étant donné qu'elle ne relève pas des "pompes à liquide". Dans ce cas il s'agit d'une installation dans laquelle une masse chaude est "pompée" sous l'effet de la compression d'un fluide frigorigène (fréon par exemple), d'une basse température à une température plus élevée pour être ensuite utilisée par l'intermédiaire d'un échangeur de chaleur à des fins de chauffage.

3. Chaque fois que cela s'est révélé nécessaire, les désignations ont fait l'objet d'un commentaire succinct complété parfois par un dessin de principe. Les commentaires ne sont pas toujours tout à fait identiques dans les cinq langues, les différences tiennent principalement à la conception particulière de chaque pays.

4. Lorsqu'un terme de la liste numérique (première partie) comporte plusieurs désignations, la désignation préférentielle, souvent normalisée, est celle qui figure en tête. Des désignations admises ou en usage, dans le langage usuel mais écartées parce que techniquement impropres ou équivoques sont placées entre parenthèses.

– esempio di un termine qualificativo anteposto riferendosi al nº 6402 "alimento caldaia" : "elettropompa alimento caldaia".

– esempio di termine qualificativo postposto riferendosi al nº 0100 "pompa centrifuga" : "pompa centrifuga con girante aperta".

Il modo di utilizzare questo elenco si trova alla pag 132, gli esempi che vi sono citati sono stati aggiunti nella primá parte al termine dei paragrafi relativi (elenco numerico), per esempio: "elettro-pompa alimento caldaia" si trova sotto il numero 3901 alla fine del paragrafo "Denominazione delle pompe secondo l'azionamento" e "pompa centrifuga con girante aperta" sotto il numero 0902 alla fine del paragrafo "Denominazione delle pompe secondo il principio di funzionamento idraulico".

2. Il presente volume non tratta della "pompa di calore" poiché non si tratta di una "pompa per liquidi". In questo caso si tratta di una installazione nella quale una massa calda é "pompata" sotto l'effetto della compressione di un fluido frigorifero (freon, per esempio), da una temperatura bassa a una temperatura piú elevata per essere in seguito utilizzata per mezzo di uno scambiatore di calore a scopo di riscaldamento.

3. I termini sono stati definiti, lá dove si é ritenuto necessario, con dei brevi testi esplicativi integrati talvolta da un disegno di massima. In qualche caso tali testi non si corrispondono esattamente nelle cinque lingue, a causa soprattutto di differenti concezioni particolari di ciascun paese.

4. Se nell'elenco numerico (parte 1) sono indicate piú denominazioni per un solo concetto, la denominazione da preferire è quella indicata al primo posto, che spesso é normalizzata. Altre eventuali denominazioni ammissibili o usuali, sono riportate inoltre in aggiunta.

Altre denominazioni che vengono usate correntemente, ma che sono

"Bomba de alimentación de calderas" : **"Electro Bomba** de alimentación de calderas".

– Ejemplo de calificativo posterior, lo podemos aplicar al nº 0100 "Bomba centrifuga" : "Bomba centrifuga **con rodete abierto"**.

El modo de empleo de esta lista, figura en la página 145, los ejemplos que se citan se relacionan en la primera parte, al final de los correspondientes apartados (lista numérica), por ejemplo : "Electrobomba de alimentación de caldera" figura con el nº 3901 al final del apartado "Denominación de las bombas según su sistema de accionamiento" y "Bomba centrifuga con rodete abierto" con el nº 0902 al final del apartado "Designación de las bombas según su funcionamiento hidraúlico".

2. En el presente tomo, no se incluye la "bomba de calor", dado que no se trata de una "bomba para líquido". Se trata de una instalación en la que una masa caliente se "bombea" bajo los efectos de la compresión de un fluído friogénico (freón por ejemplo), de una baja temperatura a otra más elevada para ser utilizada por medio de un intercambiador de calor con fines calefactores.

3. En los casos que ello es necesario, las denominaciones son objeto de un pequeño comentario completado a veces con un diseño de principio. Los comentarios no son necesariamente iguales para los cinco idiomas, ya que están adaptados a las particularidades de cada pais.

4. Cuando un término de la lista numérica (primera parte) incluye varias denominaciones, la preferencial, a menudo normalizada, es la que figura en primer lugar. Las denominaciones admitidas ó en uso, también se citan. Algunos términos, aun cuando usuales que pueden resultar impropios o pueden inducir a equívocos, están señalados entre parentesis.

Beispiel für ein nachgestelltes Beschreibungsmerkmal zu Nr. 0100 Kreiselpumpe: Kreiselpumpe **mit offenem Laufrad.**

Die Handhabung dieser Liste ist auf Seite 156 beschrieben. Die darin enthaltenen Bezeichnungsbeipiele erscheinen jeweils am Ende der entsprechenden Abschnitte des Teiles 1 (Numerische Liste); z.B. Elektro-Kesselspeisepumpe unter Nr. 3901 am Ende des Abschnittes "Pumpenbenennungen nach Antrieb" und Kreiselpumpe mit offenem Laufrad unter Nr. 0902 am Ende des Abschnittes "Pumpenbenennungen nach hydraulischer Wirkungsweise".

2. Die **Wärmepumpe** ist in diesem Band nicht enthalten, da es sich bei ihr nicht um eine Flüssigkeitspumpe handelt, sondern um eine Einrichtung, bei der eine Wärmemenge durch Verdichtung eines Arbeitsmittels (z.B. Frigen) von einem niedrigeren auf ein höheres Temperaturniveau "gepumpt" wird, um dann über einen Wärmeaustauscher für Heizzwecke verwendet zu werden.

3. Die Benennungen wurden dort, wo es notwendig erschien, durch kurze Texte und mitunter zusätzlich durch eine Prinzipdarstellung erläutert. In manchen Fällen stimmen die fünfsprachigen Erläuterungen sinngemaß nicht ganz überein. Solche Abweichungen sind im wesentlichen durch unterschiedliche nationale Auffassungen bedingt.

4. Sind in der numerischen Liste (Teil 1) für einen Begriff mehrere Benennungen angegeben, so ist die an erster Stelle angeführte die Vorzugsbenennung, die häufig genormt ist. Eventuell sind außerdem zugelassene oder übliche Benennungen zusätzlich aufgeführt. Benennungen, die in den Sprachgebrauch Eingang gefunden haben, aber als sachlich unrichtig oder unklar abgelehnt werden, sind in Klammern gesetzt.

5. Abréviations et symboles

®	Nom commercial ou marque déposée
/USA/	Indicatif de pays qui caractérise les expressions de langue anglaise usuelles uniquement aux USA
m	masculin
f	féminin
n	neutre
pl	pluriel

concettualmente errate o non chiare, sono riportate fra parentesi.

5. Abbreviazioni e simboli

®	nome commerciale o marca depositata
/USA/	indica espressioni in lingua inglese adottata solamente negli USA
m	maschile
f	femminile
n	neutro
pl	plurale

5. Abreviaturas y símbolos

®	Nombre comercial o marca registrada.
/USA/	Indicativo del país que emplea la expresión en lengua inglesa, pero unicamente empleada en USA.
m	Masculino
f	Femenino
n	Neutro
pl	Plural

5. Abkürzungen und Zeichen:

®	Handelsname bzw. geschutütztes Warenzeichen
/USA/	Länderzeichen für die Kennzeichnung derjenigen Ausdrücke der englischen Sprache, die nur in den USA gebräuchlich sind
m	Maskulinum
f	Femininum
n	Neutrum
pl	Plural

List of members of EUROPUMP Commission 1
Liste des membres de la Commission 1 d'EUROPUMP
Elenco dei membri della Commissione 1 — EUROPUMP
Relación de miembros de la Comisión 1 de EUROPUMP
Mitgliederliste der EUROPUMP Kommission 1

Vorsitzender	H. Hatzfeld	Klein, Schanzlin & Becker AG, Frankenthal		D
Sekretariat	J. Hüggelmeier	VDMA, Frankfurt		D
	P. Spamer	VDMA, Frankfurt		D
	W. Held	Gebr. Sulzer AG, Winterthur		CH
	J. Zeitvogel	Allweiler AG, Radolfzell		D
	C. Cardelús	Vema Iberica S.A., Madrid		E
	J. Beray	SCP, Paris		F
	P. Lecouey	SCP, Paris	(ab Oktober 1981)	F
	M. Lerch	SCP, Paris	(Juni 1980 bis Oktober 1981)	F
	R. Schappler	SCP, Paris	(bis Juni 1980)	F
	B. Glanfield	BPMA, Guildford		GB
	G. Angelo	Riva Calzoni S.p.A., Milano		I
	L. Limido	Franco Tosi S.p.A., Legnano		I
	C. Vergani	Pompe Ing. Vergani, Merate		I

Sekretariat: Fachgemeinschaft Pumpen im VDMA, Lyoner Strasse 18
D–6000 Frankfurt/Main 71

Section 1

Pump Names

Première partie

Désignations de pompes

Parte 1

Denominazione delle pompe

Primera parte

Denominación de las bombas

Teil 1

Pumpenbenenennungen

Names of pumps according to **hydraulic principle of operation**

Désignations de pompes selon **principe de fonctionnement hydraulique**

0010

liquid pump

A machine for the raising of liquids from a low to a high energy level for instance:

- by the effect of a force on the pumping medium
- by transferring mechanical work to the pumping medium
- by impulse exchange
- by utilizing the energy of a moving column of liquid when suddenly arrested
- by making use of the viscosity of the pumped fluid
- by the action of a magnetic field on the medium to be pumped.

pompe *f* pour liquides
pompe *f*

Installation destinée à véhiculer des liquides d'un bas niveau d'énergie à un niveau d'énergie plus élevé, p.ex.

- par influence sur le produit pompé, d'une énergie de pression
- par transmission au produit pompé, du travail mécanique
- par échange de quantité de mouvement
- par addition au produit pompé, d'air comprimé
- par effet de choc d'une colonne liquide gênée dans son mouvement
- par exploitation de la viscosité du produit pompé
- par effet d'un champ magnétique sur le produit pompé.

Centrifugal pumps

Pompes centrifuges

0100

centrifugal pump

Rotary machine to increase the energy of the liquid handled in a rotating impeller.

The term *centrifugal pump* is often used for radial flow pumps only, excluding mixed and axial flow pumps.

Sometimes the term **rotodynamic pumps** is used for the above pumps. They are based on the principle of continuous delivery and transmit energy through the pressure difference across the blades. Borderline cases of rotodynamic pumps other than centrifugal pumps are the *torque flow pump 0705* and the *inclined rotor pump 0704.*

pompe *f* centrifuge

Turbo-machine destinée à accroître l'énergie d'un liquide par passage dans un aubage tournant appelé roue.

On limite en général l'expression *pompes centrifuges* aux pompes à roue radiale et aux pompes hélico-centrifuges, c'est-à-dire aux pompes dans lesquelles le liquide traverse la roue radialement ou semi-axialement par opposition aux pompes hélices dans lesquelles le liquide traverse la pompe axialement.

L'expression **pompe *f* rotodynamique** n'est que très rarement employée pour désigner ce type de pompe dont le fonctionnement est basé sur le principe du passage continu du

Denominazione delle pompe secondo il **principio di funzionamento idraulico**

Designación de las bombas segun su **principio de funcionamiento idraulico**

Pumpenbenennungen nach **hydraulischer Wirkungsweise**

pompa *f* **per liquidi**
pompa *f*

Macchina atta ad innalzare dei liquidi da un basso livello di energia ad uno più elevato, p.es.
- per effetto di un'energia di pressione sul liquido pompato
- per trasmissione di lavoro meccanico al liquido pompato
- per scambio di quantità di moto
- per aggiunta di aria compressa al liquido pompato
- per effetto de l'arresto improvviso di una colonna liquida in moto
- per sfruttamento della viscosità del liquido pompato
- per effetto di un campo magnetico sul liquido pompato.

bomba *f* **para líquidos**
bomba *f*

Elemento destinado a vehicular un líquido desde un nivel de presión bajo, a un nivel más elevado, por ejemplo:

- Por influencia sobre el producto a bombear, de una energía de presión.
- Por transmisión al producto a bombear, de un trabajo mecánico.
- Por cambio en la cantidad de movimiento.
- Por adición al producto a bombear de aire comprimido.
- Por efecto del choque de una columna liquida.
- Por aprovechamiento de la viscosidad del producto a bombear.
- Por efecto de un campo magnetico sobre el producto a bombear.

Flüssigkeitspumpe *f* 0010
Pumpe *f*

Einrichtung zur Förderung von Flüssigkeiten von einem niedrigen auf ein höheres Energieniveau z.B.:
- durch Einwirkung einer Druckkraft auf das Fördergut
- durch Übertragung mechanischer Arbeit auf das Fördergut
- durch Impulsaustausch
- durch Zumischen von Druckluft zum Fördergut
- durch Stoßwirkung einer in ihrer Bewegung gehemmten Flüssigkeitssäule
- durch Ausnutzung der Zähigkeit des Förderguts
- durch Wirkung eines Magnetfeldes auf das Fördergut.

Pompe centrifughe

Bombas centrifugas

Kreiselpumpen

pompa *f* **centrifuga**

Turbomacchina impiegata per aumentare l'energia di un liquido mediante rotazione di girante palettata.

La designazione di *pompa centrifuga* si limita in generale alle pompe con girante radiale e semiassiale, cioé alle pompe nelle quali il liquido attraversa la girante radialmente o semiassialmente, in opposizione alle pompe ad elica, ove il liquido attraversa la girante assialmente.

Talvolta per queste pompe viene impiegata anche la denominazione **pompe** *f* **rotodinamiche.** Il loro funzionamento si basa sul principio del deflusso continuo del liquido, mentre la trasmissione dell'energia

bomba *f* **centrífuga**

Maquina rotativa destinada a aumentar la energía de un líquido al pasar por una rueda que gira llamada rodete ó turbina.

En general la expresión *bombas centrífugas* queda limitada a las bombas con rodete radial y para bombas heliconcentrífugas, o sea para las bombas en las cuales el líquido atraviesa el rodete radialmente ó semi-axialmente, al contrario de las bombas de hélice en las cuales el líquido atraviesa la bomba axialmente.

La expresión **bomba rotodinamica** se emplea raramente para designar este tipo de bomba en la que el funcionamiento está basado en el principio

Kreiselpumpe *f* 0100
Zentrifugalpumpe *f*

Strömungsmaschine zur Energieerhöhung der Förderflüssigkeit in einem rotierenden Laufrad.

Die Bezeichnung *Kreiselpumpe* wird oft nur verwendet für Pumpen mit radial- oder halbaxialdurchströmtem Laufrad, im Gegensatz zu *Propellerpumpen* mit axialdurchströmtem Rad.

Manchmal wird für diese Pumpen auch der Ausdruck **rotodynamische Pumpen** *f* gebraucht. Diese beruhen auf dem Prinzip des kontinuierlichen Durchflusses und übertragen Energie durch Druckdifferenz an den Schaufeln. — Neben den Kreiselpumpen zählen als Grenzfälle auch die *Wirbelradpumpe 0705* und

liquide et de la transmission de l'énergie par différence de pression dans les aubages. La *pompe tourbillon 0705* et la *pompe à disque oblique 0704* en sont des cas-limites.

0101

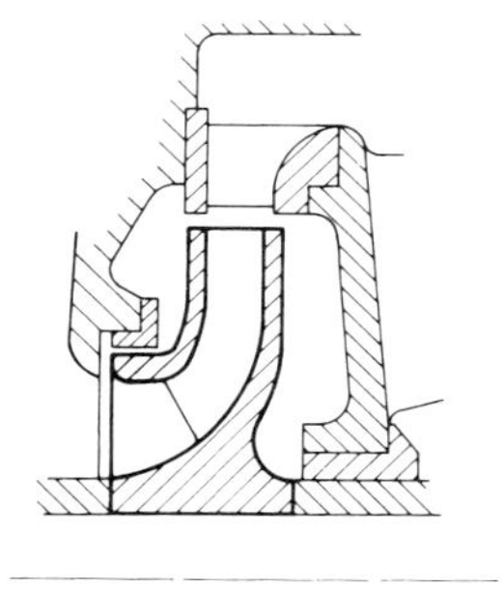

radial flow (centrifugal pump)

pompe *f* centrifuge à roue radiale

0102

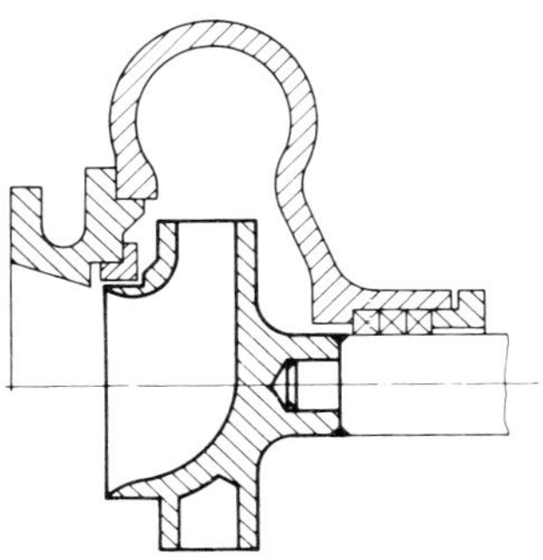

Single channel impeller pump.
Pompe à roue à un canal.
Pompa ad un canale.
Bomba con rodete de un canal.
Einkanalradpumpe.

channel impeller pump

According to the number of the alternative impeller passages one differentiates:

single channel impeller pump
double channel impeller pump
three channel impeller pump

USA: two vane impeller pump
three vane impeller pump

pompe *f* centrifuge à roue à canaux

Suivant le nombre de canaux de la roue, on distingue:

pompe *f* à roue à un canal
pompe *f* à roue à deux canaux
pompe *f* à roue à trois canaux

ITALIANO	ESPAÑOL	DEUTSCH	
avviene a causa della differenza di pressione che si ha sulle facce delle pale. Come caso limite, si possono considerare, come pompe rotodinamiche, le *pompe a vortice 0705* e le *pompe a disco obliquo 0704*.	del paso continuo de líquido y de la transmisión de energía por diferencia de presión en los alabes. La *bomba de torbellino 0705* y la *de disco oblicuo 0704* son casos limites.	die *Schrägscheibenpumpe 0704* zu den rotodynamischen Pumpen.	
pompa *f* **centrifuga radiale**	**bomba** *f* **centrífuga de rodete radial**	**Radialkreiselpumpe** *f* Radialpumpe *f*	**0101**
pompa *f* **centrifuga a canali** A seconda del numero di canali della girante, si distinguono in **pompa** *f* **ad un canale** **pompa** *f* **a due canali** **pompa** *f* **a tre canali**	**bomba** *f* **centrífuga con rodete de canales** Según el numero de canales del rodete, distinguimos: **bomba** *f* **con rodete de un canal** **bomba** *f* **con rodete de dos canales** **bomba** *f* **con rodete de tres canales**	**Kanalradkreiselpumpe** *f* Kanalradpumpe *f* Je nach Anzahl der Laufradkanäle unterscheidet man: **Einkanalradpumpe** *f* **Zweikanalradpumpe** *f* **Dreikanalradpumpe** *f*	**0102**

0103

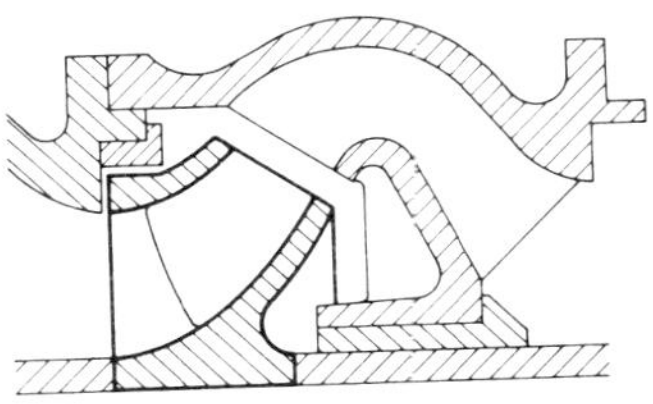

Mixed flow pump with shrouded impeller.
Pompe hélicocentrifuge avec roue fermée.
Pompa semiassiale con girante chiusa.
Bomba helicocentrífuga con rodete cerrado.
Halbaxialkreiselpumpe mit geschlossenem Rad.

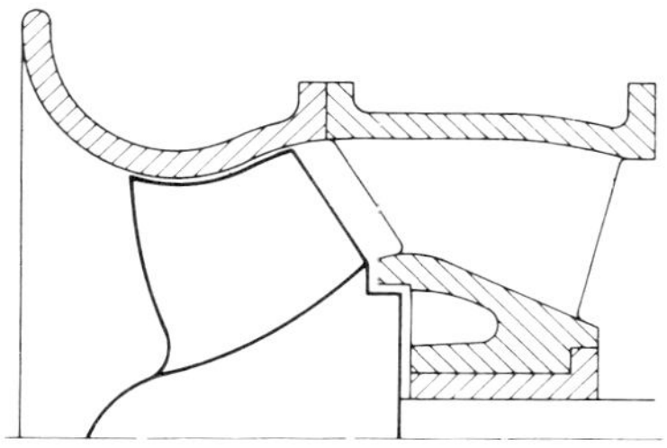

Mixed flow pump with open impeller.
Pompe hélicocentrifuge avec roue ouverte.
Pompa semiassiale con girante aperta.
Bomba helicocentrífuga con rodete abierto.
Halbaxialkreiselpumpe mit offenem Rad.

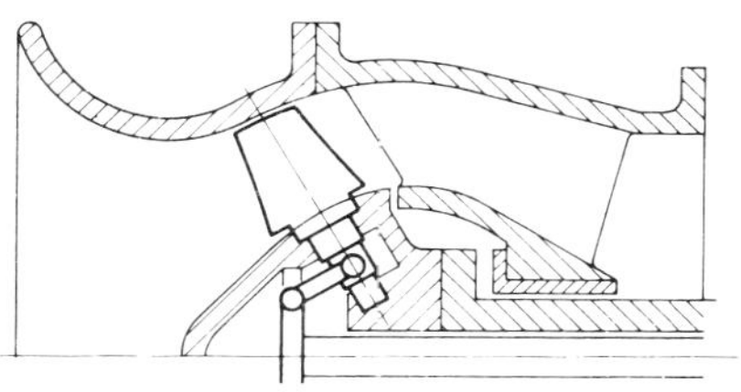

Mixed flow pump with blades adjustable in operation.
Pompe héliocentrifuge à pales orientables en marche.
Pompa semiassiale a pale orientabili in moto.
Bomba helicocentrífuga con palas orientables en marcha.
Halbaxialkreiselpumpe mit im Betrieb verstellbaren Schaufeln.

mixed flow pump
semi-axial flow pump
conical flow pump

The term screw pump should be avoided as confusion with the *(rotary) screw pump 0282* is possible.

pompe *f* hélicocentrifuge
pompe *f* centrifuge semi-axiale

pompa *f* **semiassiale**
pompa *f* elicocentrifuga
pompa *f* diagonale

bomba *f* **helicocentrífuga**
bomba *f* centrífuga semi-axial

Halbaxialkreiselpumpe *f* **0103**
Halbaxialpumpe *f*
Schraubenradpumpe *f*
(Schraubenpumpe *f*)

Die Bezeichnung Schraubenpumpe ist zu vermeiden, da Verwechslungen mit der *Schrauben(spindel)pumpe 0282* möglich sind.

0105

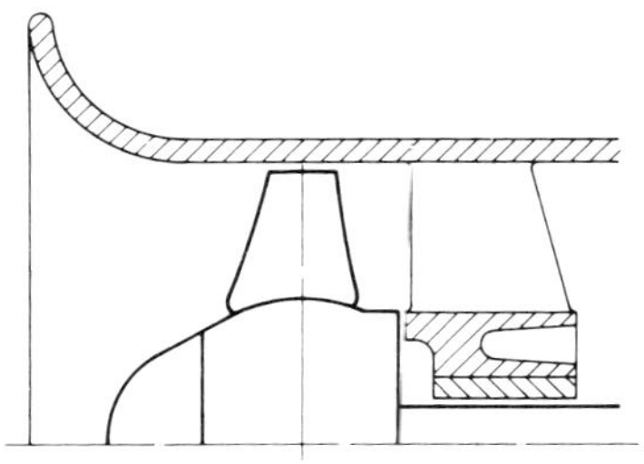

Axial flow pump.
Pompe hélice.
Pompa ad elica.
Bomba de hélice.
Axialkreiselpumpe.

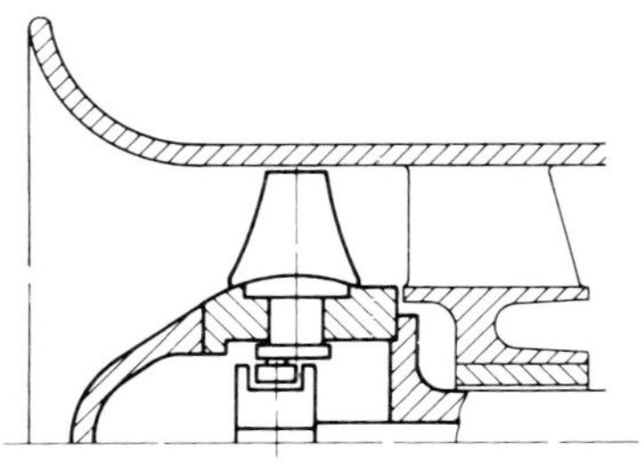

Axial flow pump with blades adjustable in operation.
Pompe hélice à pales orientables en marche.
Pompa ad elica a pale orientabili in moto.
Bomba de hélice con palas orientables en marcha.
Axialkreiselpumpe mit im Betrieb verstellbaren Schaufeln.

axial flow pump
propeller pump

pompe *f* hélice
pompe *f* axiale

0109

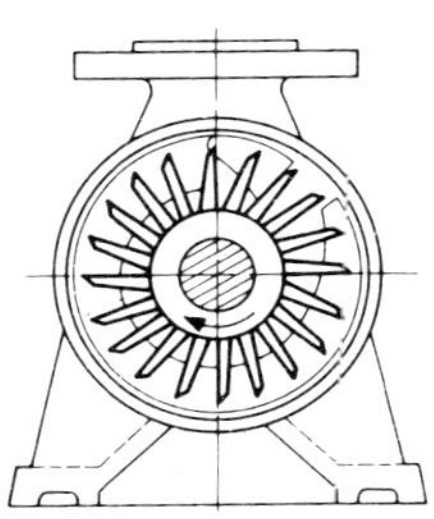

side channel pump

The energy level of the fluid is increased within the cells of a vane wheel impeller rotating concentrically in a casing, the momentum being imparted to the medium flowing through a channel at the side of the impeller.

Note:
The classification of *side channel and peripheral pumps (0109 and 0110)* as centrifugal pumps is debatable, but can be accepted as they have the common characteristic that their head varies with the square of speed.

pompe *f* à canal latéral

La pompe à canal latéral est une pompe dont la roue à ailettes radiales tourne dans un corps concentrique; l'accroissement d'énergie s'effectue dans les cellules de la roue. Cette énergie est communiquée au liquide circulant dans le canal latéral.

Nota:
Le classement des *pompes à canal latéral et à entraînement de liquide (0109 et 0110)* dans la catégorie des pompes centrifuges est discutable bien que leur hauteur d'élévation soit proportionnelle au carré de la vitesse de rotation.

pompa *f* ad elica
pompa *f* assiale

bomba *f* de hélice
bomba *f* axial

Axialkreiselpumpe *f*
Axialpumpe *f*
Propellerpumpe *f* **0105**

---

pompa *f* a canali laterali

Pompa nella quale l'aumento di energia del liquido avviene nelle celle di una girante a palette che ruota concentrica in un corpo e trasmette l'impulso al liquido, che viene convogliato in un canale posto lateralmente alla girante.

Nota:
E' controversa la possibilità di fare rientrare le *pompe a canali laterali e periferici (0109 e 0110)* nella categoria delle pompe centrifughe, con le quali hanno però in comune la legge della variazione della prevalenza con il quadrato del numero dei giri.

bomba *f* de canal lateral

La bomba de canal lateral es una bomba en la que el rodete con aletas laterales radiales gira en medio de un cuerpo concéntrico; el aumento de energía se efectua en las celulas del rodete. Esta energía se transmite al líquido que circula en el canal lateral.

Nota:
La clasificación de las *bombas de canal lateral y perifericas (0109 y 0110)* en la categoria de bombas centrífugas es discutible, si bien es aceptada ya que tienen como caracteristica comun el que su altura de elevación es proporcional al cuadrado de la velocidad de rotación.

Seitenkanalpumpe *f* **0109**

Die Energieerhöhung der Förderflüssigkeit erfolgt in den Zellen eines Flügelrades, das konzentrisch in einem Gehäuse läuft und den Impuls auf die in einem seitlich des Rades angeordneten Kanal weiterströmende Flüssigkeit überträgt.

Anmerkung:
Die Zuordnung der *Seitenkanal- und Peripheralpumpe (0109 und 0110)* zu den Kreiselpumpen ist umstritten, kann jedoch vertreten werden, da sie mit diesen die Abhängigkeit der Förderhöhe vom Quadrat der Drehzahl gemeinsam haben.

0110

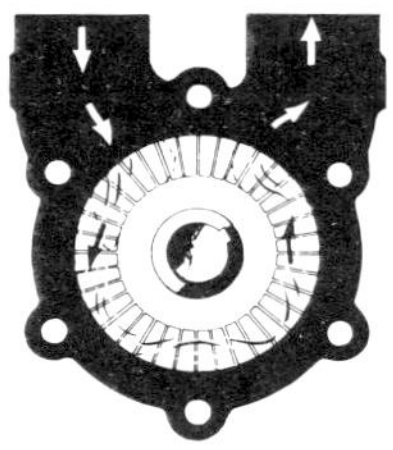

a)

b)

peripheral pump
regenerative pump
(regenerative turbine pump [USA])
(Westco pump® [USA])

The energy level of the fluid is raised in a large number of cells arranged peripherally or on the outer sides of a wheel disc, (see Fig a), the momentum being imparted to the medium pumped as it flows from the suction to the discharge branch through a channel arranged concentrically around the impeller cells (see Fig. a, b).

Note:
See note for 0109

pompe *f* à entraînement de liquide
pompe *f* à accélération périphérique
pompe *f* régénératrice
(pompe *f* Westco®/USA/)

L'accroissement d'énergie du liquide s'effectue dans un grand nombre de cellules situées soit sur le pourtour d'un disque tournant (voir fig.a), soit sur la partie périphérique de ses faces laterales. Cette énergie est communiquée au liquide qui circule dans un canal concentrique reliant la tubulure d'aspiration à celle de refoulement, (voir fig.a).

Nota:
Voir le nota concernant n° 0109.

0120

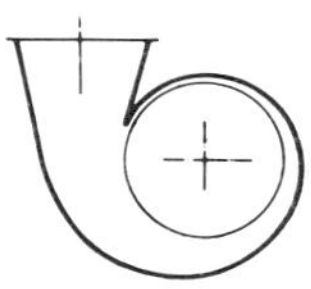

volute pump

Centrifugal pump 0100 with spiral discharge casing.

pompe *f* à volute
pompe *f* à colimaçon

Pompe centrifuge 0100 avec corps de refoulement en spirale.

0121

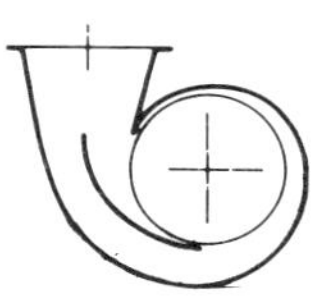

double volute pump

Centrifugal pump 0100 with casing having two volutes normally staggered by 180°, delivering through a single discharge.

pompe *f* à double volute

Pompe centrifuge 0100 avec corps de refoulement à deux spirales normalement décalées de 180° l'une par rapport à l'autre et se rejoignant dans la tubulure de refoulement.

0122

circular casing pump
annular casing pump

Centrifugal pump 0100 with circular discharge casing (constant cross section).

pompe *f* à corps torique

Pompe centrifuge 0100 avec corps de refoulement annulaire à section constante.

0110

pompa *f* **a canali periferici**
(pompa *f* Westco®/USA/)

Pompa nella quale l'aumento di energia del liquido avviene in un gran numero dei celle che sono ricavate alla periferia o su ambo i lati esterni di una girante a disco (ved. fig a) e trasmettono l'impulso al liquido, che percorre un canale concentrico alla girante e collegato con le bocche aspirante e premente. (ved. fig. a, b).

Nota:
Vedere la nota n° 0109.

bomba *f* **periferica**

El aumento de energía del líquido se efectua en las varias celulas situadas bien alrededor de un disco que gira (ver. fig. a), ó bien en la parte periferica de sus caras laterales. Esta energía se transmite al líquido que circula en un canal concéntrico desde la tubuladura de aspiración a la de impulsión (ver. fig. a, b).

Nota:
Ver la nota relativa al n° 0109.

Peripheralpumpe *f*
Zellenradpumpe *f*
(Westco-Pumpe® *f* /USA/)

Die Energieerhöhung der Förderflüssigkeit erfolgt in einer großen Anzahl von Zellen, die am Umfang oder an den beiden äußeren Seiten einer Radscheibe vorgesehen sind (s.Bild a) und den Impuls auf die Flüssigkeit übertragen, die durch einen konzentrisch um die Zellen gebildeten Kanal (s.Bild a, b) vom Saug- zum Druckstutzen strömt.

Anmerkung:
Siehe Anmerkung zu Nr. 0109

0120

pompa *f* **a voluta**
pompa *f* con spirale
pompa *f* a chiocciola

Pompa centrifuga 0100 con camera premente a spirale.

bomba *f* **de voluta**

Bomba centrífuga 0100 con cuerpo de impulsión en espiral.

Spiralgehäusepumpe *f*

Kreiselpumpe 0100 mit spiralförmigem Druckgehäuse.

0121

pompa *f* **a doppia voluta**

Pompa centrifuga 0100 con camera premente a due spirali, sfalsate all'inizio di 180° una rispetto all'altra e riunite nella bocca di mandata.

bomba *f* **de doble voluta**

Bomba centrífuga 0100 con cuerpo de impulsión con dos espirales separados 180° el uno con respecto al otro, uniendose en una descarga unica.

Doppelspiralgehäusepumpe *f*

Kreiselpumpe 0100 mit einem Druckgehäuse, das den Förderstrom spiralförmig führt, wobei zwei Spiralen, die normalerweise um 180° versetzt beginnen, im Druckgehäuse zusammengeführt werden.

0122

pompa *f* **con camera premente anulare**

Pompa centrifuga 0100 con camera premente a sezione radiale costante.

bomba *f* **con cuerpo torico**

Bomba centrífuga 0100 con cuerpo de impulsión anular de sección constante.

Ringgehäusepumpe *f*
Wulstgehäusepumpe *f*

Kreiselpumpe 0100 mit ringförmigem Druckgehäuse konstanten Querschnitts.

0130

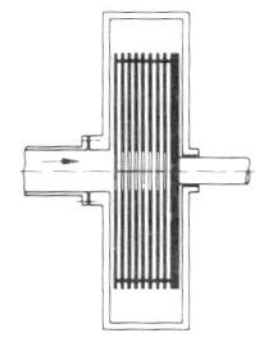

Disc pump.
Pompe Tesla.
Pompa Tesla.
Bomba Tesla.
Teslapumpe.

disc pump
Tesla pump
friction pump

The disc pump is a vaneless centrifugal pump utilizing at least two but most often several flat parallel discs which are located concentrically on a shaft with small clearance between the discs.

The discs rotate in a concentric volute casing.

The dynamic flow pattern — energy increase — is created by the friction (boundary layer drag or shear force) of the fluid particles on the disc creating rotation of the fluid with the resulting centrifugal force forcing the fluid along a spiral path to the outer diameter.

pompe *f* Tesla
pompe *f* de frottement
pompe *f* tourbillon à disques

La pompe de frottement, pompe Tesla, est une pompe centrifuge sans ailette, munie au moins de deux, en général de plusieurs disques reliés à l'arbre et séparés entre-eux par un petit intervalle axial. Les disques perpendiculaires et concentriques rapport à l'axe de l'arbre, tournent dans une volute. Sous l'effet du frottement le liquide contenu dans les interstices est animé d'un mouvement de rotation communiquant au liquide un accroissement d'énergie. Grâce à la force centrifuge, ce dernier est refoulé vers l'extérieur, selon une trajectoire en forme de spirale.

0140

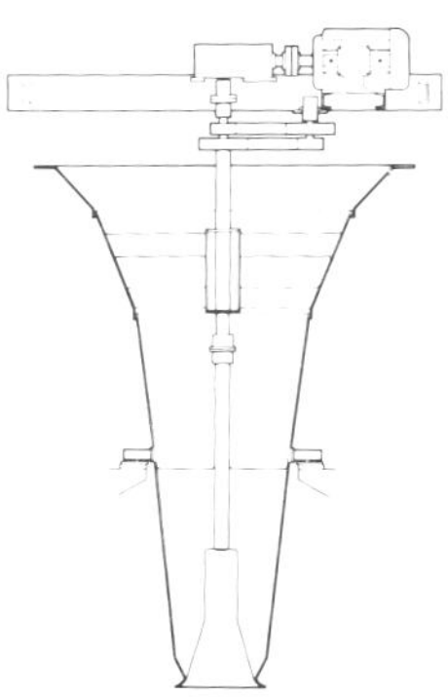

cone pump

A vertical self-regulating low head pump, designed to take the place of conventional *axial flow pumps 0105* and of *Archimedian screw pumps 0605.*

It consists of a rotating cone which acts as a combined impeller and casing. This is called the cone impeller. It imparts a centrifugal force to the liquid being pumped, raising it through two lobes which are formed internally as an increasing helix.

There are two arrangements: one model has the cone impeller and a stationary diffuser, while the other has a rotating diffuser interposed between the impeller and stationary diffuser.

Applications e.g:
— Sewage — storm water — or activated sludge pumping
— Irrigation and drainage.

pompes *f* cône

Pompe verticale, autorégulatrice à faible hauteur de refoulement, pouvant éventuellement être utilisée à la place de *pompe hélice 0105* ou de *vis d'Archimède 0605.*

Elle comporte essentiellement un cône qui mis en rotation remplit les fonctions de corps et d'impulseur. Il transmet une force centrifuge au liquide pompé, lequel remonte entre deux pales internes solidaires du cône en forme d'hélice à pas progressif.

Cette pompe est fabriquée selon deux conceptions: la première ne comporte comme organe en rotation que le "cône". La seconde comporte, à la partie supérieure, un diffuseur rotatif.

Applications p.ex.:
— Pompage de l'eau résiduaire, des eaux de pluie ou des boues activées
— Irrigation et drainage.

pompa *f* **Tesla**
pompa *f* ad attrito
pompa *f* a dischi

La pompa ad attrito è una pompa centrifuga senza palette, munita al minimo di due, in generale di più dischi fissati sull'albero e separati tra loro da un piccolo gioco assiale. I dischi, perpendicolari e concentrici rispetto all'albero, girano in una voluta. Sotto l'effetto dell'attrito il liquido contenuto negli interstizi è animato da un movimento di rotazione che comunica al liquido un aumento di energia.

Grazie alla forza centrifuga, il liquido è pompato verso l'esterno secondo una traiettoria a forma di spirale.

bomba *f* **Tesla**
bomba *f* de fricción
bomba *f* de discos

La bomba de fricción es una bomba centrífuga sin aletas, dotada como minimo de dos, en general de varios discos unidos al eje y separados entre ellos por un pequeño espacio axial. Los discos perpendiculares y concéntricos con respecto al eje del árbol, giran dentro de una voluta. Bajo el efecto de frotamiento del líquido contenido en los espacios intermedios este adquiere un movimiento de rotación que comunica al líquido un incremento de energía. Gracias a la fuerza centrífuga, este último es impulsado al exterior, segun una trayectoria en forma de espiral.

Teslapumpe *f* 0130
Reibungspumpe *f*
Wirbelscheibenpumpe *f*

Die Reibungspumpe (Teslapumpe) ist eine schaufellose Zentrifugalpumpe, bei der mindestens zwei, meist aber mehrere ebene Kreisringscheiben mit kleinem axialen Abstand auf einer Welle befestigt sind, wobei die Scheiben rechtwinklig und konzentrisch zur Wellenachse stehen und in einem Spiralgehäuse rotieren. Die Energiezunahme in der Förderflüssigkeit erfolgt dadurch, daß die in den Spalträumen zwischen den Scheiben befindlichen Flüssigkeitsteilchen durch Reibung in Rotation versetzt werden und infolge Zentrifugalkraft in spiralförmigen Bahnen nach außen wandern.

---

pompa *f* **a cono**

Pompa verticale autoregolante, a bassa prevalenza, concepita per sostituire la pompa ad elica 0105 convenzionale *oppure la vite di Archimede 0605.*

Essa si compone di un corpo conico rotante cavo, rovesciato e detto girante a cono.

Questo ha le funzioni sia di corpo che di girante.

La forza centrifuga, cui la rotazione dà luogo, spinge il liquido verso l'alto, attraverso un raddrizzatore costituito da pale elicoidali fisse a passo crescente verso l'alto.

Ne esistono due esecuzioni:
– con girante a cono e raddrizzatore fisso
– con raddrizzatore mobile interposto fra la girante e le pale fisse e rotante a velocità inferiore a quella del cono.

Esempi di impiego:
– pompaggio di acque di scarico o di fanghi attivati
– irrigazione e drenaggio.

bomba *f* **de cono**

Bomba vertical autorregulable y de baja altura, concebida para sustituir la *bomba de helice 0105* convencional ó el *tornillo de Arquimedes 0605.*

Consiste en un cono rotativo que al girar hace las funciones de cuerpo y de impulsor. Con ello se transmite una fuerza cetrífuga al líquido a bombear, el cual sube entre dos palas internas solidarias al cono, en forma de hélice de paso progresivo.

Esta bomba se fabrica en dos versiones: la primera solo gira el cono. La segunda tiene en la parte superior un difusor cuya velocidad de rotación es igual a la mitad de la velocidad del cono.

Aplicaciones:
– Bombeado de aguas residuales, aguas de lluvia ó fangos activados.
– Irrigación y drenaje.

Cone pump *f* 0140
Konus-Pumpe

Vertikale, selbstregelnde Pumpe für geringe Förderhöhen, die die übliche *Axialkreiselpumpe 0105* und *Schnekkentrogpumpe (Archimedische Schraube) 0605* ersetzen kann.

Sie besteht aus einem umlaufenden Konus, der zugleich die Funktion von Gehäuse und Laufrad erfüllt, und als Konus-Laufrad bezeichnet wird. Es überträgt eine Zentrifugalkraft auf die Förderflüssigkeit, die durch zwei schraubenförmige, sich nach oben erweiternde Wendel im Inneren des Konus gehoben wird.

Die Förderflüssigkeit strömt vom Konus-Laufrad, je nach Ausführung der Pumpe, direkt oder über ein umlaufendes Leitrad in einen feststehenden konischen Leitring.

Die Pumpe wird u. a. verwendet zur
– Förderung von Abwasser, Regenwasser, Belebtschlamm
– Be- und Entwässerung.

Positive displacement pumps / Pompes volumétriques

0200

positive displacement pump

Pump in which the energy level of the liquid handled is increased in a working chamber, which increases and decreases in volume so that the flow develops in definite quanta.

The change in size of the working chamber can be produced by reciprocating (oscillating) or rotary motion of the displacing element (*see 0210 and 0280)*. Inlet and outlet of the closed working chamber are controlled by isolating elements.

pompe *f* volumétrique

Pompe dans laquelle l'accroissement d'énergie du liquide est réalisé dans des chambres dont le volume augmente (phase d'aspiration) et diminue (phase de refoulement), de telle sorte que l'écoulement procède par volumes engendrés successifs.

La variation de volume des chambres est obtenue soit par un mouvement alternatif *(pompe volumétrique alternative 0210),* soit par une rotation continue *(pompe volumétrique rotative 0280)* d'un ou plusieurs organes d'impulsion. L'entrée et la sortie de la chambre de travail sont commandées par des éléments obturateurs.

Reciprocating displacement pumps / Pompes volumétriques alternatives

0210

reciprocating pump
reciprocating displacement pump

Positive-displacement pump 0200 in which the increase and decrease of the working chamber is produced by a linear reciprocating motion (e.g. *piston pump 0220* and *diaphragm pump 0265),* or by a half rotational motion (e.g. *semi-rotary pump 0270)* of the displacement element.

pompe *f* volumétrique alternative
pompe *f* volumétrique à mouvement alternatif

Pompe volumétrique 0200 dans laquelle la variation de volume des chambres est obtenue soit par un mouvement alternatif linéaire d'un organe d'impulsion (par exemple *pompe à pistons 0220* et *pompe à membrane 0265),* soit par un mouvement semi-rotatif d'un organe d'impulsion (par exemple *pompe semi-rotative 0270*).

0220

reciprocating piston pump
piston pump

Reciprocating displacement pump 0210 with the displacing element in linear reciprocating motion.

pompe *f* à pistons

Pompe volumétrique alternative 0210 avec organe d'impulsion (piston) animé d'un mouvement linéaire.

Pompe volumetriche

Bombas volumétricas

Verdrängerpumpen

pompa *f* **volumetrica**

bomba *f* **volumètrica**

Verdrängerpumpe *f* 0200

Pompa nella quale l'aumento di energia del liquido si attua in determinate camere di lavoro che variano ampliandosi (durante l'aspirazione) e riducendosi (durante la compressione), in modo che l'erogazione avviene con volumi parziali.

La variazione delle camere di lavoro avviene mediante il movimento alternativo o rotativo di uno o più organi *(cfr. 0210 e 0280)*. L'ingresso e l'uscita dalle camere di lavoro chiuse sono determinati da elementi di separazione.

Bomba en la que el aumento de energía del líquido se efectua en una cámara donde el volumen aumenta (fase de aspiración) y despues disminuye (fase de impulsión), de tal forma que la salida se produce a base de los volumenes generados sucesivamente.

La variación del volumen de la cámara se obtiene ya sea por movimiento alternativo *(bomba volumétrica alternativa 0210)*, ó bien por rotación continua *(bomba volumétrica rotativa 0280)* de uno ó varios organos de impulsión. La entrada y la salida de la cámara de trabajo está controlada por elementos obturadores.

Pumpe, in der die Energieerhöhung der Förderflüssigkeit in abgegrenzten Arbeitsträumen erfolgt, die sich abwechselnd vergrößern (Ansaugephase) und verkleinern (Verdrängungsphase), so daß einzelne Teilvolumina gefördert werden.

Die Veränderung der Arbeitsräume wird durch einen oder mehrere hin- und hergehende (oszillierende) oder umlaufende (rotierende) Verdränger erzielt *(vergl. 0210 und 0280)*; Ein- und Ausgang des geschlossenen Arbeitsraumes werden durch Trennelemente gesteuert.

Pompe volumetriche alternative

Bombas volumétricas alternativas

Oszillierende Verdrängerpumpen

pompa *f* **(volumetrica) alternativa**

bomba *f* **volumétrica alternativa**
bomba *f* volumétrica de movimiento alternativo

oszillierende Verdrängerpumpe *f* 0210

Pompa volumetrica 0200 le cui camere di lavoro aumentano e si riducono di volume mediante il moto alternativo rettilineo di un organo (ad es. *pompa a stantuffi 0220* e *pompa a membrana 0265)* o semirotativo (ad es. *pompa semirotativa 0270)* di un organo.

Bomba volumétrica 0200 en la que la variación de volumen de las camaras se obtiene, bien por un movimiento alternativo lineal de un órgano de impulsión (por ejemplo *bomba de pistones 0200* y *bomba de membrana 0265)*, o bien por el movimiento semi-rotativo de un órgano de impulsión (por ejemplo *bomba semirotativa 0270)*.

Verdrängerpumpe 0200, bei der die Vergrößerung und Verkleinerung des Arbeitsraumes durch einen geradlinig hin- und hergehenden Verdränger *(z. B. Kolbenpumpe 0220 und Membranpumpe 0265)* oder durch einen bogenförmig hin- und hergehenden Verdränger (z. B. *Flügelpumpe 0270*) erfolgt.

---

pompa *f* **a stantuffi**
pompa *f* a pistoni

bomba *f* **de pistones**

Kolbenpumpe *f* 0220
Hubkolbenpumpe *f*

Pompa volumetrica alternativa 0210 con movimento rettilineo alternativo di un organo propulsivo.

Bomba volumétrica alternativa 0210 con órgano de impulsión (piston) dotado de movimiento lineal.

Oszillierende Verdrängerpumpe 0210 mit geradlinig hin- und hergehendem Verdränger.

Pompe à un seul piston = **pompe *f* à piston**

Note:
In the five languages the name piston serves as a general term for all types of reciprocating elements, e.g. for a *piston* with the sealing element on its circumference or for a *plunger* or *ram* with the sealing element held in the pump body.

Note:
Dans les cinq langues, **piston** est un terme général qui définit l'organe d'impulsion. Il existe des pistons à segments et d'autres sans segments appelés **pistons-plongeurs.** Dans le dernier cas l'étanchéité est solidaire du corps de pompe.

0265

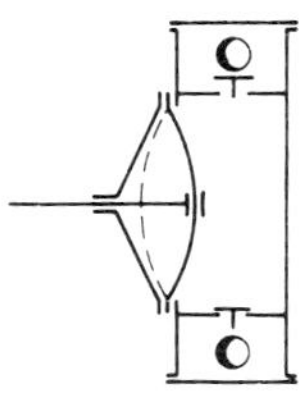

diaphragm pump

Reciprocating displacement pump 0210 featuring a diaphragm in place of a piston, the motion of which results in a displacement effect.

pompe *f* à membrane

Pompe volumétrique alternative 0210 munie d'une membrane à la place d'un piston, et dont le mouvement, c'est-à-dire la variation de forme, provoque l'action de pompage.

0270

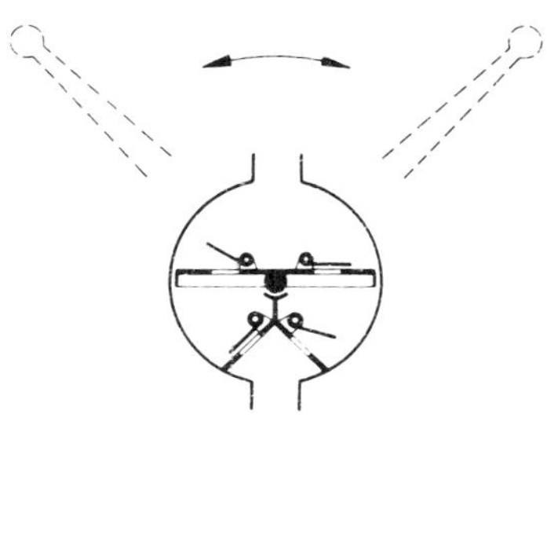

semi-rotary (wing) pump

Hand operated *reciprocating displacement pump 0210* with half rotational motion of the displacing element.

A **double acting semi-rotary pump** is shown in the opposite Fig.

pompe *f* (volumétrique) semi-rotative
pompe *f* (volumétrique) à mouvement semi-rotatif

Pompe volumétrique alternative 0210 à entraînement manuel, avec organe d'impulsion (palette) animé d'un mouvement semi-rotatif.

Représentation d'une **pompe semi-rotative à double effet:** Fig. ci-contre.

Pompa ad un solo stantuffo = **pompa** *f* **a stantuffo, pompa** *f* **a pistone.**

Nota:
In ciascuna delle cinque lingue, **stantuffo** è un termine generico che indica l'organo propulsore. Se l'organo di tenuta è disposto sullo stantuffo, si ha lo **stantuffo a disco.** Se invece esso è disposto nel corpo del cilindro, si ha lo **stantuffo tuffante.**

Bomba de un solo piston = **bomba** *f* **de piston.**

Nota:
En los 5 idiomas, **piston** es un termino general que define el órgano de impulsión. Existen pistones con segmentos y otros sin segmentos llamados **piston-plongeur.** En este último caso la estanqueidad es solidaria con el cuerpo de bomba.

Anmerkung:
In den fünf Sprachen dient die Benennung **Kolben** als Oberbegriff und Kurzbezeichnung für alle Arten von hin- und hergehenden Verdrängern, wie z. B. für **Scheibenkolben** mit Dichtelementen am Umfang des Kolbens oder für **Tauchkolben** und **Stufenkolben** mit Dichtelementen im Gehäuse.

Die in der deutschen Sprache gebräuchlichen Benennungen der oszillierenden Verdrängerpumpen nach konstruktiven Details sind in den vier anderen Sprachen nicht in diesem Umfange üblich. In diesen Sprachen wurde daher des öfteren auf die Bildung spezieller Benennungen verzichtet. Die prinzipiellen Unterschiede der Konstruktionen sind in Skizzen dargestellt.

0265

pompa *f* **a membrana**
pompa *f* a diaframma

Pompa volumetrica alternativa 0210 nella quale al posto dello stantuffo vi è una membrana mediante il cui movimento e corrispondenti variazioni di forma si raggiunge l'effetto del moto alternativo rettilineo.

bomba *f* **de membrana**

Bomba volumétrica alternativa 0210 dotada de una membrana, en lugar de piston, y en el que el movimiento, ó sea la variación de la forma provoca la acción de bombeo.

Membranpumpe *f*
(Diaphragmapumpe *f*)

Oszillierende Verdrängerpumpe 0210, die anstatt des Kolbens eine Membrane besitzt, durch deren Bewegung bzw. Formänderung die Verdrängerwirkung erzielt wird.

0270

pompa *f* **(volumetrica) semirotativa**

Pompa volumetrica alternativa 0210 azionata a mano, con moto semirotativo di un organo.

Una **pompa** *f* **semirotativa a doppio (o duplice) effetto** è rappresentata nella Fig. a lato.

bomba *f* **(volumétrica) semi-rotativa**
bomba *f* (volumétrica) de movimiénto semi-rotativo

Bomba volumétrica alternativa 0210 de manejo manual, con órgano de impulsión (paletas) dotadas de movimiento semi-rotativo.

En la figura a parte, se representa una **bomba semi-rotativa de doble efecto.**

Flügelpumpe *f*

Handbetriebene *oszillierende Verdrängerpumpe 0210* mit bogenförmig hin- und hergehendem (halbrotierendem) Verdränger.

Eine **zweifachwirkende (doppeltwirkende) Flügelpumpe** *f* ist in der nebenstehenden Fig. dargestellt.

Rotary displacement pumps

Pompes volumétriques rotatives

0280 **rotary displacement pump**
rotary pump

Pump with rotating displacement elements forming working chambers, which during rotation become larger in the low pressure region (suction phase), and smaller in the region of higher pressure (displacement phase).

pompe *f* volumétrique rotative
pompe *f* volumétrique à mouvement rotatif

Pompe avec éléments de séparation animés d'un mouvement continu de rotation. Du fait de cette rotation, les chambres délimitées par ces éléments de séparation augmentent (phase d'aspiration) et diminuent (phase de refoulement).

0281

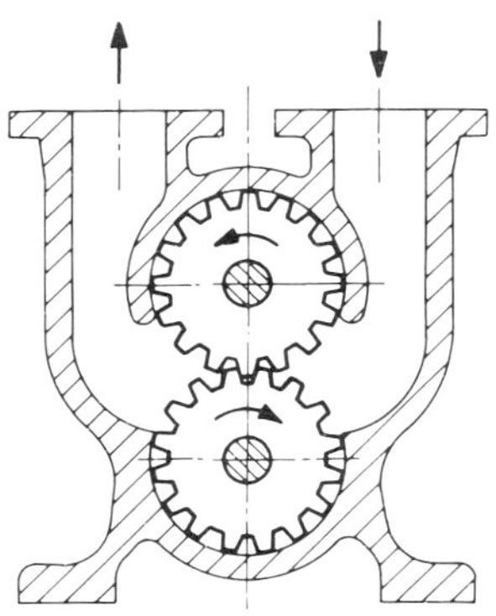

gear pump

One differentiates between **external gear pump** and **internal gear pump.**

An external gear pump is shown in the opposite Fig.

pompe *f* à engrenages

On distingue les **pompes *f* à engrenages à denture extérieure et les pompes *f* à engrenages à denture intérieure (et extérieure).**

Représentation d'une pompe à engrenages à denture extérieure: Fig. ci-contre.

0282

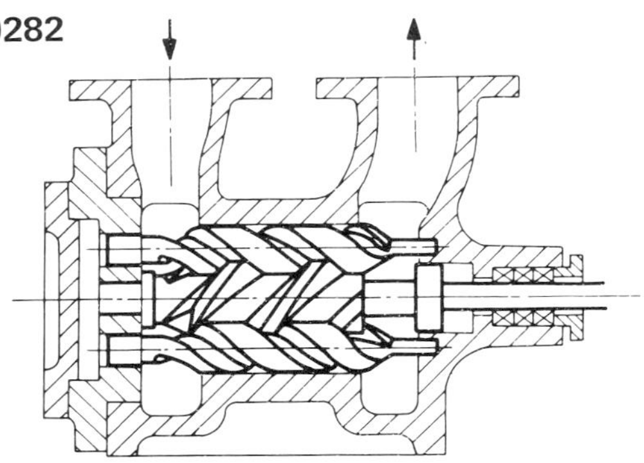

screw pump (positive-rotary, compare 0103)

Depending on the number of rotor elements one differentiates between:

two screw pump
three screw pump: see the opposite Fig.

pompe *f* à vis
pompe *f* à broches hélicoïdales

On distingue:

pompe *f* à deux vis
pompe *f* à trois vis: voir la Fig. ci-contre.

Pompe volumetriche rotative

Bombas volumétricas rotativas

Rotierende Verdrängerpumpen

pompa *f* (volumetrica) rotativa 0280

Pompa volumetrica con organi rotanti, i quali formano delle camere di lavoro che, nella rotazione, si ampliano nella fase aspirante e si riducono nella fase premente.

bomba *f* volumétrica rotativa
bomba *f* volumétrica de movimiento rotativo

Bomba con elementos de separación dotados de movimiento continuo de rotación. De hecho, con esta rotación, las cámaras delimitadas por los elementos de separación aumentan (fase de aspiración) y disminuyen (fase de impulsión).

rotierende Verdrängerpumpe *f*
Rotationspumpe *f* (veraltet)
Drehkolbenpumpe *f* (veraltet)
Umlaufkolbenpumpe *f* (veraltet)

Pumpe mit rotierenden Verdrängern, durch die Arbeitsräume gebildet werden, die sich bei der Drehung im Saugraum nacheinander vergrößern (Ansaugephase) und im Druckraum verkleinern (Verdrängungsphase).

---

pompa *f* ad ingranaggi 0281

Si fa distinzione fra pompa *f* ad ingranaggi a dentatura esterna e pompa *f* ad ingranaggi a dentatura interna.

Per un esempio di **pompa ad ingranaggi a dentatura esterna,** vedi Fig. a lato.

bomba *f* de engranajes

Cabe hacer la distinción entre **bomba de engranajes con dentado exterior** y **bomba de engranajes con dentado interior (y exterior).**

En la figura a parte se representa una bomba de engranajes con dentado exterior.

Zahnradpumpe *f*

Man unterscheidet **außenverzahnte Zahnradpumpe *f*** und **(außen- und) innenverzahnte Zahnradpumpe *f*.**

Eine außenverzahnte Zahnradpumpe ist in der nebenstehanden Fig. dargestellt.

---

pompa *f* a vite 0282

Secondo il numero degli organi di erogazione si distinguono:

pompa *f* a due viti:
pompa *f* a tre viti: vedi Fig. a lato.

bomba *f* de tornillo

Cabe distinguir:

bomba *f* de dos tornillos.
bomba *f* de tres tornillos: ver Fig. a parte.

Schraubenspindelpumpe *f*

Die Bezeichnung *Schraubenpumpe* ist zu vermeiden, da Verwechslungen mit der *Halbaxialkreiselpumpe* (gelegentlich auch Schraubenpumpe genannt) möglich sind; *vergl. 0103.*

Je nach Anzahl der Förderorgane unterscheidet man:

zweispindelige Schraubenspindelpumpe *f*
dreispindelige Schraubenspindelpumpe *f* : siehe nebenstehende Fig.

0283

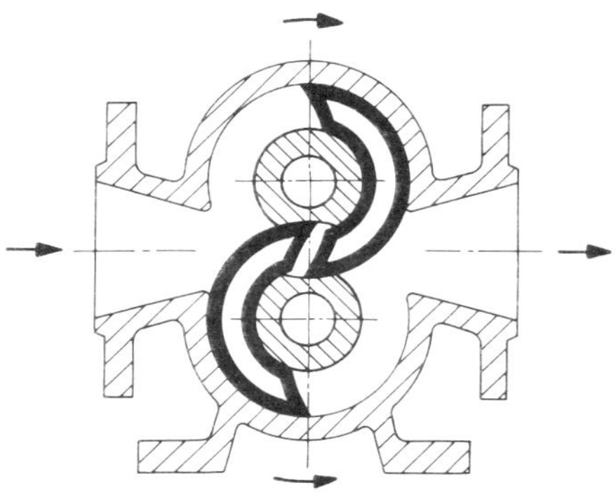

a)

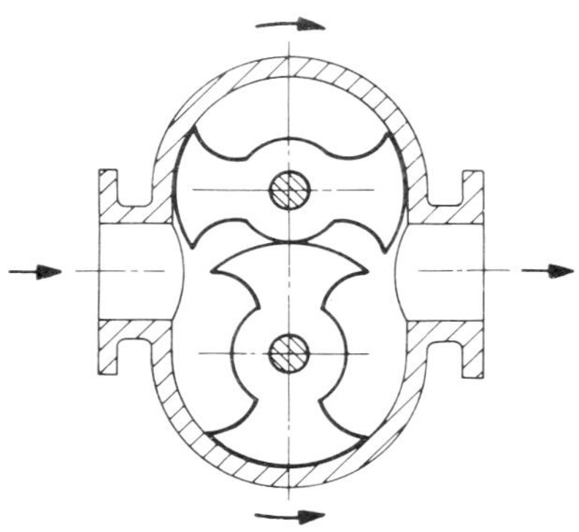

b)

rotary piston lobe type pump
lobular pump (USA)

One differentiates between:

A **single lobe pump,** (Fig. a) and a **twin lobe pump,** (Fig. b).

pompe *f* à lobes
pompe *f* Roots

On distingue:

Représentation d'une **pompe *f* à lobes simples,** Fig. a) et d'une **pompe *f* à lobes doubles,** Fig. b).

0284

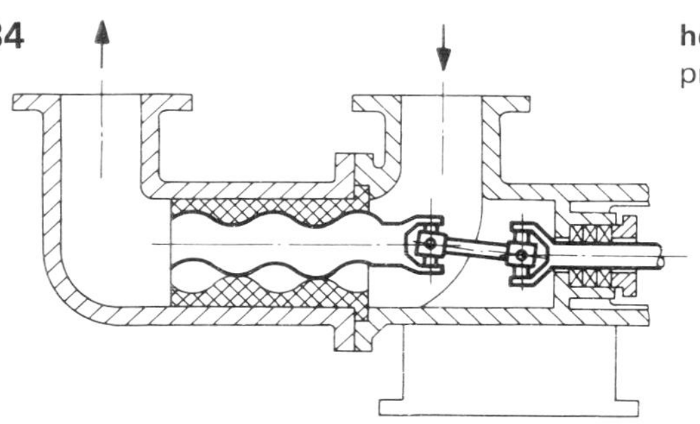

helical rotor pump
progressive cavity pump (USA)

pompe *f* à vis excentrée

0285

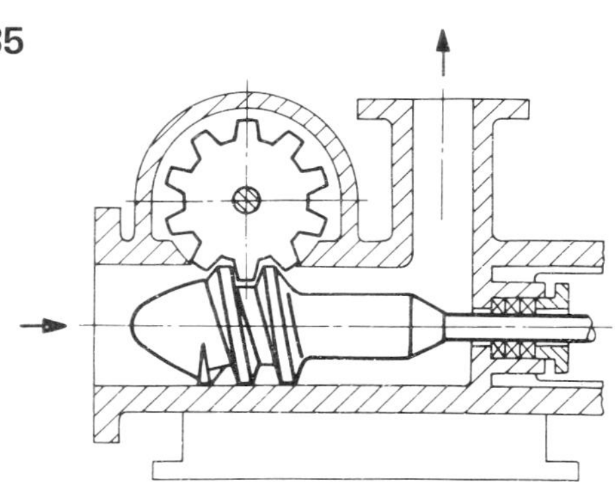

Goodyear pump®

pompe *f* à vis sans fin

ITALIANO	ESPAÑOL	DEUTSCH	
pompa *f* **a capsulismo** pompa *f* a lobi pompa *f* Roots Si fa distinzione fra: **pompa** *f* **a capsulismo con rotori ad un lobo:** Fig. a). **pompa** *f* **a capsulismo con rotori a due lobi:** Fig. b).	**bomba** *f* **lobular** Cabe distinguir: **bomba** *f* **de lobulos simples,** representada en la figura a), y **bomba** *f* **de lobulos dobles** de la figura b).	**Kreiskolbenpumpe** *f* Wälzkolbenpumpe *f* Rootspumpe *f* Man unterscheidet: **einflügelige Kreiskolbenpumpe** *f*, Fig. a). **zweiflügelige Kreiskolbenpumpe** *f*, Fig. b).	0283
pompa *f* a vite eccentrica	**bomba** *f* **de tornillo excéntrico**	**Exzenterschneckenpumpe** *f*	0284
pompa *f* a vite senza fine	**bomba** *f* **de tornillo sin fin**	**Schneckenpumpe** *f*	0285

		ENGLISH	FRANÇAIS
0286		**vane pump** *For different versions see 0287 and 0288.*	**pompe *f* à palettes** *Voir variantes d'exécution 0287 et 0288.*
0287	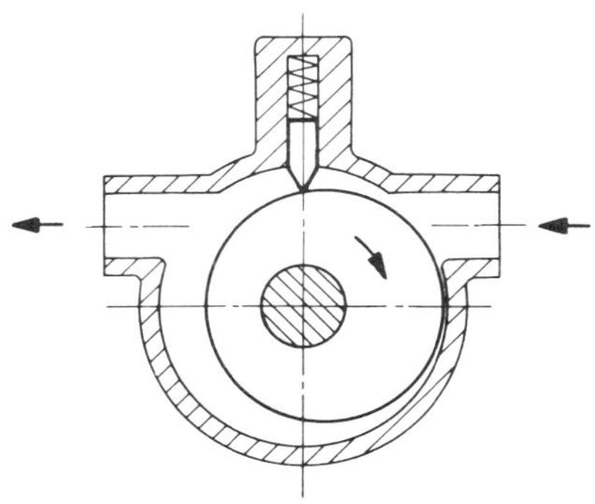	**sliding vane pump**	**pompe *f* à palette retenue**
0288	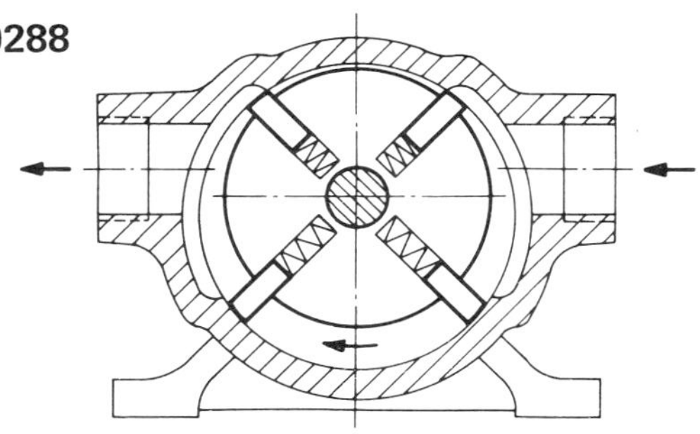	**roller vane pump** An example of a **roller vane pump with radially moveable vanes (sliding vane pump (USA),** not to be confused with 0287) is shown in the opposite Fig. Less common is the **roller vane pump with oscillating vanes (swinging vane pump [USA]),** *see 0290.*	**pompe *f* à palettes entraînées** Représentation d'une **pompe *f* à palettes entraînées rigides à mouvement radial:** voir la Fig. ci-contre. **Les pompes *f* à palettes entraînées flexibles** sont moins courantes *(voir 0290).*
0289	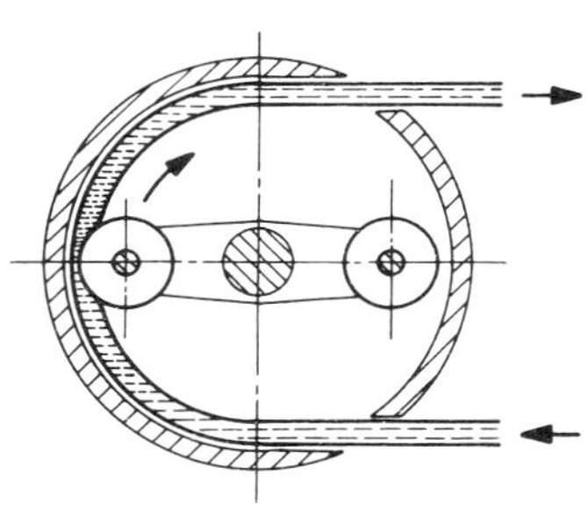	**peristaltic pump** (flexible tube pump)	**pompe *f* volumétrique rotative à tube élastique** pompe *f* péristaltique
0290		**flexible vane pump** Vane pump possessing a rotor with vanes made in flexible material – rubber or plastic – the rotor	**pompe *f* à palettes flexibles** Pompe comportant une roue entraînée par l'arbre et munie de palettes en matière élastique – caoutchouc

ITALIANO	ESPAÑOL	DEUTSCH	
pompa *f* a segmenti oscillanti pompa *f* a palette *Esempi di esecuzione: 0287 e 0288.*	**bomba *f* de paletas** *Ver variantes de ejecución 0287 y 0288.*	**Flügelzellenpumpe *f*** Zellenpumpe *f* *Ausführungsvarianten s. 0287 und 0288.*	**0286**
pompa *f* a segmento separatore	**bomba *f* de paletas retenidas**	**Trennflügelpumpe *f*** Trennschieberpumpe *f*	**0287**
pompa *f* a segmenti di spinta Una **pompa *f* a segmenti di spinta a palette mobili** è rappresentata nella Fig. a lato. In alcuni casi essa è costruita come **pompa *f* a segmenti di spinta a palette oscillanti.** *(ved. 0290).*	**bomba *f* de paletas arrastradas** En la figura a parte se representa una **bomba *f* de paletas arrastradas rigidas de movimiento radial.** Las **bomba *f* de paletas arrastradas flexibles son menos corrientes** *(ver. 0290).*	**Drehflügelpumpe *f*** Drehschieberpumpe *f* Eine **Drehflügelpumpe *f* mit radial verschiebbaren Flügeln** (auch **Schieberpumpe *f***) ist in der nebenstehenden Fig. dargestellt. Weniger gebräuchlich ist die **Drehflügelpumpe *f* mit schwingenden Flügeln** (auch **Schwingflügelpumpe *f***) *(siehe 0290).*	**0288**
pompa *f* a tubo flessibile pompa peristaltica	**bomba *f* volumétrica rotativa de tubo elastico** Bomba peristáltica.	**Schlauchpumpe *f***	**0289**
pompa *f* a palette flessibili Pompa che ha una girante azionata dall'albero e munita di palette in materiale flessibile (gomma o resine	**bombas *f* de paletas flexibles** Bomba que tiene un rodete arrastrado por el eje y dotado de paletas de material elástico (goma ó sin-	**Flügelzellenpumpe *f*** mit elastischem Verdränger (Drehflügelpumpe *f* mit elastischem Verdränger) Flügelzellenpumpe (Drehflügelpumpe), bei der die Drehflügel aus elastischem Material – Gummi oder	**0290**

mounted solidly on shaft rotating in a substantially circular casing incorporating an eccentric section. In most cases rotor (hub) and vanes are moulded in one piece. The radial force exerted by vanes on casing, providing the seal between suction and discharge pressure is due to the eccentricity forcing a deflection of the elastic vanes. The vanes are as it were leafsprings which deflect the pump, hence it can be classed amongst *swinging vane pumps (see 0288).*

ou synthétique. Généralement la roue et ses palettes sont une seule pièce vulcanisée. La pression radiale des palettes contre le corps de pompe est due à l'action élastique du matériau. Du fait que les palettes sont assimilables à des ressorts à lames oscillants, la pompe fait partie de la categorie particulière des *pompes à palettes flexibles entraînées (voir 0288).*

other positive-displacement pumps

Autres pompes volumétriques

0291

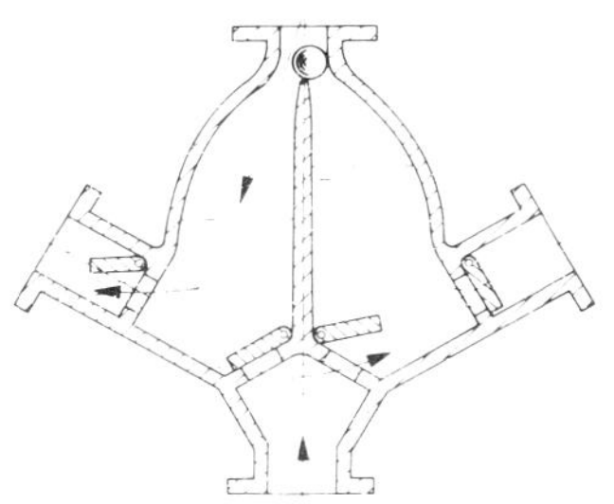

steam pulsator
pulsometer ®

The steam pulsator is a *reciprocating displacement pump 0210* of special design. The delivery of the liquid pumped is achieved by displacement due to the steam entering; the suction is created by the subsequent pressure drop due to the condensation of the steam.

pulsateur *m* à pression de vapeur

Le pulsateur à pression de vapeur est une *pompe volumétrique alternative 0210* d'un genre particulier: Le refoulement du liquide est provoqué par l'arrivée de la vapeur dans la chambre, l'aspiration est obtenue par la dépression due à la condensation de la vapeur dans cette chambre.

0292

Humphrey pump®

Reciprocating displacement pump 0210 employing the explosive force of a suitable fuel (or gas) to lift liquids.

pompe *f* à combustion de gaz
pompe *f* Humphrey®

Pompe volumétrique alternative 0210 qui, pour l'élévation du liquide, utilise directement la force d'expansion résultant de la combustion d'un mélange gazeux.

0293

bellows pump

Reciprocating pump 0210 which incorporates a bellows instead of a piston. The movement (deflection) of bellows creates the displacement.

pompe *f* à soufflet

Pompe volumétrique alternative 0210, comportant un soufflet au lieu d'un piston dont la déformation assure le refoulement.

sintetiche). Generalmente la girante e le sue palette sono in un sol pezzo vulcanizzato. La pressione radiale delle palette contro il corpo della pompa è dovuta all'azione elastica del materiale. Da fatto che le palette sono assimilabili a delle molle a balestra oscillanti, la pompa fa parte della categoria particolare delle *pompe a segmenti di spinta a palette mobili (Ved. 0288).*

tetico). Generalmente la rueda y sus paletas estan formadas por una sola pieza vulcanizada. La presión radial de las paletas contra el cuerpo de la bomba es debida a la acción elástica del material. De hecho las paletas son equiparables a resortes con láminas oscilantes, la bomba forma parte de la categoria particular de las *bombas de paletas flexibles arrastradas (ver 0288).*

Kunststoff — bestehen und mit der Läufernabe fest verbunden sind. Meist sind Flügel und Nabe aus einem Stück vulkanisiert. Das radiale Andrücken der Flügel an das Pumpengehäuse erfolgt hauptsächlich durch die Federwirkung des hochelastischen Materials. Da die Flügel Blattfedern sind, die auf- und abschwingen, gehört die Pumpe zur Sonderbauart der *Schwingflügelpumpen (siehe 0288).*

Altre pompe volumetriche

Otras bombas volumetricas

Sonstige Verdrängerpumpen

0291

pulsatore *m* **a pressione di vapore**
pulsometro® *m*

Si tratta di *pompa volumetrica alternativa 0210* di particolare concezione. Lo spostamento del fluido dalla camera di lavoro avviene in seguito all'introduzione di vapore; l'aspirazione è creata dalla caduta di pressione dovuta alla condensazione del vapore.

bomba *f* **por presión de vapor**

Es una *bomba volumétrica alternativa 0210* de tipo particular. La impulsión del liquido se produce por la llegada del vapor a la cámara, la aspiración se obtiene por la depresión producida por la condensación del vapor en dicha camara.

Dampfdruckpumpe *f*
Pulsator *m*
Pulsometer® *m*

Die Dampfdruckpumpe ist eine *oszillierende Verdrängerpumpe 0210* mit spezieller Wirkungsweise: Die Verdrängung der Förderflüssigkeit aus dem Arbeitsraum erfolgt durch einströmenden Dampf, das Einsaugen durch den nachfolgenden Unterdruck, der durch Dampfkondensation entsteht.

0292

pompa *f* **a pressione di gas**

Pompa volumetrica alternativa 0210 che utilizza l'energia di espansione di un adatto gas combustibile per sollevare direttamente il fluido.

bomba *f* **de combustión de gas**

Bomba volumétrica alternativa 0210, la cual, para elevar el liquido, utiliza directamente la fuerza de expansión resultante de la combustión de una mezcla gaseosa.

Gasdruckpumpe *f*
Humphrey-Pumpe® *f*

Oszillierende Verdrängerpumpe 0210, welche die Expansionskraft von Verbrennungsgasen direkt zum Heben von Flüssigkeiten benutzt.

0293

pompa *f* **a mantice**

Pompa volumetrica alternativa 0210 che comporta un mantice al posto di un pistone. Il movimento del mantice assicura la mandata.

bomba *f* **de fuelle**

Bomba volumétrica alternativa 0210 que tiene un fuelle en lugar de un piston, cuya deformación asegura la impulsión.

Balgpumpe *f*

Oszillierende Verdrängerpumpe 0210, die anstatt des Kolbens einen Balg besitzt, durch dessen Bewegung bzw. Formänderung die Verdrängerwirkung erzielt wird.

Ejectors

Appareils à jet

0300

ejector

A device for the pumping of liquids by the transmission of the kinetic energy of a liquid, gas or steam driven medium which by expansion attains a high velocity and is mixed with the fluid to be pumped.

ejecteur *m*

Appareil destiné à véhiculer des liquides par transmission de l'énergie de mouvement d'un agent moteur: liquide, gaz, ou vapeur élevé à grande vitesse par détente, puis mélangé au courant liquide.

0301

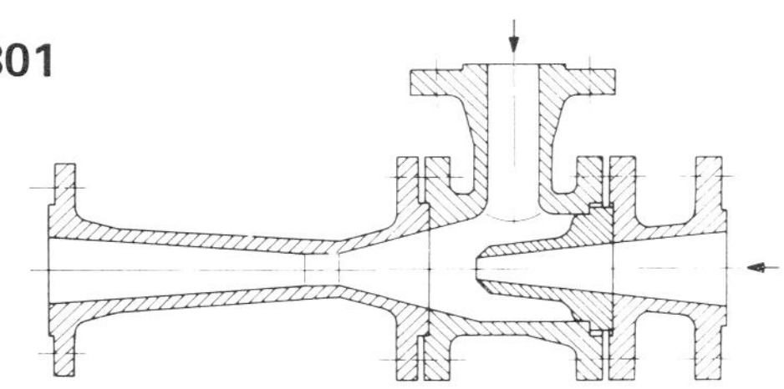

liquid ejector
liquid jet pump

(Operating medium: liquid; e.g. pressurized water: *see water ejector 0302).*

éjecteur *m* **à liquide**

(Fluide moteur: liquide; p.e. eau sous pression: voir *hydro-éjecteur 0302).*

0302

water ejector
water jet pump
(Operating medium: water)

If this ejector is placed in front of a *centrifugal pump 0100* from which it receives the operating water, it is also called **centrifugal jet pump (combination)** or **deepwell turbo jet,** expressions which refer to the combined unit centrifugal pump and ejector.

hydro-éjecteur *m*
(Fluide moteur: eau sous pression)

Lorsqu'un tel hydro-éjecteur est installé dans un puits profond et reçoit le liquide moteur directement de la pompe qu'il doit alimenter, on le désigne également par **hydro-éjecteur** *m* **pour puits profond.**

0303

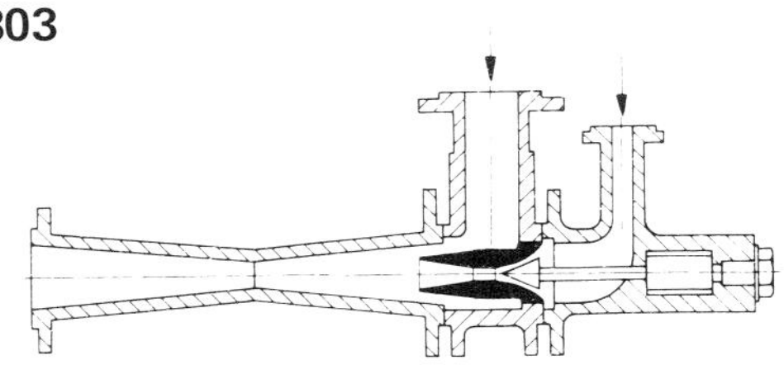

gas ejector
gas jet pump
(Operating medium: gas)

éjecteur *m* **à gaz**
(Fluide moteur: gaz)

0304

steam ejector
steam jet pump
(Operating medium: steam)

This pump is also called **injector** if it

éjecteur *m* **à vapeur**
(Fluide moteur: vapeur)

Lorsqu'on utilise cet appareil pour

Italiano	Español	Deutsch	
Eiettori	**Eyectores**	**Strahlpumpen**	
eiettore *m*	**eyector** *m*	**Strahlpumpe** *f* (Ejektor *m*)	**0300**
Apparecchio impiegato per erogare liquidi mediante trasmissione dell' energia cinetica di un fluido motore liquido, gassoso o sotto forma di vapore, portato ad alta velocità per espansione e mescolato con il liquido pompato.	Asparato destinado a vehicular líquidos por transmisón del movimiento de un agente líquido, gaseoso ó bajo la forma de vapor, llevado a velocidad elevada, que se mezcla con la corriente del líquido.	Gerät zum Fördern von Flüssigkeiten durch Übertragung von Bewegungsenergie eines flüssigen, gas- oder dampfförmigen Treibmediums, das durch Entspannung auf hohe Geschwindigkeit gebracht und dem zu fördernden Flüssigkeitsstrom beigemischt wird.	
eiettore *m* **a liquido**	**eyector** *m* **por líquido**	**Flüssigkeitsstrahlpumpe** *f*	**0301**
(fluido motore: liquido; p.es. acqua pressurizzata: *vedi eiettore ad acqua 0302).*	(Fluido motor: líquido; por ejemplo agua bajo presión: *Ver hidro-eyectores 0302).*	(Treibmedium: Flüssigkeit; z.B. Druckwasser: *siehe Wasserstrahlpumpe 0302*)	
eiettore *m* **ad acqua** (Fluido motore: acqua in pressione)	**hidro eyector** *m* (Fluido motor: agua bajo presión)	**Wasserstrahlpumpe** *f* (Treibmedium: Druckwasser)	**0302**
Come *pompa per pozzi profondi 6007,* viene collegato con una pompa centrifuga dalla quale riceve direttamente l'acqua di spinta e viene denominato **eiettore** *m* **ad acqua per pozzi profondi.** Questa espressione viene utilizzata talvolta anche per designare il complesso di pompa centrifuga ed eiettore.	El hidro eyector está instalado en un pozo profundo y recibe el líquido motor directamente de la bomba que debe alimentar, por lo que se le denomina **hidro eyector** *m* **para pozos profundos.**	Als *Tiefbrunnenpumpe 6007* einer Kreiselpumpe vorgeschaltet, von der sie unmittelbar das Treibwasser erhält, wird die Wasserstrahlpumpe auch als **Tiefsauger** *m* bezeichnet. Dieser Ausdruck wird manchmal auch für das komplette Aggregat, bestehend aus Kreisel- und Strahlpumpe, benutzt.	
eiettore *m* **a gas** (Fluido motore: gas)	**eyector** *m* **a gas** (Fluido motor: gas)	**Gasstrahlpumpe** *f* (Treibmedium: Gas)	**0303**
eiettore *m* **a vapore** (Fluido motore: vapore)	**eyector** *m* **a vapor** (Fluido motor: vapor)	**Dampfstrahlpumpe** *f* (Treibmedium: Dampf)	**0304**
Quando viene impiegato per l'alimen-	Cuando se utilice este aparato para	Wird diese Pumpe zur Kesselspeisung	

is used for feeding boilers.

l'alimentation en eau d'une chaudière, on le désigne par **injecteur** *m* ou **Giffard** *m.*

Gas lift pumps

Pompes système Mammouth

0400 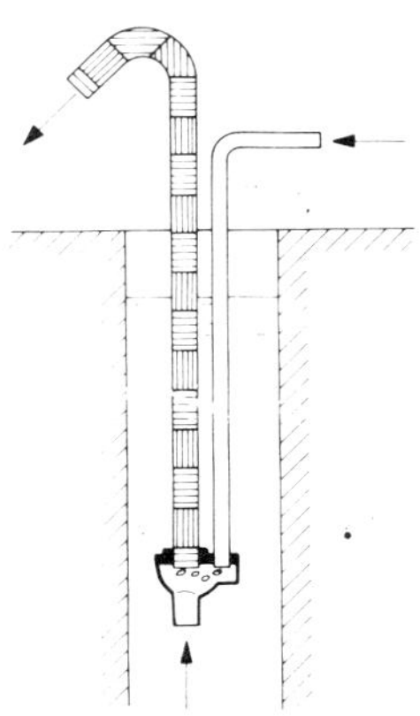

gas lift pump
mammoth pump®

Device to increase the energy of the liquid handled by mixing w th pressure gas.

When using compressed air it is called **air lift pump.**

pompe *f* système Mammouth
pompe *f* à émulsion

Appareil hydraulique destiné à accroître l'énergie d'un liquide par émulsion avec un gaz comprimé. Lorsque le gaz comprimé est de l'air: **pompe *f* à émulsion d'air.**

Pulsators

Béliers hydrauliques et hydropulsateurs

0500 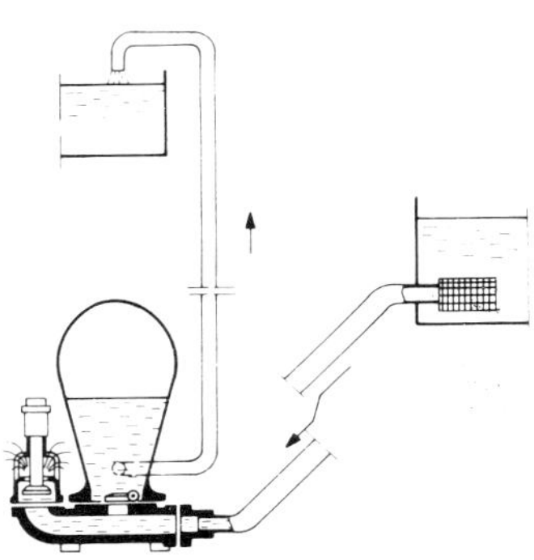

hydraulic ram

The energy of a moving column of water when suddenly arrested in the supply (actuating) line is utilized to pump a relative small portion of the water into a discharge pipe whilst the rest of the water flows to waste.

In the *hydraulic ram* the column is arrested by a check valve (dead weight loaded) which closes when flow velocity is sufficient. The resultant static pressure rise due to the sudden arrest of the moving water column forces water through a check valve into discharge column (see opposite Fig.).

In the **hydropulser** the arresting of the water column is achieved by a rotary valve rotated by the drive water. This rotary valve acts also as check valve in the supply line.

bélier hydraulique *m*
hydropulsateur *m*

La bélier hydraulique et l'hydropulsateur sont des appareils dans lesquels l'accroissement d'énergie du liquide à pomper résulte de l'arrêt périodique et brutal de la colonne liquide dans la conduite d'amenée, de telle sorte qu'une partie réduite de cette eau motrice est mise en pression et constitue le débit de l'appareil.

L'on désigne par **bélier hydraulique** un appareil dans lequel l'arrêt brutal de la colonne liquide est provoqué par la fermeture d'un clapet lesté, de telle sorte qu'une partie du liquide est envoyée dans la conduite de refoulement à travers un clapet de retenue (voir figure ci-contre).

L'on désigne par **hydropulseur** un appareil dans lequel l'arrêt brutal de la colonne liquide est provoqué par

tazione di una caldaia viene denominato anche **iniettore** *m*.

la alimemtación de calderas, se le llama **nyector** *m*.

verwendet, so wird sie auch **Injektor** *m* genannt.

Elevatore a gas compresso

Bombas de elevación por gas

Gasmischheber

0400

elevatore *m* **a gas compresso**
pompa *f*, Mammut®

Apparecchio idraulico impiegato per aumentare l'energia di un liquido mediante mescolamento con gas compresso.

Si denomina **elevatore** m ad aria compressa

Si denomina **elevatore** *m* **ad aria compressa** quando il gas compresso è aria.

bomba *f* **de elevación por gas**
bomba *f* de emulsión

Aparato hidráulico destinado a incrementar la energía de un líquido por emulsión con un gas comprimido. Cuando el gas comprimido es aire, se le denomina: **bomba** *f* **de emulsión por aire.**

Gasmischheber *m*
Mammutpumpe® *f*

Maschine zur Energieerhöhung der Förderflüssigkeit durch Mischen mit Druckgas.

Wird Luft als Druckgas verwendet: **Luftmischheber** *m.*

Arieti idraulici

Arietes hidráulicos

Stoßheber

0500

pompe *m* **a colpo d'ariete**

In queste pompe, l'aumento di energia del liquido erogato é ottenuto mediante l'arresto periodico e repentino della colonna liquida nella condotta di arrivo, così che una parte del liquido viene sollevato nella condotta di mandata, mentre il resto viene scaricato.

Nell' **Ariete idraulico** l'arresto della colonna idrica viene ottenuto mediante una valvola a pesi mentre il liquido erogato viene inviato nella condotta premente attraverso una valvola di ritegno (vedi Fig. a lato).

Nell ' **idropulsatore** l'arresto della colonna idrica é ottenuto mediante un distributore che viene messo in rotazione dal liquido stesso e che, nello stesso tempo serve da valvola di ritegno sulla mandata.

ariete *m* **hidráulico**
hidropulsor *m*

El ariete hidráulico y el hidropulsor son aparatos en los que el incremento de energía del líquido a bombear se produce como consecuencia del paro periodico y brusco de la columna del liquido en el conducto de llegada, de tal forma que una parte reducida de esta agua motriz queda bajo presión y constituye el caudal del aparato.

Se llama **ariete** *m* **hidráulico** a un aparato en el que el paro brusco de la columna líquida está provocada por el cierre de una válvula de contrapeso, de tal manera que una parte del líquido es enviado al conducto de impulsión a traves de una válvula de retención (ver figura a parte).

Se llama **hidropulsor** *m* a un aparato en el que el paro brusco de la columna líquida está provocada por un

Stoßheber *m*

Energieerhöhung der Förderflüssigkeit durch rhytmisches, plötzliches Abbremsen der Wassersäule in der Treibleitung, wodurch ein geringer Anteil des Treibwassers als Druckwasser (Förderstrom) weitergeleitet wird.

Als **hydraulischer Widder** *m* wird eine Ausführung bezeichnet, bei der das Abbremsen der Treibwassersäule durch ein gewichtsbelastetes Hubventil erfolgt, wodurch gleichzeitig Treibwasser durch eine Rückschlagklappe in die Druckleitung gedrückt wird (siehe nebenstehende Fig.).

Als **Hydropulser** *m* wird eine Ausführung bezeichnet, bei der das Abbremsen der Treibwassersäule durch einen vom Treibwasser in Rotation gehaltenen Steuerschieber bewirkt

un distributeur mis en rotation par le liquide lui-même et faisant fonction, en même temps, de soupape d'arrêt sur le refoulement.

Hydraulic elevators

Elévateurs à liquides

0600

hydraulic elevator

Hydraulic device to increase the energy of the liquid handled by transporting it to a higher level.

élévateur *m* à liquides
élévateur *m* hydraulique

Machine hydraulique accroissant l'énergie d'un liquide par transport à un niveau plus élevé.

0601

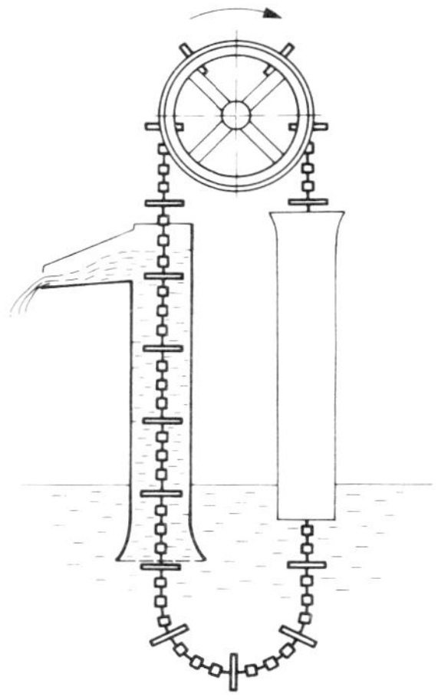

chain pump

An endless chain runs over pulleys and carries cups or buckets: **chain and bucket pump;** see for example *bucket elevator 0603.*

Or an endless chain fitted with discs runs inside a vertical tube: **chain and disc pump;** see the opposite Fig.

pompe *f* à chaîne

Constituée par une chaîne sans fin guidée par des rouleaux et sur laquelle des godets de puisage sont fixés; voir par *exemple élévateur à godets 0603.*

Dans une variante de construction, des tampons fixés sur la chaîne sans fin élèvent l'eau en passant dans un tube vertical: voir la Fig. ci-contre.

0602

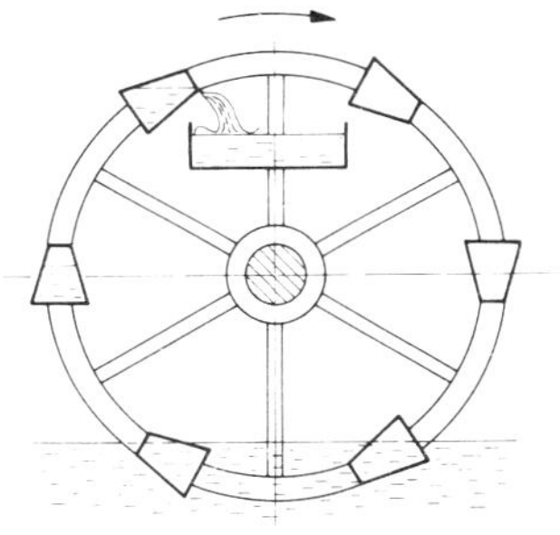

wheel and bucket pump
bucket wheel
scoop wheel

roue *f* à augets

ITALIANO	ESPAÑOL	DEUTSCH	
	distribuidor que se pone en rotación por el mismo liquido, que hace la función al mismo tiempo de válvula de paro sobre la impulsión.	wird, der gleichzeitig als druckseitiger Abschlußschieber dient.	
Elevatori idraulici	**Elevadores de líquidos**	**Hebewerke**	
elevatore *m* **idraulico**	**elevadores** *m* **de líquidos** elevadores *m* hidraulicos	**Hebewerk** *n*	**0600**
Macchina idraulica per l'aumento di energia di un liquido mediante il suo sollevamento a livello superiore.	Maquina hidráulica que aumenta la energía de un líquido por transporte a un nivel más elevado.	Maschine zur Energieerhöhung der Förderflüssigkeit durch Heben auf ein höheres Niveau.	
pompa *f* **a catena**	**bomba** *f* **de cadena**	**Kettenpumpe** *f*	**0601**
Catena chiusa guidata da rulli e portante dei recipienti per il sollevamento dell'acqua; **cfr. per esempio noria a secchi 0603** Un'altra esecuzione nella quale la catena chiusa porta dei dischi scorrenti entro un tubo verticale si denomina anche **noria** *f* **a dischi;** vedi Fig. a lato.	Formada por una cadena sin fin conducida por dos tambores en los que los cangilones estan fijos en ella. Ver por ejemplo, *elevador de cangilones 0603.* Una variante de construcción puede ser el sistema de discos fijados a una cadena sin fin que eleva el agua pasando por un tubo vertical, ver Fig. a parte.	Endlose Kette, die über Rollen geführt wird und an der Behälter zum Wasserschöpfen befestigt sind; vergl. z.B. *Becherwerk 0603.* Eine andere Ausführung, bei der die endlose Kette Förderteller durch ein Förderrohr zieht, ist in der nebenstehenden Fig. dargestellt.	
ruota *f* **a cassetti**	**rueda** *f* **de cuchara**	**Schöpfrad** *n*	**0602**

0603

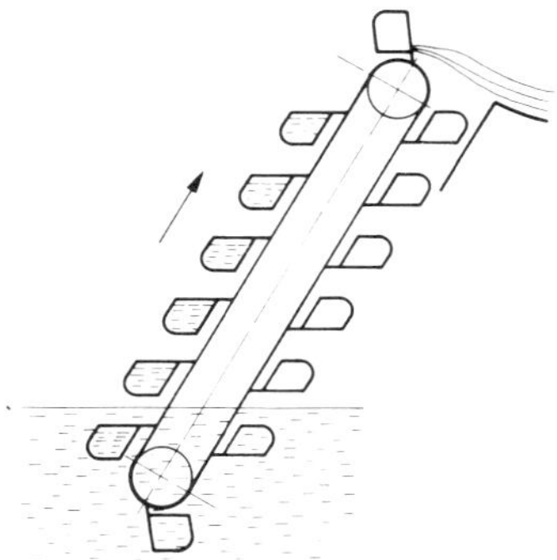

bucket elevator

élévateur *m* **à godets noria** *f*

0604

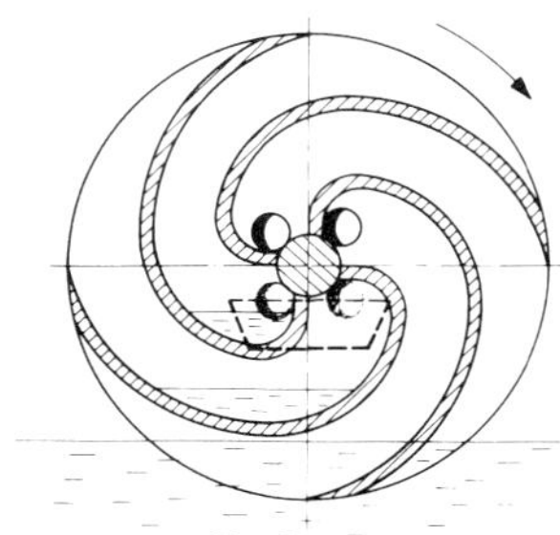

drum wheel
water wheel

roue *f* **tambour**

0605

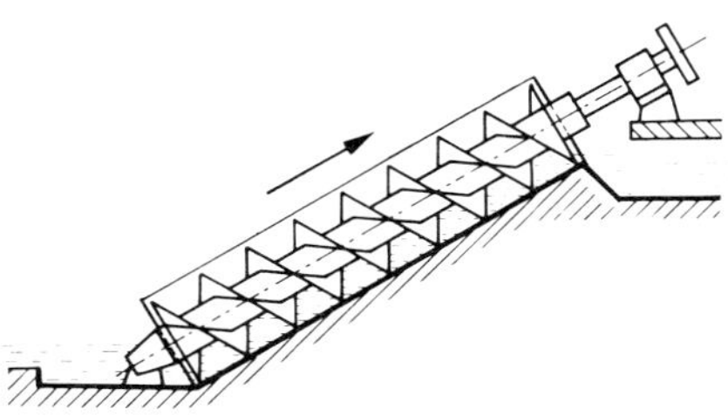

Archimedean screw pump

vis *f* **d'Archimède**

Other principles of operation

Autres principes de fonctionnement

0701

electromagnetic pump

Pump possessing no moving parts for the pumping of molten mediae with electric conducting properties (molten metals). The pumping force in the pumped medium is electromagnetically produced by the interaction of the electric current in the molten metal and a magnetic field imposed from the outside.

In the **conduction type pump** the electric current is immediately introduced into the molten metal via electrical contacts, in contrast with

pompe *f* **électromagnétique**

Pompe sans pièces mécaniques en mouvement, destinée à véhiculer des matériaux liquides (metaux en fusion), conducteur d'électricité. La force mise en jeu dans le liquide pompé est produite par un effet électromagnétique sous l'action réciproque d'un courant électrique et un champ magnétique imposé du dehors.

Pour la **pompe** *f* **à conduction** le courant est directement amené au métal en fusion par l'intermédiaire

ITALIANO	ESPAÑOL	DEUTSCH	
noria *f* **a secchi**	**elevador** *m* **de cangilones** noria *f*	**Becherwerk** *n* Eimerwerk *n* Kastenwerk *n*	**0603**
ruota *f* **a tamburo**	**rueda** *f* **de tambor**	**Trommelrad** *n*	**0604**
elevatore *m* **a vite d'Archimede** **coclea** *f*	**tornillo** *m* **de Arquimedes**	**Schneckentrogpumpe** *f* Archimedische Schraube *f*	**0605**

Altri principi di funzionamento	Otros principios de funcionamiento	Sonstige Wirkungsweisen	
pompa *f* **elettromagnetica** Pompa senza parti meccaniche in movimento, destinata a pompare materiali liquidi elettroconduttori (metalli fusi). La spinta sul liquido pompato é prodotta per effetto elettromagnetico sotto l'azione reciproca di una corrente elettrica e un campo magnetico applicato esternamente. Nella **pompa** *f* **a conduzione** la corrente è direttamente fatta circolare nel metallo fuso per mezzo di	**bomba** *f* **electromagnética** Bomba sin piezas mecánicas en movimiento, destinada a vehicular materiales líquidos (metales en fusión), conductores de electricidad. La fuerza vehiculante en el líquido bombeado se produce por un efecto electromagnético bajo la acción recíproca de una corriente eléctrica y un campo magnético exterior. Para la **bomba** *f* **de conducción** la corriente es directamente llevada al metal en fusión por medio de contactos eléctricos, contrariamente a la	**elektromagnetische Pumpe** *f* Pumpe ohne bewegliche Teile zum Fördern elektrisch leitender Schmelzen (schmelzflüssige Metalle), bei der die Förderkraft im transportierten Medium elektromagnetisch durch Wechselwirkung zwischen einem elektrischen Strom in der Schmelze und einem von außen aufgebrachten Magnetfeld erzeugt wird. Bei der **Konduktionspumpe** *f* wird der Strom der Metallschmelze unmittelbar über Kontakte zugeführt im	**0701**

the **induction type pump,** in which the electric current in the molten metal is induced by an alternating electromagnetical field.

Not to be confused with pump with *cyclic electromagnetic drive (3013)* and *electromagnetically coupled pump (3012).*

de contacts électriques, contrairement à la **pompe *f* à induction** pour laquelle le courant est induit au métal en fusion par un champ magnétique alternatif.

Ne pas confondre avec la *pompe à piston-vibreur électromagnetique (3013)* et la *pompe à entraînement par couplage électromagnétique (3012).*

0702

self priming pump

pompe *f* auto-amorçante

Pump capable of delivering liquids, gases or a mixture of both, whereby the suction line is evacuated without additional external priming device. It may for the latter purpose be employed as a *priming pump 7404* only.

Pompe susceptible d'aspirer un liquide, un gaz ou un mélange des deux. Elle est capable d'évacuer, sans dispositif extérieur d'amorçage, l'air ou le gaz de la tuyauterie d'aspiration. Dans ce dernier cas, elle fait office de *pompe (à vide) d'amorçage 7404.*

0703

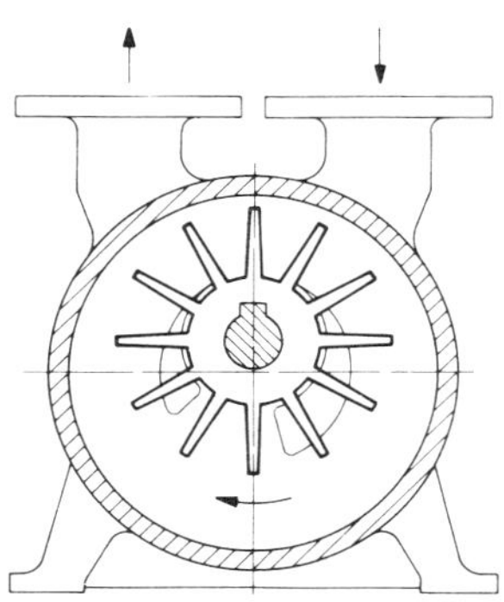

Liquid ring pump.
Pompe à anneau liquide.
Pompa ad anello liquido.
Bomba de anillo liquido.
Flüssigkeitsringpumpe.

liquid ring pump

pompe *f* à anneau liquide

Positive displacement rotary pump 0280 mainly used for the pumping of gas. Gas-liquid mixtures and liquids can also be pumped. The pump features an eccentrically rotating ring of liquid which effects the volume increase and decrease of the pumping space.

In the case of water being used as rotating ring, the pump is referred to as **water ring pump.**

Pompe volumétrique rotative 0280 utilisée principalement comme pompe à gaz ou à gaz et liquide mélangés dans laquelle l'excentricité de l'anneau liquide provoque l'augmentation et la diminution de volume des chambres.

Cette pompe peut aussi être utilisée comme pompe à liquide.

Lorsque l'anneau liquide est de l'eau, on dit également **pompe *f* à anneau d'eau.**

0704

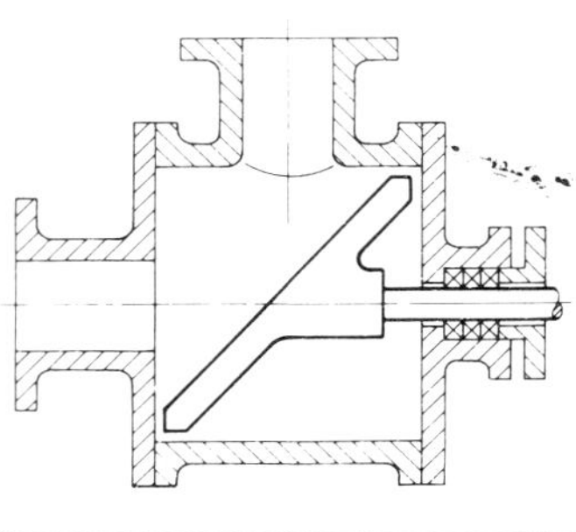

inclined rotor pump
oblique plate pump

pompe *f* à disque oblique

Increase of energy in liquid to be pumped through volume variation effected by disc impeller mounted obliquely on shaft and rotating in pump casing.

L'accroissement d'énergie du liquide est obtenu par la rotation d'un disque disposé obliquement par rapport à son arbre d'entraînement.

---

contatti elettrici, contrariamente alla **pompa** *f* **a induzione** nella quale la corrente è indotta nel metallo fuso da un campo magnetico alternativo.

Non si deve confondere con la *pompa a comando elettro magnetico (3013)* e la *pompa a giunto elettromagnetico (3012).*

bomba *f* **de inducción** en la que la corriente es inducida al metal en fusión por medio de un campo magnético alternativo.

No confundir con la *bomba vibratoria electromagnética (3013)* y la *bomba accionada por acoplamiento magnético (3012).*

Gegensatz zu der **Induktionspumpe** *f*, bei welcher der Strom in der Schmelze durch ein magnetisches Wechselfeld induziert wird.

Nicht zu verwechseln mit *elektromagnetisch angetriebener (3013)* und *elektromagnetisch gekuppelter (3012) Pumpe.*

---

pompa *f* **autoadescante**
pompa *f* autoaspirante

Pompa adatta per l'erogazione di liquidi, gas o miscuglio degli stessi e avente la capacità di evacuare l'aria dalla tubazione aspirante senza apparecchiature esterne. Per questo ultimo scopo viene impiegata anche come *pompa per adescamento 7404.*

bomba *f* **auto-cebante**

Bomba capaz de aspirar un líquido, un gas ó una mezcla de los dos. Es capaz de evacuar, sin dispositivo exterior de cebado, el aire ó el gas de la tuberia de aspiración. En este último caso, hace la función (por vacio) de *bomba cebante 7404.*

selbstansaugende Pumpe *f* **0702**

Pumpe, die zur Förderung von Flüssigkeiten, Gasen oder einem Gemisch von beiden geeignet ist und die die Fähigkeit besitzt, ohne zusätzliche externe Ansaugevorrichtungen die Saugleitung zu entlüften. Sie kann zu diesem letzteren Zweck auch als reine *Entlüftungspumpe 7404* eingesetzt werden.

---

pompa *f* **ad anello liquido**

Pompa volumetrica rotativa 0280 utilizzata principalmente come pompa per gas o per miscela di gas e liquido nella quale l'eccentricità dell'anello liquido provoca l'aumento e la diminuzione del volume delle camere di lavoro. Questa pompa può essere utilizzata anche come pompa per liquido. Se l'anello liquido rotante è acqua, viene denominata **pompa** *f* **ad anello d'acqua.**

bomba *f* **de anillo liquido**

Bomba volumétrica rotativa 0280 utilizada principalmente como bomba de gas, ó gas y líquido mezclados en la que la excentricidad del anillo líquido provoca el aumento y la disminución del volumen de las cámaras.

Esta bomba puede ser utilizada tambien como bomba de líquido. Cuando el anillo líquido es agua, se le llama igualmente **bomba** *f* **de anillo de agua.**

Flüssigkeitsringpumpe *f* **0703**

Hauptsächlich zur Förderung von Gasen oder Gasflüssigkeits-Gemischen verwendete *rotierende Verdrängerpumpe 0280,* bei der der exzentrisch rotierende Flüssigkeitsring die Vergrößerung und Verkleinerung der Arbeitsräume bewirkt.

Sie kann auch als Pumpe zur Förderung von Flüssigkeiten verwendet werden.

Besteht der Flüssigkeitsring aus Wasser, dann heißt sie **Wasserringpumpe** *f.*

---

pompa *f* **a disco obliquo**

L'aumento di energia del liquido nel corpo avviene mediante la rotazione di un disco obliquo solidale con l'albero.

bomba *f* **de disco oblicuo**

El aumento de energia del líquido se obtiene por rotación de un disco situado oblicuamente con respecto al eje de giro. No debe confundirse con la *bomba de pistones axiales con plato de mando oblicuo 3014.*

Schrägscheibenpumpe *f* **0704**

Energieerhöhung der Förderflüssigkeit im Gehäuse durch eine rotierende, zur Welle schräg gestellte Scheibe.

		ENGLISH	FRANÇAIS
		Not to be confused with the *swash plate operated pump 3014.*	A ne pas confondre avec la *pompe à pistons axiaux à plateau de commande oblique 3014.*
0705	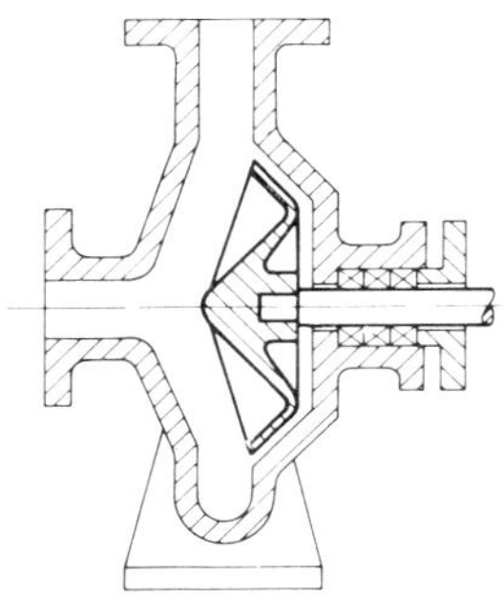	**torque flow pump** Increase of energy in liquid through disc impeller incorporating ribs, the momentum being imparted to liquid through turbulence. (The term torque flow pump is also used as a registered trade mark [USA]).	**pompe *f* à vortex** pompe *f* tourbillon L'accroissement d'énergie est obtenu par la rotation d'un disque nervuré qui communique une énergie tourbillonnaire au liquide.
		Other Types (Examples of combination)	**D'autres conceptions** (Exemples de combinaison)
0901		semi-open impeller centrifugal pump	pompe *f* centrifuge avec roue semi-ouverte
0902		open impeller centrifugal pump	pompe *f* centrifuge avec roue ouverte
0903		radial flow (centrifugal) pump with shrouded impeller	pompe *f* centrifuge à roue radiale fermée
0904		axial flow pump with **adjustable** blades axial flow pump with blades adjustable during standstill	pompe *f* hélice à pales **orientables à l'arrêt**
0905		axial flow pump with variable pitch blades axial flow pump with blades whose pitch can be varied during pump operation adjustable propeller pump	pompe *f* hélice à pales orientables en marche **Nota:** On utilise également les expressions: **à pas réglable** quand les pales restent toujours bloquées dans une position déterminée (p. ex. pompe hélice à **pales orientables à l'arrêt) à pas variable** quand l'orientation des pales peut être adaptée aux con-

ITALIANO	ESPAÑOL	DEUTSCH	
Da non confondere con la *pompa con comando a disco oscillante 3014.*		Nicht zu verwechseln mit der *Taumelscheibenpumpe 3014.*	
pompa *f* a vortice L'aumento di energia avviene mediante la rotazione di un disco palettato che comunica al liquido un movimento vorticoso.	**bomba *f* de torbellino** El aumento de energía se produce por la rotación de un disco ranurado que comunica una energía de torbellino (remolino) al líquido.	**Freistrompumpe *f*** Wirbelradpumpe *f* Wirbelpumpe *f* Energieerhöhung durch eine rotierende verrippte Scheibe, die Wirbelimpulse an das Fördermedium vermittelt.	**0705**
Altri tipi (Esempi di combinazione)	**Otros tipos** (Ejemplos de combinación)	**Weitere Ausführungen** (Kombinationsbeispiele)	
pompa *f* centrifuga con girante semiaperta	bomba *f* centrífuga con rodete semiabierto.	Kreiselpumpe *f* mit halboffenem Laufrad	**0901**
pompa *f* centrifuga con girante aperta	bomba *f* centrífuga con rodete abierto.	Kreiselpumpe *f* mit offenem Laufrad	**0902**
pompa *f* centrifuga con girante radiale chiusa	bomba *f* centrífuga con rodete radial cerrado	Radialkreiselpumpe *f* mit geschlossenem Laufrad	**0903**
pompa *f* ad elica a pale **orientabili** da fermo	bomba *f* de hélice con palas **orientables al parar**	Axial(kreisel)pumpe *f* mit **einstellbaren** Schaufeln Axial(kreisel)pumpe *f* mit im Stillstand einstellbaren Schaufeln	**0904**
pompa *f* ad elica a pale orientabili in moto **Nota:** In italiano, per **pale orientabili o regolabili** si intendono le pale che sono smontabili e che possono assumere posizioni diverse rispetto al mozzo.	bomba *f* de hélice con palas orientables en marcha **Nota:** Se utilizan las expresiones: De **paso regulable** cuando las palas permanecen siempre bloqueadas en una posición determinada (por ejemplo *bomba de hélice con palas orientables en el paro),* de **paso variable** cuando la orientación de las palas	Axial(kreisel)pumpe *f* mit verstellbaren Schaufeln Axial(kreisel)pumpe *f* mit im Betrieb verstellbaren Schaufeln Verstellpropellerpumpe *f* **Anmerkung:** Man spricht von **einstellbar (justierbar)**, wenn es sich um eingesetzte	**0905**

		ENGLISH	FRANÇAIS
		Note: One refers to blades as **adjustable** if they can be set to remain fixed in a desired position (i.e. **adjustable when stationary**). One refers to blades as having **variable pitch** if their pitch can be varied to suit the prevailing conditions (i.e. **adjustable in operation**).	ditions instantanées de fonctionnement (p. ex. *pompe hélice à pales orientables en marche*).
9060		axial flow pump with reversible blades	pompe *f* hélice à pas réversible
0907		volute pump with axial inlet end suction volute pump	pompe *f* à volute à entrée axiale
0920		single acting piston pump	pompe *f* à piston à simple effet
0921		double acting piston pump	pompe *f* à piston à double effet
0922		quadruple acting semi-rotary pump	pompe *f* semi-rotative à quadruple effet
0923		single cylinder piston pump	pompe *f* à piston monocylindrique
0924		two cylinder piston pump twin cylinder piston pump	pompe *f* à piston à deux cylindres
0925		three cylinder piston pump triplex cylinder piston pump	pompe *f* à piston à trois cylindres
0926		single plunger pump	pompe *f* à piston-plongeur monocylindrique

ITALIANO	ESPAÑOL	DEUTSCH	
Se il dispositivo di regolazione non è indipendente dal moto di rotazione della girante, si parla di **pale orientabili o regolabili da fermo,** se invece esso è indipendente da tale moto, si parla di **pale orientabili o regolabili in moto.**	puede ser adaptado a las condiciones instantáneas de funcionamiento (por ejemplo *bomba de hélice con palas orientables en marcha).*	Schaufeln handelt, die in einer gewünschten Stellung bleibend festgestellt werden. Man spricht von **verstellbar,** wenn es sich um verdrehbare Schaufeln handelt, deren Stellung den jeweiligen Notwendigkeiten beliebig angepaßt werden kann.	
pompa *f* ad elica a passo invertibile	bomba *f* de hélice de paso reversible	Axial(kreisel)pumpe *f* mit Umkehrschaufeln	**0906**
pompa *f* a voluta ad entrata assiale	bomba *f* de voluta con entrada axial	Spiralgehäusepumpe *f* mit axialem Eintritt	**0907**
pompa *f* a pistoni a semplice effetto	bomba *f* de piston de efecto simple	einfachwirkende Kolbenpumpe *f*	**0920**
pompa *f* a pistoni a doppio effetto	bomba *f* de piston de efecto doble	zweifachwirkende Kolbenpumpe *f* doppeltwirkende Kolbenpumpe *f*	**0921**
pompa *f* semirotativa a quadruplo effetto	bomba *f* semi-rotativa de cuádruple efecto	vierfachwirkende Flügelpumpe *f*	**0922**
bomba *f* de piston monocilindrica	pompa *f* a pistoni monocilindrica	Einzylinder-Kolbenpumpe *f*	**0923**
pompa *f* a pistoni a due cilindri	bomba *f* de piston de dos cilindros	Zweizylinder-Kolbenpumpe *f* Zwillingskolbenpumpe *f*	**0924**
pompa *f* a pistoni a tre cilindri	bomba *f* de piston de tres cilindros	Drillingskolbenpumpe *f* Dreizylinder-Kolbenpumpe *f*	**0925**
bomba *f* de piston plongeur monocilindrica	pompa *f* a stantuffo tuffante monocilindrica	Einplungerpumpe *f*	**0926**

0927 multi-plunger pump

pompe *f* à piston-plongeur à plusieurs cylindres

Names of pumps according to **construction features**

Désignations de pompes selon **conception et particularités de construction**

In the majority of descriptions in this section other words in lieu of "Pumps" can be used if technically meaningful.

In particular:

0100–0130 and 1123–1129 for **centrifugal pumps,**
0210–0270 and 1221–1258 for **reciprocating positive displacement pumps,**
0280–0293 for **rotary positive displacement pumps,**
0701–0705 for **pumps based on other principles**

Example:
single stage centrifugal pump
high pressure piston pump
single stage volute pump with overhung impeller
gear pump for wall mounting

Furthermore with construction features a combination of names is possible.

Example:
vertical pump (1002) and *inline pump (1111);*
vertical inline pump;
vertical pump (1002) and *split casing pump (1040);*
vertical split casing pump

Pour la majorité des termes figurant dans ce paragraphe, d'autres expressions peuvent également être substituées au terme ou à l'élément de terme "pompe", dans la mesure où il en résulte des expressions significatives. Entrent de préférence en considération à cet égard, les expressions

0100 à 0130 et 1123 à 1129 pour les **pompes centrifuges**
0210 à 0270 et 1221 à 1258 pour les **pompes volumétriques alternatives**
0280 à 0293 pour les **pompes volumétriques rotatives**
0701 à 0705 pour les **pompes avec un autre principe de fonctionnement.**

Exemples:
pompe centrifuge monocellulaire
pompe à piston à haute pression
pompe à volute monocellulaire à roue en porte-à-faux
pompe à engrenages en applique murale

Par ailleurs, les combinaisons d'expressions sont possibles, dans le cas d'expressions suivant les principes de construction.

Exemples:
Pompe verticale (1002) et *pompe in-line (1111):*
Pompe verticale in-line;
Pompe verticale (1002) et *pompe à joint longitudinal (1040):*
Pompe verticale à joint longitudinal.

pompa *f* a stantuffo tuffante pluricilindrica

bomba *f* de piston plongeur de varios cilindros

Vielplungerpumpe *f* 0927

Denominazione delle pompe secondo le caratteristiche di costruzione

Per la maggioranza dei termini che figurano in questo paragrafo, il termine pompa può venir sostituito da altri, purché ne risulti una espressione tecnicamente significativa. Sotto questo riguardo, sono in particolare da prendere in considerazione le seguenti espressioni:

0100 – 0130 e 1123 – 1129 per le **pompe centrifughe**

0210 – 0270 e 1221 – 1258 per le **pompe volumetriche alternative**

0280 – 0293 per le **pompe volumetriche rotative**

0701–0705 per le **pompe aventi altri principi di funzionamento.**

Esempi:

pompa centrifuga monocellulare
pompa a stantuffi ad alta pressione
pompa a voluta monocellulare con girante a sbalzo
pompa ad ingranaggi da fissaggio a muro

Sono inoltre possibili espressioni combinate, nel caso di denominazioni secondo le caratteristiche di costruzione.

Esempi:

Pompa verticale (1002) e pompa in linea (1111):
Pompa verticale in linea
Pompa verticale (1002) e pompa divisa assialmente (1040):
Pompa verticale divisa assialmente.

Désignacion de las bombas según sus caracteristicas de construction

Para la mayoria de los terminos que figuran en este apartado, otras expresiones pueden igualmente ser empleadas.

En particular:

0100 – 0130 y 1123 – 1129. Para las **bombas centrífugas.**

0210 – 0270 y 1221 – 1258. Para las **bombas volumétricas alternativas.**

0280 – 0293. Para las **bombas volumétricas rotativas.**

0701 – 0705. Para las **bombas con otro principio de funcionamiento.**

Ejemplos:

Bomba centrífuga monocelular.
Bomba de piston de alta presión.
Bomba con voluta monocelular con rueda en falso.
Bomba de engranajes para aplicación mural.

Además, otras combinaciones son posibles, considerando los principios de construcción.

Ejemplos:

Bomba vertical (1002) y bomba en linea (1111).
Bomba vertical en linea.
Bomba vertical (1002) y bomba con junta longitudinal (1040).
Bomba vertical con junta longitudinal.

Pumpenbennungen nach konstruktiven Merkmalen

Bei den meisten der in diesem Abschnitt aufgeführten Benennungen können an die Stelle des Wortes oder Wortteiles "Pumpe" auch andere Ausdrücke treten, sofern sich dabei technisch sinnvolle Benennungen ergeben. Vorzugsweise kommen hierfür in Betracht die Benennungen

0100 bis 0130 und 1123 bis 1129 für **Kreiselpumpen,**

0210 bis 0270 und 1221 bis 1258 für **oszillierende Verdrängerpumpen,**

0280 bis 0293 für **rotierende Verdrängerpumpen,**

0701 bis 0705 für **Pumpen mit sonstiger Wirkungsweise.**

Beispiele:

einstufige Kreiselpumpe
Hochdruckkolbenpumpe
einstufige Spiralgehäusepumpe mit fliegend angeordnetem Laufrad
Zahnradpumpe für Wandbefestigung

Weiterhin ist bei Benennungen nach konstruktiven Merkmalen auch die Kombination von Benennungen möglich.

Beispiele:

Vertikale Pumpe (1002) und Inlinepumpe (1111):
Vertikale Inlinepumpe;
Vertikale Pumpe (1002) und längsgeteilte Pumpe (1040):
Vertikale längsgeteilte Pumpe

1001

horizontal pump

Centrifugal pump 0100 or *rotary pump 0280* with horizontal shaft or *reciprocating piston pump 0220* with horizontal cylinder axis.

pompe *f* horizontale

Pompe centrifuge 0100 ou *pompe volumétrique rotative 0280* avec arbre horizontal, ou *pompe a pistons 0220* avec cylindres horizontaux.

1002

vertical pump

Centrifugal pump 0100 or *rotary pump 0280* with vertical shaft or *reciprocating piston pump 0220* with vertical cylinder axis.

pompe *f* verticale

Pompe centrifuge 0100 ou *pompe volumétrique rotative 0280* avec arbre vertical, ou *pompe à pistons 0220* avec cylindres verticaux.

1003

low pressure pump

A pump with low discharge pressure (pressure limit not fixed).

pompe *f* à basse pression

Pompe avec faible pression de refoulement.

1004

high pressure pump

A pump with high discharge pressure (pressure limit not fixed).

pompe *f* à haute pression

Pompe avec forte pression de refoulement.

1005

super pressure pump

Pump with extremely high discharge pressure (pressure limit not fixed).

pompe *f* à très haute pression

Pompe avec très forte pression de refoulement.

1006

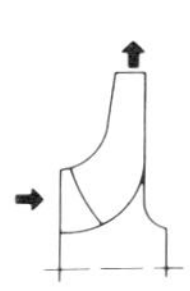

Single stage radial flow centrifugal pump.
Pompe centrifuge à roue radiale à un étage.
Pompa centrifuga radiale ad un stadio.
Bomba centrífuga radial de un solo estadio.
Einstufige Radialkreiselpumpe.

single stage pump

Pump producing pressure rise in a single stage. Even where several stages are arranged in parallel, the pump remains single stage.

pompe *f* à un étage
pompe *f* monocellulaire *(expression à employer seulement pour les pompes centrifuges)*

Pompe dans laquelle l'accroissement d'énergie du liquide est obtenu dans un seul étage ou cellule. Même si plusieurs étages ou cellules sont couplés en parallèle, la pompe reste à un étage.

pompa *f* orizzontale

Pompa centrifuga 0100 o *pompa volumetrica rotativa 0280* ad asse orizzontale o *pompa a stantuffi 0220* con cilindri ad asse orizzontale.

bomba *f* horizontal

Bomba centrífuga 0100 ó *bomba volumétrica rotativa 0280* con eje horizontal, ó *bomba de pistones con cilindros horizontales 0220.*

Horizontalpumpe *f* 1001
horizontale Pumpe *f*

Kreiselpumpe 0100 oder *rotierende Verdrängerpumpe 0280* mit horizontaler Wellenachse oder *Kolbenpumpe 0220* mit horizontaler Zylinderachse, letztere auch als **liegende Kolbenpumpe *f*** bezeichnet.

---

pompa *f* verticale

Pompa centrifuga 0100 o *pompa volumetrica rotativa 0280* ad asse verticale o *pompa a stantuffi 0220* con cilindri ad asse verticale.

bomba *f* vertical

Bomba centrífuga 0100 ó *bomba volumétrica rotativa 0280* con eje vertical, ó *bomba de pistones 0220* con cilindros verticales.

Vertikalpumpe *f* 1002
vertikale Pumpe *f*

Kreiselpumpe 0100 oder *rotierende Verdrängerpumpe 0280* mit vertikaler Wellenachse oder *Kolbenpumpe 0220* mit vertikaler Zylinderachse. Vertikale Kolbenpumpen werden auch als **stehende Kolbenpumpen *f*** bezeichnet.

---

pompa *f* a bassa pressione

Pompa a bassa prevalenza.

bomba *f* de baja presión

Bomba con débil presión de impulsión.

Niederdruckpumpe *f* 1003

Pumpe mit niedrigem Enddruck (Druckgrenze nicht eindeutig fixiert).

---

pompa *f* ad alta pressione

Pompa ad alta prevalenza.

bomba *f* de alta presión

Bomba con gran presión de impulsión.

Hochdruckpumpe *f* 1004

Pumpe mit hohem Enddruck (Druckgrenze nicht eindeutig fixiert).

---

pompa *f* ad altissima pressione

Pompa ad altissima pressione totale (i limiti di pressione non sono esattamente stabiliti).

bomba *f* de muy alta presión

Bomba con muy gran presión de impulsión.

Höchstdruckpumpe *f* 1005

Pumpe mit höchstem Enddruck (Druckgrenze nicht eindeutig fixiert).

---

pompa *f* ad uno stadio
pompa *f* monostadio
pompa *f* monocellulare

Pompa nella quale l'aumento di pressione è attenuto in un solo stadio. Anche se più stadi sono collegati in parallelo, si denomina pompa ad uno stadio.

bomba *f* de un estadio
bomba *f* monocelular *(expresión empleada solamente para bombas centrífugas)*

Bomba en la que el incremento de energía del líquido se produce con un solo estadio ó celula. En el caso de que varios estadios ó celulas sean acoplados en paralelo, la bomba sigue siendo de un estadio.

einstufige Pumpe *f* 1006

Pumpe, bei der die Druckerhöhung in einer einzigen Förderstufe erzielt wird. Auch wenn mehrere Förderorgane parallel geschaltet sind, bleibt die Pumpe einstufig.

1007

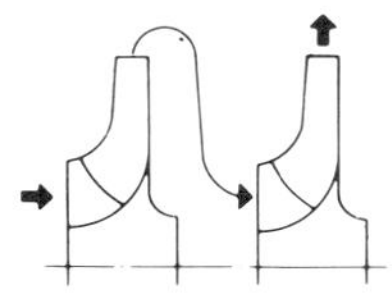

Two stage radial flow centrifugal pump.
Pompe centrifuge à roue radiale à deux étages.
Pompa centrifuga radiale a due stadi.
Bomba centrífuga radial de dos estadios.
Zweistufige Radialkreiselpumpe.

two stage pump

In general *centrifugal pump 0100* with two impellers in series, usually mounted between bearings, but occasionally overhung.

pompe *f* à deux étages
pompe *f* bicellulaire *(expression à employer seulement pour les pompes centrifuges)*

En général, *pompe centrifuge 0100* avec deux roues en série, dans la plupart des cas, avec paliers de part et d'autre des roues, quelquefois avec roues en porte-à-faux.

1008

multistage pump

In general *centrifugal pump 0100* with several impellers in series.

pompe *f* à plusieurs étages
pompe *f* multicellulaire *(expression à employer seulement pour les pompes centrifuges)*

En général, *pompe centrifuge 0100* avec plusieurs roues en série.

1010

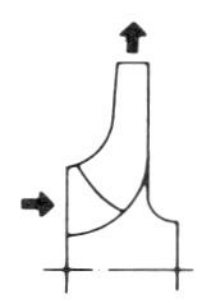

Single entry radial flow centrifugal pump.
Pompe centrifuge à roue radiale à simple flux.
Pompa centrifuga radiale a semplice aspirazione.
Bomba centrífuga radial de aspiración simple.
Einströmige Radialkreiselpumpe.

single entry pump
single suction pump

Pump in which the complete volume flows through one or several rotating elements arranged in series (e.g. *centrifugal pumps 0100* with single entry impeller or impellers arranged one behind the other).

pompe *f* à simple flux
pompe *f* avec roue à simple entrée *(expression à employer seulement pour les pompes centrifuges)*

Pompe dans laquelle le débit total passe par une seule cellule hydraulique ou par plusieurs cellules hydrauliques disposées en série (p. ex. *pompes centrifuges 0100* avec une ou plusieurs roues à simple entrée en série).

1011

See page 23

voir page 23

1012

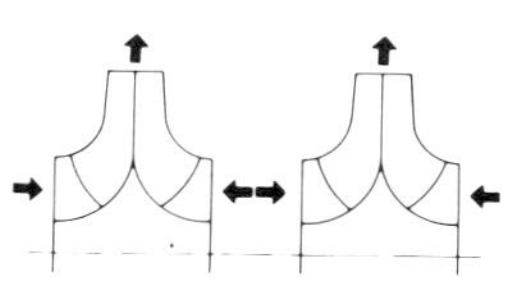

pump with pumping elements arranged (or operating) in parallel

Pump in which the total volume flow is directed through several pumping elements arranged in parallel. Sometimes the pump has more than one suction and discharge branches, *centrifugal pump 0100* and *positive displacement pump 0200*.

pompe *f* à plusieurs flux

Pompe dans laquelle le débit total se divise en plusieurs flux pour passer par plusieurs cellules hydrauliques disposées en parallèle. Ces pompes (*centrifuges 0100* ou *volumétriques 0200*) possèdent parfois plusieurs tubulures d'aspiration et de refoulement.

ITALIANO	ESPAÑOL	DEUTSCH	
pompa *f* a due stadi	**bomba *f* de dos estadios** bomba *f* bicelular *(expresión empleada solamente para bombas centrífugas)*	**zweistufige Pumpe *f***	**1007**
In genere si tratta di *pompa centrifuga 0100* con due giranti collegate in serie, che per lo più hanno due sopporti di estremità e talvolta sono a sbalzo.	En general, *bomba centrífuga 0100* con dos turbinas en serie, en la mayoria de los casos montadas entre apoyos y ocasionalmente suspendidas.	Im allgemeinen *Kreiselpumpe 0100* mit zwei hintereinander geschalteten Laufrädern, die meist zweiseitig gelagert sind, manchmal jedoch auch fliegend angeordnet sein können.	
pompa *f* a più stadi pompa *f* pluricellulare	**bomba *f* de varios estadios** bomba multicelular *(expresión empleada solamente para bombas centrífugas)*	**mehrstufige Pumpe *f***	**1008**
In genere si tratta di *pompa centrifuga 0100* con più giranti collegate in serie.	En general, *bomba centrífuga 0100* con varias turbinas en serie.	Im allgemeinen *Kreiselpumpe 0100* mit mehreren hintereinander geschalteten Laufrädern.	
pompa *f* a semplice aspirazione pompa *f* ad un solo flusso pompa *f* a semplice entrata	**bomba *f* de flujo simple** bomba con turbina de simple entrada *(expresión usada simplemente para bombas centrífugas)*	**einströmige Pumpe *f*** einflutige Pumpe *f*	**1010**
Pompa in cui l'intera portata percorre uno o più elementi idrodinamici disposti in serie (p.es. *pompa centrifuga 0100* con una o più giranti a semplice aspirazione, disposte in serie).	Bomba en la que el caudal total pasa por una sola celula hidráulica ó por varias celulas hidráulicas dispuestas en serie (por ejemplo *bomba centrífuga 0100* con una ó varias turbinas con simple entrada en serie).	Pumpe, bei der der gesamte Förderstrom nur ein hydraulisches Förderelement oder mehrere hintereinander durchströmt (z.B. *Kreiselpumpen 0100* mit einem oder mehreren hintereinander geschalteten einströmigen Laufrädern).	
vedi pagina 23	ver página 23	Siehe Seite 23	**1011**
pompa *f* a flussi multipli	**bomba *f* de varios flujos**	**mehrströmige Pumpe *f***	**1012**
Pompa in cui l'intera portata percorre più elementi idrodinamici disposti in parallelo. Viene talvolta eseguita con parecchie bocche aspiranti e prementi, sia come *pompa centrifuga 0100,* che come *pompa volumetrica 0200.*	Bomba en la que el caudal total se divide en varios flujos para pasar por varias celulas hidráulicas dispuestas en paralelo. Estas bombas *(centrífugas 0100* ó *volumétricas 0200)* poseen varias tubuladuras de aspiración e impulsión.	Pumpe, bei der der gesamte Förderstrom mehrere parallel geschaltete hydraulische Förderelemente durchströmt, manchmal auch mit mehreren Saug- und Druckstutzen als *Kreiselpumpe 0100* oder als *Verdrängerpumpe 0200.*	

1011

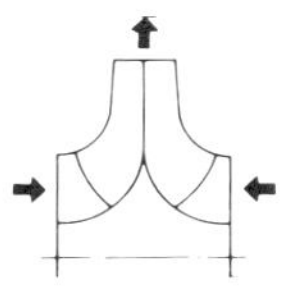

Double flow.
Double flux.
Girante doppia.
Rodete doble.
Doppelströmig.

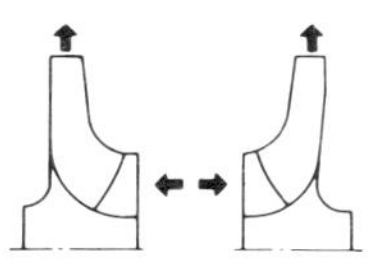

Twin flow.
Deux flux.
Due giranti semplici ad entrate affaciate.
Dos rodetes simples con entrada enfrentada.
Zweiströmig (Laufradeintritte einander zugewandt).

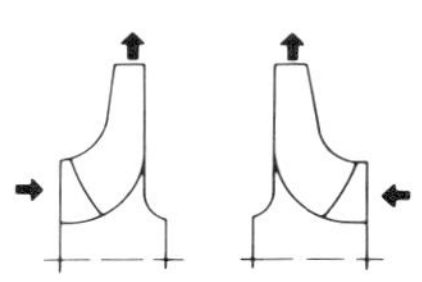

Twin flow.
Deux flux.
Due giranti semplici ad entrate contrapposte.
Dos rodetes simples con entrade contrapuesta.
Zweiströmig (Laufradeintritte einander abgewandt).

double entry pump
double suction pump
balanced suction pump

Pump in which the complete volume flows divided through two rotating elements arranged in parallel (e.g. *centrifugal pumps 0100* featuring two single entry impellers in parallel or one double entry impeller).

pompe *f* à double flux

Pompe dans laquelle le débit total se divise en deux flux pour passer par deux cellules hydrauliques disposées en parallèle (p. ex. *pompes centrifuges 0100* avec deux roues à simple entrée disposées en paralléle ou *pompes centrifuges 0100* avec une seule roue à double entrée).

1013

reversible pump

Pump where direction of flow can be reversed **(pump with reversible flow direction),** e.g. by adjusting the position of the blades (for *axial flow pumps 0105),* by reversing the direction of rotation or by adjusting the swash plate (for *axial piston pumps 1222).*

Also the pump where the flow continues in one direction, although the direction of rotation has been reversed.

pompe *f* à débit réversible

Pompe dans laquelle le sens du débit peut être inversé, p. ex. par inversion du pas *(pompe hélice 0105),* par inversion du sens de rotation ou par inversion du disque oblique *(pompe à pistons axiaux 1222).*

Une pompe qui peut fonctionner dans les deux sens de rotation, sans que le débit ne change de sens, est appelée **pompe *f* à sens de rotation indifférent** (improprement: **pompe *f* réversible**).

pompa *f* a doppia aspirazione 1011
pompa *f* a doppio flusso
pompa *f* a doppia entrata

Pompa in cui l'intera portata è suddivisa fra due elementi idrodinamici disposti in parallelo (p.es. *pompa centrifuga 0100* con due giranti a semplice aspirazione disposte in parallelo oppure con una girante a doppia aspirazione).

bomba *f* de flujo doble

Bomba en la que el caudal total se divide en dos flujos para pasar por dos celulas hidráulicas dispuestas en paralelo. (por ejemplo *bombas centrífugas 0100* con dos turbinas de simple entrada dispuestas en paralelo ó *bombas centrífugas 0100* con una sola turbina con doble entrada).

doppelströmige Pumpe *f*
zweiströmige Pumpe *f*
zweiflutige Pumpe *f*

Pumpe, bei der der gesamte Förderstrom geteilt zwei parallel geschaltete hydraulische Förderelemente durchströmt (z.B. *Kreiselpumpen 0100* mit zwei parallel geschalteten einströmigen Laufrädern oder mit einem doppelströmigen Laufrad).

---

pompa *f* reversibile 1013

Pompa in cui si può invertire il senso del flusso, per esempio invertendo il passo *(pompa ad elica 0105)*, invertendo il senso di rotazione o regolando l'inclinazione del disco *(pompe a stantuffi assiali 1222)*. Una pompa che può funzionare nei due sensi di rotazione, senza che la portata muti la sua direzione, è denominata **pompa *f* a senso di rotazione indifferente** (impropriamente: **pompa *f* reversibile**).

bomba *f* de caudal reversible

Bomba en la que el sentido del caudal puede ser invertido, por ejemplo por inversión del paso *(bomba de hélice 0105)*, por inversión del sentido de rotación ó por inversión del disco oblicuo *(bomba de pistones axiales 1222)*.

Una bomba que puede funcionar en los dos sentidos de rotación, sin que el caudal cambie de sentido, se llama **bomba *f* con sentido de rotación indiferente** (impropiamente: **bomba *f* reversible**).

reversible Pumpe *f*

Pumpe, bei der die Förderrichtung umgekehrt werden kann **(Pumpe *f* mit umkehrbarer Förderrichtung)**, z.B. durch Verstellen der Schaufeln (bei *Axialkreiselpumpen 0105)*, durch Umkehren der Drehrichtung oder durch Verstellen der Taumelscheibe (bei *Axialkolbenpumpen 1222*).

Weiterhin bezeichnet man eine Pumpe als reversibel, wenn sie die

Not to be confused with a *centrifugal pump 0100* operating as a turbine *(pump turbine 6408)*.

Ne pas confondre la pompe à débit réversible avec la *pompe-turbine 6408.*

1019

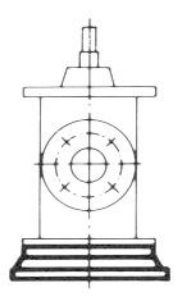

Pedestal mounted rotary displacement pump.

Pompe volmétrique rotative à embase.

Pompa volumetrica rotativa con basamento o zoccolo.

Bomba volumétrica rotativa sobre zócalo.

Rotierende Verdrängerpumpe in Sockelausführung.

vertical frame mounted pump
pedestal mounted pump

Vertical pump 1002 with the casing or a casing part mounted on a frame (**vertical frame mounted pump)** or on a pedestal **(pedestal mounted pump).**

pompe *f* verticale à embase

Pompe verticale 1002, dont le corps de pompe ou une partie de ce corps est monté sur un support formant embase d'assise.

1020

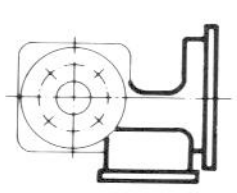

Lantern mounted rotary displacement pump.

Pompe volumétrique rotative sur lanterne.

Pompa volumetrica rotativa a lanterna.

Bomba volumétrica rotativa sobre linterna

Rotierende Verdrängerpumpe in Laternenausführung.

lantern mounted pump

Pump mounted on a lantern or with lantern (adapter [USA]) as an integral part of the casing. A lantern comprises a cylindrical or conical component usually with two end flanges and walls with openings.

pompe *f* sur lanterne

Pompe montée sur lanterne ou support-lanterne. On entend par lanterne une pièce généralement cylindrique ou conique, comportant une ou plusieurs ouvertures et munie, à chaque extrémité d'une bride de fixation et utilisée comme organe de liaison.

1021

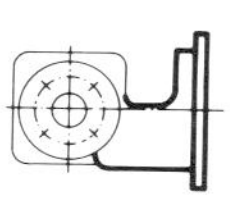

Skirt mounted rotary displacement pump.

Pompe volumétrique rotative sur lanterne-support.

Pompa volumetrica rotativa a lanterna con piedi.

Bomba volumétrica rotativa sobre soporte linterna.

Rotierende Verdrängerpumpe in Fußlaternenausführung.

skirt mounted pump
lantern based pump

Pump 1020 with lantern (adapter [USA]) feet or skirt.

pompe *f* sur lanterne-support

Pompe 1020 dont la lanterne possède des pattes de fixation.

---

pompa f ausiliaria

Pompa che, per lo più, fa parte di un'altra macchina. Se il suo corpo è ricavato nella struttura di tale macchina, si tratterà di **pompa f incorporata.**

Se invece la pompa, completa del suo corpo, viene calettata su un albero e ad un attacco della macchina stessa, verrà detta **pompa f da fissaggio** o **pompa f da incasso.**

bomba f accesoria

Bomba adaptada como accesorio de otra maquina.

Cabe distinguir:

bomba f accesoria incorporada: su parte hidráulica se encuentra en el interior de la maquina.
bomba f accesoria añadida: su parte hidráulica se encuentra en el exterior de la otra máquina.

Einbaupumpe f
Pumpe *f* in Einbauausführung

Meist Pumpe, die mit einer anderen Einrichtung zusammengebaut wird. Die Pumpenmechanik kann z.B. in ein Gehäuse einer anderen Maschine eingeschoben werden, dann spricht man auch von **Einschubpumpe f** oder **Pumpe f in Einschubausführung,** oder aber die Pumpe mit Gehäuse wird auf Welle und Aufnehmer einer anderen Maschine aufgesteckt, dann spricht man von **Aufsteckpumpe f** oder **Pumpe f in Aufsteckausführung.**

1023

---

pompa f con sopporto a cavalletto

Pompa orizzontale 1001 con la carcassa flangiata a sopporto a cavalletto.

bomba f con soporte del árbol de transmisión

Bomba horizontal 1001 en la que el cuerpo está fijado en un soporte del árbol de transmisión.

Lagerbockpumpe f
Lagerstuhlpumpe *f*

Horizontalpumpe 1001, bei welcher der Pumpenkörper an einen Lagerbock angebaut ist.

1024

---

pompa f con sopporto a sbalzo

Pompa il cui sopporto è montato sul corpo della pompa. In generale questa disposizione permette lo smontaggio della parte rotante dal lato comando *(vedere pompa con parte rotante estraibile dal lato comando 1040).* Disposizione usata sovente per le *pompe a voluta 0120* monocellulari.

L'applicazione di questa disposizione è anche possibile per le *pompe volumetriche rotative 0280.*

bomba f con eje soportado

Bomba en la que el eje está montado sobre el eje de la bomba. En general esta disposición permite el desmontaje del rotor lado accionamiento (ver bomba con rotor desmontable lado accionamiento 1046). Normalmente usadas para las *bombas de voluta 0120* monocelulares. La aplicación de esta disposición es tambien posible por ejemplo para las *bombas volumétricas rotativas 0280.*

Lagerträgerpumpe f
Pumpe *f* mit Lagerträger

Pumpe, bei der der Lagerträger am Pumpengehäuse angeflanscht ist. Im allgemeinen ermöglicht diese Ausführung den Ausbau des Pumpenläufers zur Antriebsseite *(siehe Pumpe mit zur Antriebsseite ausbaubarem Läufer 1046).* Häufig angewendet bei einstufigen *Spiralgehäusepumpen 0120;* sinngemäß auch anwendbar z.B. bei *rotierenden Verdrängerpumpen 0280.*

1025

---

pompa f con flangia di accoppiamento

Pompa montata a sbalzo sulla flangia del motore di comando.

bomba f con brida de fijación

Bomba fijada a la brida de la máquina motriz.

Anflanschpumpe f

Pumpe, die nur mittels ihres Anbauflansches an einer Antriebsmaschine befestigt wird.
– Manchmal auch als **Flanschpumpe f** bezeichnet.

1027

1028

wall mounted pump

Pump designed for wall mounting. On board ships this pump is referred to as **bulkhead mounted pump.**

pompe *f* en applique murale

Pompe fixée sur un mur ou une cloison verticale.

1029

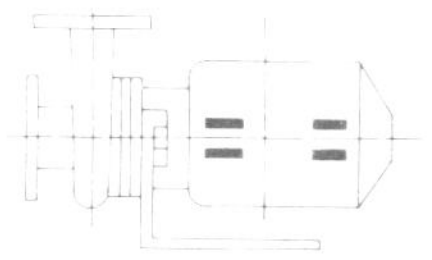

close coupled pump

Usually pump/motor combination with common shaft.

The term monobloc pump® (not used in USA) infers that all or part of the motor casing is cast in one piece with all or part of the pump casing or its mounting.

pompe *f* monobloc
groupe *m* de pompage monobloc

Pompe et moteur assemblés en un seul bloc, généralement avec arbre commun, parfois avec arbres séparés accouplés rigidement.

1030

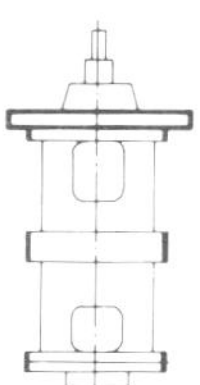

Suspended rotary displacement pump.
Pompe volumétrique rotative suspendue de réservoir.
Pompa volumetrica rotativa sospesa.
Bomba volumétrica rotativa suspendida en el recipiente.
Rotierende Verdrängerpumpe in Einhängeausführung.

suspended pump
tank top mounted pump

Vertical pump 1002 suspended in a container (tank). The motor flange is mounted on container cover.

Such pumps can also be mounted on container. In this case the suction branch flange is mounted directly on container. *See also 6206 sump pump.*

pompe *f* suspendue de réservoir

Pompe verticale 1002 suspendue dans un réservoir et reposant par son support-moteur sur une bride de ce réservoir.

Ces pompes peuvent également être utilisées pour être montées sur un réservoir. Il existe aussi des constructions pour lesquelles la pompe avec bride d'aspiration est adaptée extérieurement au réservoir.

1031

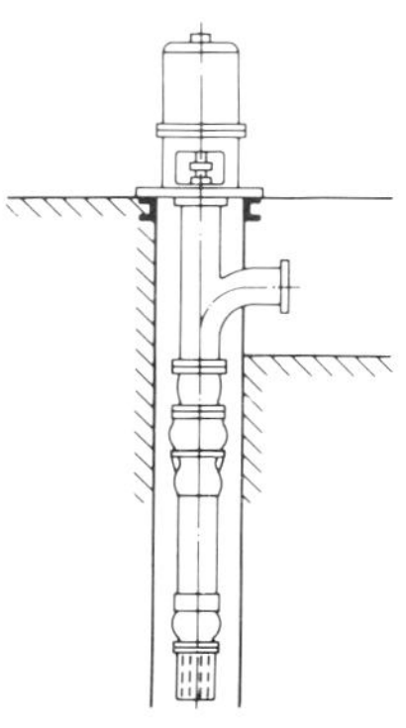

submerged pump

Generally *vertical pump 1002* which is adequately submerged in the pumped fluid, but without the motor.

pompe *f* immergée

En général *pompe verticale 1002,* partiellement ou entièrement immergée dans le liquide à véhiculer, le moteur étant toujours hors du liquide pompé.

1032

non-clog(ging) pump
unchokeable pump
chokeless pump

Pump having extremely wide impeller passages, mostly character-

pompe *f* à passage intégral
pompe *f* à larges passages

Pompe à sections de passage extrêmement grandes caractérisées par

ITALIANO	ESPAÑOL	DEUTSCH	
pompa *f* a parete	**bomba *f* de aplicación mural**	**Wandpumpe *f*** Pumpe *f* für Wandbefestigung	1028
Pompa per fissaggio a parete. Nelle costruzioni navali viene denominata **pompa *f* da fissaggio a paratie.**	Bomba fijada a un muro ó un tabique vertical.	Pumpe zur Befestigung an der Wand; im Schiffsbau spricht man von **Schottpumpe *f*.**	
pompa *f* monoblocco	**bomba *f* monobloc** grupo *m* de bombeo monobloc	**Blockpumpe *f*** Pumpe *f* in Blockbauweise Anbaumotorpumpe *f* Monoblockpumpe *f*	1029
Pompa costruita in un unico gruppo con il motore con cui ha l'albero in comune. Talvolta gli alberi della pompa e del motore sono invece rigidamente accoppiati.	Bomba y motor unidos en un solo bloque, generalmente con eje comun, y en algunos casos con ejes separados unidos rigidamente.	Zu einer Einheit zusammengebautes Motorpumpenaggregat mit gemeinsamer Welle. Manchmal Pumpen- und Motorwelle auch starr gekuppelt.	
pompa *f* sospesa	**bomba *f* suspendida en el recipiente**	**Einhängepumpe *f*** Behälterpumpe *f*	1030
Pompa verticale 1002 da sospendere entro serbatoio. L'incastellatura del motore è montata sulla flangia del serbatoio stesso. Queste pompe possono egualmente essere utilizzate per essere montate sopra il serbatoio. Esistono così delle costruzioni nelle quali la pompa con la flangia d'aspirazione è montata esteriormente al serbatoio.	*Bomba vertical 1002* suspendida en un recipiente y descansando su soporte motor en una brida de este recipiente. Las bombas pueden igualmente utilizarse para ser montadas sobre un recipiente. Existen tambien algunas construcciones en las cuales la bomba con bridas de aspiración se adaptan en el exterior del recipiente.	*Vertikalpumpe 1002* zum Einhängen in Behälter. Der Motoruntersatz ist auf dem Behälter montiert. Solche Pumpen können auch zum Anbau an Behälter verwendet werden. Dabei gibt es Ausführungen, bei denen die Pumpe mit dem Eintrittsflansch außen Behälter angebracht wird.	
pompa *f* immersa	**bomba *f* sumergida**	**Tauchpumpe *f***	1031
In generale *pompa verticale 1002,* parzialmente o interamente immersa nel liquido da pompare. Il motore è sempre all'esterno del liquido pompato.	En general *bomba vertical 1002,* parcial ó totalmente sumergida en el líquido a vehicular, salvo el motor que está fuera del líquido.	Meist *vertikale Pumpe 1002,* die ganz oder teilweise, jedoch ohne Antriebsmaschine in das Fördergut eintaucht.	
pompa *f* a larghi passaggi	**bomba *f* de paso integral**	**verstopfungssichere Pumpe *f***	1032
Pompa con sezioni di passaggio molto grandi, per lo più caratteriz-	Bomba con secciones de paso extremadamente grandes, caracterizada	Pumpe mit extrem großen freien Durchtrittsquerschnitten, meist	

ized by maximum (sphere) size of solids which can pass.

le diamètre maximum des corps solides qui peuvent la traverser.

1035 **glandless pump**

Leakless pumps mostly *centrifugal pumps 0100* and *rotary pumps 0280,* the shaft of which does not extend beyond the pump casing into the atmosphere making a shaft seal unnecessary, e.g. *magnetic pump 3011, wet motor pump 3006, canned motor pump 3007.* Sometimes the term **hermetic pump** is used.

Glandless pumps are also versions without shaft in the liquid, e.g. *peristaltic pump 0289, diaphragm pump 0265, electromagnetic pump 0701.*

pompe *f* étanche sans presse-étoupe

Pompe caractérisée par l'absence de tout joint tournant ou coulissant, et dont la conception spéciale évite tout contact du liquide pompé avec l'ambiance ainsi que toute fuite vers celle-ci. Parfois on dit aussi **pompe *f* hermétique.**

On distingue:

a) Les *pompes centrifuges 0100* et les *pompes volumétriques rotatives 0280* dont l'arbre sans aucun dispositif d'etanchéité est entièrement contenu dans une enceinte fermée étanche constituée soit par le corps de pompe (par exemple *pompe à entrainement magnétique 3011*), soit par des éléments de la pompe et du moteur (par exemple certaines *électro-pompes à bobinage noyé 3006* et certaines *électro-pompes à stator chemisé 3007*) .

b) Les pompes telles que la *pompe volumétrique peristaltique 0289,* la *pompe à membrane 0265,* la *pompe electromagnétique 0701* ne possédant pas d'arbre en contact avec le liquide.

1036 **hinged cover pump**

Single stage centrifugal pump 1006, 0100, with overhung impeller; the suction cover or suction side casing half of which is so constructed that access to the impeller may be gained by a rotary motion of cover or half casing after undoing the fastening nuts through a double jointed hinge.

Also *rotary pumps 0280* of similar construction, where a hinged cover permits easy replacement of internal parts.

pompe *f* à fond à ouverture rapide

Pompe centrifuge monocellulaire 1006, 0100, avec roue en porte-à-faux, dont le fond, côté aspiration, souvent muni de charnières, s'ouvre rapidement après déblocage de vis ou d'écrous pour donner accès à la roue.

Certaines *pompes volumétriques rotatives 0280* sont de conception analogue pour permettre, après déblocage d'un couvercle, l'accès rapide aux pièces hydrauliques intérieures: **pompe *f* volumétrique rotative à couvercle ouvrant.**

zate dalla massima dimensione dei corpi solidi che possono essere trasportati.

por el diametro máximo de los cuerpos sólidos que pueden pasar por ella.

charakterisiert durch maximale Korngröße (Kugeldurchmesser) von Festteilen, die die Pumpe passieren können.

1035

pompa *f* senza prem treccia
pompa *f* senza tenuta

Pompa senza perdite di liquido all'esterno, in primo luogo le *pompe centrifughe 0100* e alcune *pompe rotative 0230,* nelle quali l'albero non esce all'esterno e che quindi sono prive della relativa tenuta, come ad es, la *pompa a comando magnetico 3011, l'elettropompa a statore elettrico umido 3006, l'elettropompa a statore elettrico secco 3007.*

In secondo luogo, sotto tale denominazione vengono ancora comprese le pompe prive di albero, ad es. la *pompa a tubo flessibile 0289, la pompa a membrana 0265, la pompa elettromagnetica 0701.*

Vengono anche denominate **pompe *f* ermetiche.**

bomba *f* sin prensa estopas

Bomba caracterizada por la ausencia de toda junta girante, y cuyo diseño especial evita todo contacto del líquido bombeado con la atmósfera, asi como toda fuga. Tambien se le denomina **bomba *f* hermetica.**

Cabe distinguir:

a) Las *bombas centrífugas 0100* y las *bombas volumétricas rotativas 0280* en las ningun el eje sin que dispositivo de estanqueidad se encuentra dentro del cuerpo de la bomba (por ejemplo *bomba de funcionamiento magnético 3011),* ó bien por los elementos de la bomba y el motor (por ejemplo ciertas *electrobombas con bobinado inundado 3006* y ciertas *bombas con estator encamisado 3007).*

b) *Bombas tales como las volumétricas rotativas de tubo elástico 0289,* las *de membrana 0265,* las *electromagnéticas 0701,* en las que el eje no está en contacto con el líquido.

stopfbuchslose Pumpe *f*
wellendichtungslose Pumpe *f*

Pumpe ohne Flüssigkeitsverluste nach außen (Leckage), *Kreiselpumpen 0100* und *rotierende Verdrängerpumpen 0280,* bei denen die Welle nicht vom Flüssigkeitsraum der Pumpe in die freie Atmosphäre austritt, wodurch sich eine entsprechende Wellendichtung erübrigt. Sie wird zuweilen als **hermetische Pumpe *f*** bezeichnet, bei *rotierenden Verdrängerpumpen 0280* auch als **Kapselpumpe *f*.**

Beispiele: *Magnetpumpe 3011, Naßmotorpumpe 3006, Spaltrohrmotorpumpe 3007*

Man versteht unter stopfbuchslosen Pumpen auch solche, die im Flüssigkeitsraum keine Welle besitzen, z.B. *Schlauchpumpe 0289, Membranpumpe 0265, elektromagnetische Pumpe 0701.*

1036

pompa *f* con coperchio a cerniera

Pompa centrifuga ad uno stadio 1006, 0100 con girante a sbalzo, in cui il coperchio aspirante oppure la metà carcassa lato aspirante, può ruotare su due cerniere, una volta allentata la bullonatura, rendendo accessibile almeno la girante.

Della stessa struttura vi sono anche delle *pompe volumetriche rotative 0280* in cui un coperchio mobile permette agevolmente il ricambio degli organi idraulic .

bomba de apertura rapida

Bomba centrífuga monocelular 1006, 0100 con turbina suspendida, en la que la tapa, lado aspiración, normalmente dotada de charnelas, se abre rapidamente despues de sacar los tornillos ó tuercas para acceder rapidamente a la turbina. Hay tambien *bombas volumétricas rotativas 0280* que son de concepción analoga para permitir, despues del desblocado de la tapa, el acceso rapido a las piezas hidraulicas interiores: **Bomba *f* volumétrica rotativa con tapa de apertura rapida.**

Klappdeckelpumpe *f*

Einstufige Kreiselpumpe 1006, 0100 mit fliegend angeordnetem Laufrad, deren saugseitige Gehäusehälfte (Klappdeckel) oder Saugdeckel so ausgebildet ist, daß er nach Lösen der Verschraubung mittels eines Doppelgelenkes aus seiner Lage herausgedreht werden kann, so daß mindestens das Laufrad freiliegt.

Es gibt auch *rotierende Verdrängerpumpen 0280* ähnlicher Konstruktion, bei denen ein Klappdeckel den Austausch von Teilen der Hydraulik ermöglicht.

1037 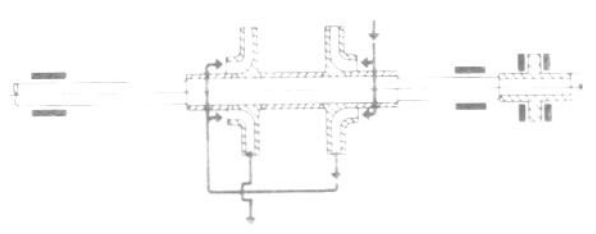

pump with opposed impellers

Centrifugal pump 0100 in which the hydraulic axial thurst of one impeller (right-hand) counteracts that of another (left-hand).

pompe *f* à roues opposées

Pompe centrifuge 0100, avec roue(s) à gauche et roue(s) à droite disposées symétriquement et réalisant ainsi un équilibrage des poussées axiales.

1038 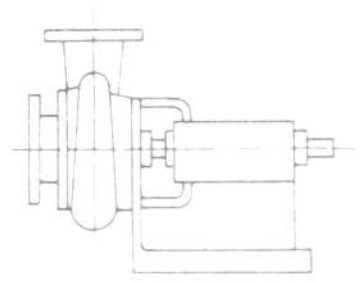

pump with overhung impeller

Centrifugal pump 0100 in which the impeller is mounted outside the bearing span.

pompe *f* à roue en porte-à-faux

Pompe centrifuge 0100 dont les paliers se trouvent d'un même côté par rapport à la roue.

1039 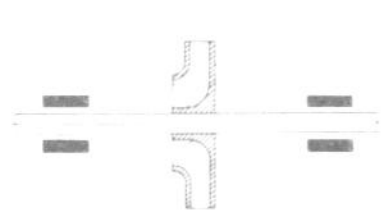

pump with impeller mounted between bearings

pompe *f* à roue montée entre paliers

Pompe centrifuge 0100 dont la roue est située entre les paliers. (Lorsque la pompe possède plusieurs roues, on dit **pompe *f* à roues montées entre paliers**).

1040

axially split pump

Pump in which the casing is divided into two halves in the plane of the shaft. The expression **horizontally split pump** can be easily misunderstood if the pump shaft is vertical.

pompe *f* à joint longitudinal

Pompe dont le corps possède un joint de séparation situé dans un plan passant par l'axe de l'arbre de la pompe. Dans le cas de pompes horizontales, on dit souvent **pompe *f* à joint horizontal**; cette expression est à éviter pour ne pas créer de confusion suivant que le montage de la pompe est horizontal ou vertical.

1041

radially split pump

Pump in which the casing is divided in a plane at right angles to the shaft. The expression **vertically split pump** can be easily misunderstood if the pump shaft is vertical.

pompe *f* à joint perpendiculaire à l'axe

Pompe dont le corps possède un joint de séparation situé dans un plan perpendiculaire à l'axe de l'arbre de la pompe.

L'expression **pompe *f* à joint vertical** devra être évitée dans tous les cas.

---

pompa *f* con giranti contrapposte | **bomba *f* con turbinas contrapuestas** | **Pumpe *f* mit gegenläufigen Laufrädern** 1037

Pompa centrifuga 0100 con giranti destrorse e sinistrorse, per l'equilibramento della spinta assiale idraulica.

Bomba centrífuga 0100, con turbina (s) a derecha y turbina (s) a izquierda dispuestas simétricamente y consiguiendo con ello un equilibrio de los empujes axiales.

Kreiselpumpe 0100 mit Links- und Rechtslaufrädern, die so angeordnet sind, daß ein Ausgleich des hydraulischen Axialschubes möglich ist.

---

pompa *f* con girante a sbalzo | **bomba *f* con turbina suspendida** | **Pumpe *f* mit fliegend angeordnetem Laufrad** 1038

Pompa centrifuga 0100 in cui la girante è montata sull'estremità dell'albero sporgente dal sopporto.

Bomba centrífuga 0100 en la que el soporte se encuentra en el mismo lado que la turbina.

Kreiselpumpe 0100, bei der das Laufrad außerhalb der Lager auf die Welle montiert ist.

---

pompa *f* con sopporti laterali | **bomba *f* con turbina montada entre soportes** | **Pumpe *f* mit beidseitig gelagertem Laufrad** 1039

Pompa centrifuga 0100 in cui la girante è montata sull'albero, fra due sopporti.

Bomba centrífuga 0100 en la que la turbina está montada entre soportes. (Cuando la bomba tiene varias turbinas, se le llama **bomba *f* con turbinas entre soportes**).

Kreiselpumpe 0100, bei der das Laufrad zwischen den Lagern auf der Welle montiert ist.

---

pompa *f* divisa longitudinalmente
pompa *f* divisa assialmente | **bomba *f* con junta longitudinal** | **längsgeteilte Pumpe *f***
axialgeteilte Pumpe *f* 1040

Pompa il cui corpo è diviso secondo un piano passante per l'asse. L'espressione **pompa *f* divisa orizzontalmente** può generare confusione qualora l'albero sia verticale.

Bomba en la que el cuerpo posee una junta de separación situada en un plano que pasa por el eje del arbol de la bomba. En el caso de bombas horizontales, se le llama normalmente **bomba *f* con junte horizontal;** no obstante es preciso evitar esta expresión para no crear confusión segun sea el montaje de la bomba horizontal ó vertical.

Pumpe, bei der das Gehäuse eine Trennfuge in Wellenebene besitzt. Der Ausdruck **horizontal geteilte Pumpe *f*** kann leicht zu Verwechslungen führen, wenn die Pumpenwelle senkrecht angeordnet ist.

---

pompa *f* divisa normalmente all'asse
pompa *f* divisa trasversalmente | **bomba *f* con junta perpendicular al eje** | **quergeteilte Pumpe *f***
radialgeteilte Pumpe *f* 1041

Pompa il cui corpo è diviso secondo un piano perpendicolare all'asse. L'espressione **pompa *f* divisa verticalmente** può generare confusione qualora l'albero sia verticale.

Bomba en la que el cuerpo posee una junta de separación situada en un plano perpendicular al eje del arbol de la bomba.

La expresión **bomba *f* con junta vertical** deberá evitarse en todos los casos.

Pumpe, bei der das Gehäuse eine Trennfuge senkrecht zur Wellenebene besitzt. Der Ausdruck **vertikal geteilte Pumpe *f*** kann leicht zu Verwechslungen führen, wenn die Pumpenwelle senkrecht angeordnet ist.

1042 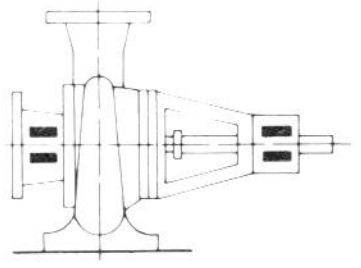

pump with internal bearing(s)

Pump in which one or several shaft bearing(s) are located within the fluid space. Bearing(s) can be lubricated by the pumped medium.

pompe *f* à coussinet intérieur

Pompe avec coussinet(s) à l'intérieur du corps de pompe; ce(s) coussinet(s) peut (peuvent) être lubrifié(s) par le liquide pompé.

1043 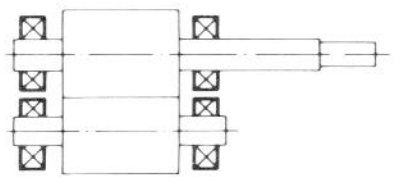

pump with external bearing(s)

Pump in which the bearings are outside the casing and not in contact with the liquid pumped, usually with impeller mounted between bearings.

pompe *f* à paliers extérieurs

Pompe dont les paliers, situés à l'extérieur du corps de pompe et généralement de part et d'autre de la roue ou des roues, ne sont jamais en contact avec le liquide.

1044 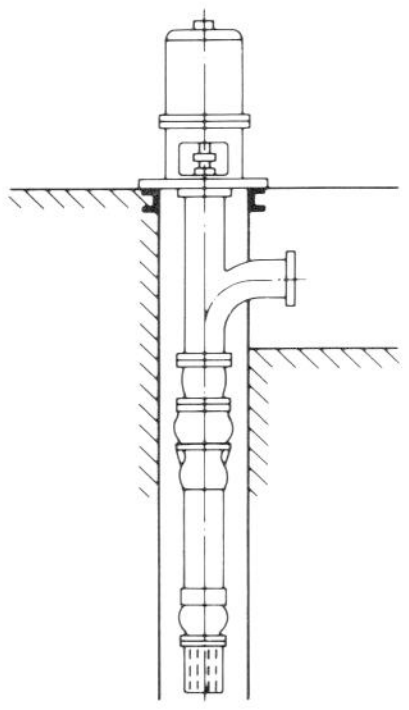

wet sump pump
wet pit pump (USA)

Pump 0010 whose construction and bearing design is suitable for immersion.

pompe *f* à corps noyé

Pompe 0010 conçue pour que le corps de pompe et les paliers puissent fonctionner immergés dans l'eau.

1045

pump for dry (sump) installation

Pump 0010 whose construction and bearings do not allow the pump to be flooded with the pumped liquid.

pompe *f* pour installation hors d'eau

Pompe 0010 qui par construction ne peut être noyée dans le liquide pompé.

1046 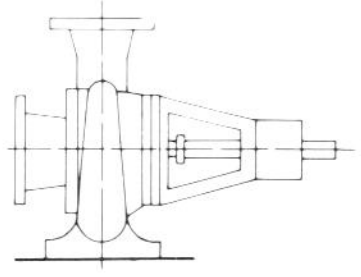

back pull out pump
pull-out type pump (USA)

1. *Horizontal centrifugal pump 0100,* which allows removal of the rotor-assembly without separating the pump casing from the pipeline. If a spacer coupling is used, the removal of the driver is also unnecessary.

2. For a *vertical centrifugal pump 0100* the whole rotor assembly

pompe *f* à rotor démontable côté commande

1. *Pompe centrifuge 0100 horizontale* dont le rotor peut être demonté sans démontage de la tuyauterie. Si un accouplement à pièce d'espacement est prévu il n'est pas necessaire de démonter le moteur.

2. *Pompe centrifuge 0100 verticale,* dont la partie interne complète,

1042

pompa *f* con sopporto interno

Pompa con cuscinetto (-i) all'interno del corpo pompa; questo (-i) cuscinetto (-i) può (possono) essere lubrificato (-i) dal liquido pompato.

bomba *f* con cojinete interior

Bomba con cojinete (s) en el interior del cuerpo de bomba; este (os) cojinete (s) puede (n) estar lubrificado (s) por el líquido bombeado.

Pumpe *f* mit Innenlager

Pumpe, bei der ein oder mehrere Wellenlager im Flüssigkeitsraum eingebaut sind; sie können durch das Fördergut geschmiert werden.

1043

pompa *f* con sopporti esterni

Pompa con albero generalmente sopportato alle due estremità ed i cui sopporti si trovano quindi fuori del contatto del liquido.

bomba *f* con soportes exteriores

Bomba en la que los soportes, situados en el exterior del cuerpo, generalmente a un lado y al otro de la turbina ó turbinas, no estan nunca en contacto con el líquido.

Pumpe *f* mit Außenlager

Pumpe mit meist zweiseitig gelagerter Welle, deren Lager grundsätzlich außerhalb des Flüssigkeitsraumes sind.

1044

pompa *f* per installazione immersa

Pompa 0010 la cui struttura è prevista per essere immersa.

bomba *f* con cuerpo inundado

Bomba 0010, concebida para que la bomba y los soportes puedan funcionar sumergidos en el agua.

Pumpe *f* für Naßaufstellung

Pumpe 0010, deren Konstruktion und Lagerung eine Überflutung gestatten.

1045

pompa *f* non sommergibile

Pompa 0010 che, per costruzione e tipo di sopporti, non puo essere immersa nel liquido pompato.

bomba *f* para instalación fuera del agua

Bomba 0010 que por su construcción no puede estar inundada en el líquido a bombear.

Pumpe *f* für Trockenaufstellung

Pumpe 0010, deren Konstruktion und Lagerung eine Überflutung nicht zulassen. Die Pumpe und deren Lagerung dürfen nicht in die Förderflüssigkeit eintauchen.

1046

pompa *f* con parte rotante estraibile dal lato comando

1. *Pompa centrifuga orizzontale 0100* la cui parte rotante può essere estratta senza smontare la tubazione. Se si adotta un giunto con spaziatore, non è necessario smontara il motore.

2. *Pompa centrifuga verticale 0100* la cui intera parte interna, compresa la parte rotante e gli even-

bomba *f* con el rotor desmontable por el lado de accionamiento

1. *Bomba centrífuga horizontal 0100* en la que el rotor puede desmontarse sin desmontar la tuberia. Si se emplea un acoplamiento con pieza de espaciado, no es necesario desmontar el motor.

2. *Bomba centrífuga 0100 vertical,* en la que las partes internas completas, comprendiendo las partes

Pumpe *f* mit zur Antriebsseite ausbaubarem Läufer

1. *Horizontale Kreiselpumpe 0100,* die den Ausbau des Pumpenläufers zur Antriebsseite – d.h. ohne Trennung des Pumpengehäuses von der Rohrleitung – gestattet. Bei Verwendung einer Kupplung mit Abstandshülse braucht auch die Antriebsmaschine nicht entfernt zu werden.

		ENGLISH	FRANÇAIS
		with intermediate bearings, if any, can be withdrawn without moving the rising main or baseplate.	y compris la partie tournante et d'éventuels paliers intermédiaires, peut être retirée par le haut, sans nécessiter le démontage de la tuyauterie et des boulons de scellement: **pompe *f* à rotor et corps interne démontable par le haut.**
1047		**variable output pump** Pump incorporating an adjustable mechanism for varying the flow (e.g. *vane pump 0286* with adjustable eccentricity).	**pompe *f* à débit réglable** On comprend par ce terme les pompes qui possèdent un mécanisme interne de réglage de débit (p.ex. *pompe à palettes 0286* avec excentricité orientable).
1048		**standard pump** Usually the basic design of a pump, allowing occasional modifications to suit a particular duty; *compare 1049.*	**pompe *f* standard** En général, exécution de base d'une pompe admettant éventuellement des adjonctions et des adaptations.
1049		**standard pump** Pump which complies with standard specifications issued by standard organisations, e.g. ISO, AFNOR, ANSI, BSI, DIN, UNE, UNI, or by a supplier or customer organisation, e.g. API; *see also 1048.*	**pompe *f* normalisée** Pompe conforme aux recommandations d'un organisme officiel de normalisation (p.ex. ISO, AFNOR, ANSI, BSI, DIN, UNE, UNI, etc. . .) ou d'un organisme assimilé créé soit par les utilisateurs, soit par les constructeurs (p.ex. API).
1055		**floating pump** A pump which floats on a liquid. Example: oil removal from water surfaces.	**pompe *f* flottante** Pompe flottant à la surface du liquide. Exemple: aspiration d'huile à la surface des eaux.

ITALIANO	ESPAÑOL	DEUTSCH	
tuali sopporti intermedi, può essere estratta dall'alto senza sconnettere a tubazione e i bulloni di fondazione: **pompa *f* con parte rotante e corpo interno estraibili dall'alto.**	que giran y eventuales ejes intermedios, pueden retirarse por la parte superior, sin necesidad de desmontar las tuberias y los bulones de fijación: **Bomba *f* con rotor y cuerpo interno desmontable por la parte superior.**	2. *Vertikale Kreiselpumpe 0100,* bei welcher der gesamte Pumpenrotor mit eventuellen Zwischenlagern ohne Lösen der Rohrleitung und Fundamentierung ausgebaut werden kann: **Pumpe *f* mit ausziehbarem Laufzeug.**	
pompa *f* regolabile Si designa in senso stretto pompa regolabile que la provvista di un dispositivo meccanico di regolazione incorporato per variare la portata (ad esempio: *pompa a palette 0286* con eccentricità regolabile).	**bomba *f* de caudal regulable** Este termino comprende las bombas que poseen un mecanismo de reglaje de caudal (por ejemplo *bomba de paletas 0286* con excentricidad orientable).	**regelbare Pumpe *f*** Als regelbar bezeichnet man in engerem Sinne solche Pumpen, die einen eingebauten Verstellmechanismus zur Veränderung des Förderstromes besitzen (z.B. *Flügelzellenpumpe 0286* mit verstellbarer Exzentrizität).	**1047**
pompa *f* standard Si tratta in generale dell'esecuzione fondamentale di una pompa, la quale tuttavia può essere modificata in casi particolari, con l'introduzione di miglioramenti costruttivi.	**bomba *f* standard** En general, concepción básica de una bomba que admite eventualmente diversos añadidos y adaptaciones.	**Standardpumpe *f*** Im allgemeinen die Grundausführung einer Pumpe, die unter Umständen eine konstruktive Verfeinerung und Spezialisierung zuläßt.	**1048**
pompa *f* normalizzata Pompa corrispondente alle raccomandazioni di un ente di unificazione, per esempio ISO, AFNOR, ANSI, BSI, DIN, UNE, UNI oppure a quelle di un ente amministrativo o di un organizzazione industriale, per esempio API.	**bomba *f* normalizada** Bomba que está de acuerdo con las recomendaciones de algun Organismo oficial de normalización (ISO, AFNOR, ANSI, BSI, DIN, UNE, UNI, etc.) ó de un Organismo creado bien sea por los consumidores ó bien por los constructores (por ejemplo API).	**Normpumpe *f*** Pumpe, die der Empfehlung eines Normenverbandes, z.B. ISO, AFNOR, ANSI, BSI, DIN, UNE, UNI, oder der Vorschrift einer Betreiber- oder Herstellerorganisation, z.B. API, entspricht.	**1049**
pompa *f* galleggiante Pompa che galleggia sulla superfice del liquido. Esempio di applicazione: rimozione di olio dalla superfice de l'acqua.	**bomba *f* flotante** Bomba que flota en la superficie de líquido. Ejemplo: Aspiración del aceite existente en la superficie del agua.	**Schwimmpumpe *f*** Bojenpumpe *f* Pumpe, die auf dem Flüssigkeitsspiegel schwimmt. Beispiel für ihren Einsatz ist Ölabsaugung von Gewässern.	**1055**

1111

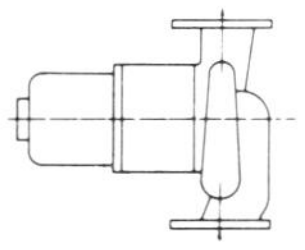

I–type.
Pompe type I.
Pompa tipo I.
Bomba tipo I.
I–Typ.

in-line-pump
pipeline mounted pump (not in use in USA)

Pump installed into a pipeline. In case of excessive weight, the pump can have additional support.

Depending on the position of the pump branches one distinguishes:

I-type : Pump branches are in the same axis;
U-turn-type : Pump branches are in the same plane; with the pump casing they form a "U".

pompe *f* in-line

Pompe montée dans la tuyauterie. Dans le cas, où le poids l'exige, le système est étayé sur la fondation. Selon la disposition des tubulures d'aspiration et de refoulement on distingue:

pompe *f* type I: Les tubulures d'aspiration et de refoulement sont sur un même axe.
pompe *f* U-turn: Les tubulures d'aspiration et de refoulement sont situées dans un même plan et forment la lettre "U".

1123

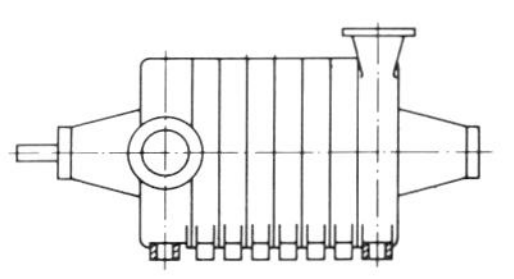

multistage ring section pump

Centrifugal pump 0100 of multistage construction, i.e. *stage chamber type 1124* and *bowl type 1125.*

pompe *f* à corps segmenté

Pompe centrifuge 0100 multicellulaire avec corps divisé en segments (corps d'étage) correspondant chacun à un étage, par exemple *pompe à corps segmentés, à diffuseurs rapportés 1124* et *pompe à corps redresseur 1125.*

1124

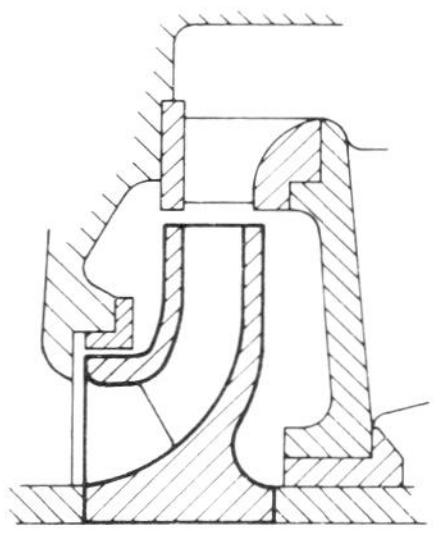

multistage pump
(multistage) turbine pump (USA)

Multistage ring section pump 1123 generally with several stages bolted together, arranged in series and with interchangeable diffusers.

No suitable English term for *Mantelgehäusepumpe* (in German refers to a pump in which diffuser and cross-over vanes are integral and set into an outer casing or mantle).

pompe *f* à corps segmentés, à diffuseurs rapportés

Pompe à corps segmentés 1123 dans laquelle les diffuseurs rapportés sont des pièces distinctes insérées dans les corps d'étage.

Exemples: pompes à corps segmentés, à diffuseurs rapportés et avec canaux de retour venus de fonderie avec corps d'étage: pompes à corps segmentés avec ensembles diffuseur — canal de retour rapportés (en allemand *Stufenmantelpumpe*).

pompa *f* **in linea**

Pompa installata in una tubazione. In caso di peso eccessivo, il sistema è sostenuto da una fondazione.

Secondo la disposizione delle bocche di aspirazione e di mandata si distingue:

pompa *f* **tipo "I"** **(in-line)**: Le bocche di aspirazione e di mandata sono allineate.

pompa *f* **tipo "U"** **(U-turn)**: Le bocche di aspirazione e di mandata sono situate nello stesso piano e formano la lettera "U".

bomba *f* **en linea**

Bomba montada en la tuberia. En el caso de que el peso lo exija, el sistema se soporta en un soporte. Segun la disposición de las tuberias de aspiración e impulsión se distingue:

bomba *f* **tipo I**: Las tuberias de aspiración e impulsión están en el mismo eje.

bomba *f* **en U**: Las tuberias de aspiración e impulsión están situadas en un mismo plano en forma de U.

Inlinepumpe *f* 1111

Rohrleitungseinbaupumpe *f*

Pumpe, die meist freitragend in eine Rohrleitung eingebaut ist. Falls wegen des Gewichts erforderlich, erfolgt Abstützung auf das Fundament.

Nach Lage der Ein- und Austrittsstutzen unterscheidet man:

I-type (I-Typ): Ein- und Austrittsstutzen liegen in derselben Achse; **U-turn-type (U-Typ)**: Ein- und Austrittsstutzen liegen in derselben Ebene und bilden zusammen mit dem Gehäuse ein "U".

---

pompa *f* **pluricellulare con corpo ad elementi**

Pompa centrifuga 0100 con corpo ad elementi in serie, per esempio *pompa con corpi a diffusori riportati 1124* e *pompa con corpi raddrizzatori 1125.*

bomba *f* **con cuerpo segmentado (multiestadio)**

Bomba centrífuga 0100 multicelular con cuerpo dividido en segmentos (estadios) correspondiendo cada uno a un estadio, por ejemplo *bomba con cuerpo segmentado con difusores incorporados 1124* y *bomba con cuerpo rectificador de flujo 1125.*

Gliedergehäusepumpe *f* 1123

Gliederpumpe *f*

Kreiselpumpe 0100 in Stufenbauart, z.B. *Stufengehäusepumpe 1124* und *Leitschaufelgehäusepumpe 1125.*

---

pompa *f* **con corpi a diffusori riportati**

Pompa pluricellulare con corpo ad elementi 1123 ne la quale il diffusore a palette è riportato nel corpo dell'elemento.

Se il diffusore a palette e la palettatura di ritorno formano un tutto unico inserito in ciascun corpo a mantello, tale pompa viene anche denominata **pompa** f **con corpi a mantello** (non confondere questo tipo con la *pompa pluricellulare con corpo a mantello 1128*).

bomba *f* **con cuerpos segmentados y difusores incorporados**

Bomba con cuerpos segmentados 1123 en la que los difusores son piezas distintas insertadas en el cuerpo de los estadios.

Ejemplo: Bomba con cuerpos segmentados, con difusores incorporados y con canal de retorno hecho de fundición en el mismo cuerpo del estadio.

Stufengehäusepumpe *f* 1124

Gliedergehäusepumpe 1123, bei der das Leitrad in das Stufengehäuse eingesetzt ist.

Wenn das Leitrad und die Rückführschaufeln aus einem Teil bestehen, das in einen Stufenmantel eingesetzt ist, bezeichnet man diese Pumpe als **Stufenmantelpumpe** *f.*

1125 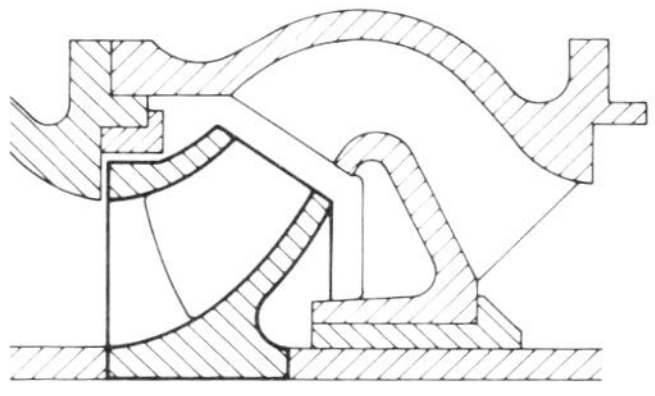

pump with bowl-type vaned casings
(multistage) turbine pump (USA)

Multistage ring section pump 1123 characterized by stage chambers with integral diffuser guide vanes.

pompe *f* à corps redresseur

Pompe à corps segmentés 1123 dans laquelle le diffuseur et le canal de retour de chaque étage sont remplacés par un aubage unique (redresseur) venu de fonderie avec le corps.

1126

pipeline axial flow pump

Centrifugal pump 0100 (mostly *axial flow pump 0105)* with impeller operating in a portion of a straight pipeline section.

pompe *f* à corps tubulaire droit

Pompe centrifuge 0100 (en général *pompe hélice 0105*) dont le corps constitue un élément rectiligne de tuyauterie.

1127

elbow pump

Axial flow pump 0105 with impeller located in pipe bend.

pompe *f* à corps tubulaire coudé

Pompe hélice 0105 dont le corps constitue un élément courbe de tuyauterie.

1128

barrel insert pump
barrel casing pump
pintle pump (USA)
barrel pump (USA)
can pump (USA)

Often a multistage centrifugal pump inserted axially into an outer casing and bolted in position. Inlet and outlet flanges are incorporated in the outer barrel casing. Discharge pressure exists always between outer an inner casing.

Screw pumps are also sometimes made to this principle when they are called *"Insert Type Screw Pumps", see 0282.*

Vertical centrifugal pumps mostly multistage pumps can also be inserted into an outer casing (caisson) in order to improve NPSH available due to the fact the first impeller is in lowest position **(caisson pump [can pump USA]).** In this case inlet pressure exists always between pump housing(s) and any outer casing (caisson or can). Not to be confused with the vertical version of the barrel insert pump.

pompe *f* à double enveloppe
pompe *f* barrel

En général pompe multicellulaire, dont le bloc pompe proprement dit est entouré d'une enveloppe extérieure. L'espace entre cette enveloppe et le bloc pompe est toujours soumis à la pression de refoulement. En-dehors des *pompes centrifuges 0100,* certaines *pompes à vis 0282* sont également exécutées suivant cette conception.

Aussi des pompes verticales peuvent être montées dans un récipient fermé (cuve) qui permet d'améliorer les conditions d'arrivée d'eau par le fait que la première roue est située le plus bas possible **(pompe *f* à cuve de charge)**. En ce cas l'espace entre le récipient (cuve) et le corps de pompe est soumis à la pression d'aspiration.

1125

pompa *f* con corpi raddrizzatori

Pompa pluricellulare con corpo ad elementi 1123 nella quale le palette di guida e il corpo sono in un sol pezzo.

bomba *f* con cuerpo rectificador de flujo

Bomba con cuerpo segmentado 1123 en la que el canal de retorno de cada estadio está reemplazado por un aleteado unico (rectificador) hecho de fundición en el mismo cuerpo.

Leitschaufelgehäusepumpe *f*

Gliedergehäusepumpe 1123, bei der die Leitschaufeln und das Gehäuse aus einem Teil bestehen.

1126

pompa *f* con corpo tubolare rettilineo

Pompa centrifuga 0100 (per lo più *pompa ad elica 0105*) nella quale la girante si trova entro un corpo tubolare rettilineo.

bomba *f* con cuerpo tubular recto

Bomba centrífuga 0100 (en general *bomba de hélice 0105)* en la que el cuerpo está formado por un elemento recto de tuberia.

Rohrgehäusepumpe *f*

Kreiselpumpe 0100 (meist *Axialkreiselpumpe 0105*), bei der das Laufrad in einer geraden Rohrstrecke untergebracht ist.

1127

pompa *f* con corpo tubolare curvo

Pompa ad elica 0105 i cui corpo costituisce un elemento a gomito della tubazione.

bomba *f* con cuerpo tubular curvado

Bomba de hélice 0105 cuyo cuerpo está formado por un elemento curvado de tuberia.

Rohrkrümmerpumpe *f*

Axialkreiselpumpe 0105, bei der das Laufrad in einem Rohrbogengehäuse untergebracht ist.

1128

pompa *f* a doppio corpo
pompa *f* tipo barrel
pompa *f* pluricellularé con corpo a mantello

Pompa in genere a più stadi, con il corpo pompa introdotto assialmente ed imbullonato in un secondo corpo. Le bocche di aspirazione e di mandata sono applicate sul corpo pompa esterno Nell'intercapedine fra i due corpi agisce la pressione di mandata. Oltre alle *pompe centrifughe 0100,* vengono costruite secondo questo principio anche talune *pompe a vite 0282.*

Con la stessa denominazione si indica anche una pompa centrifuga verticale montata entro un serbatoio chiuso al fine di miglicrare le condizioni di aspirazione della prima girante la quale si trova nella posizione più bassa. Fra il corpo pompa ed il serbatoio regna sempre la pressione di aspirazione.

In tal caso, viene denominata **pompa *f* con serbatoio di carico.**

bomba *f* de doble envoltura
bomba *f* de barril

En general bomba multicelular, en la que el conjunto de bomba propiamente dicho está cubierto por una envoltura exterior. El espacio entre está envoltura y el cuerpo está siempre bajo la presión de impulsión. Aparte de las *bombas centrífugas 0100,* ciertas *bombas de tornillo 0282* tambien estan igualmente construidas bajo esta misma concepción.

Tambien las bombas verticales pueden estar montadas dentro de un recipiente (cuba) que permite mejorar las condiciones de llegada del agua por el hecho de que el primer rodete está situado lo más bajo posible **(bomba *f* con cuba de carga).** En este caso, el espacio entre el recipiente (cuba) y el cuerpo de bomba está bajo la presión de aspiración.

Mantelgehäusepumpe *f*
Barrelpumpe *f*

Pumpe, bei der der eigentliche, gewöhnlich mehrstufige Pumpenkörper axial in ein zweites Gehäuse eingeschoben und dieses mit einem Deckel verschlossen wird. Eintritts- und Austrittsflansch befinden sich am äußeren Gehäuse (Mantelgehäuse). Zwischen äußerem und innerem Gehäuse wirkt bei dieser Bauweise der Enddruck der Pumpe.

Neben Kreiselpumpen 0100 werden auch *Schraubenspindelpumpen 0282* in dieser Bauart hergestellt.

Auch vertikale Kreiselpumpen können in einem Mantelgehäuse angeordnet werden, um die Zulaufverhältnisse durch das möglichst tief liegende Laufrad (der ersten Stufe) günstiger zu gestalten **(vertikale Mantelgehäusepumpe *f*).** In diesem Fall herrscht zwischen Pumpen- und Mantelgehäuse der Zulaufdruck.

In der deutschen Sprache wird für beide Ausführungen zuweilen auch die Bezeichnung **Topfpumpe** *f* verwendet.

1140

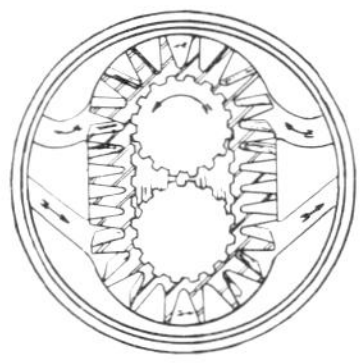

beltpump

Rotary positive displacement pump (0280) having as pumping element a toothed belt.

pompe *f* volumétrique rotative à ailettes internes

Pompe volumétrique rotative (0280) à ailettes internes entraînées par un systeme d'engrenages et de courroie.

1221

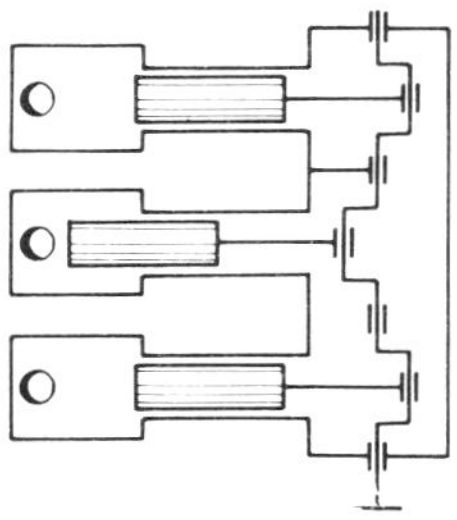

in-line piston pump

Pistons arranged in parallel next to each other in one plane.

pompe *f* à pistons à cylindres en ligne

Les axes des cylindres, situés dans un même plan, sont parallèles.

1222

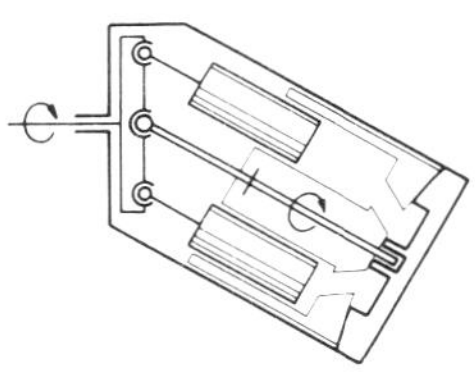

axial piston pump

Pistons arranged parallel to each other on a cylindrical body, or side by side on a conical body.

pompe *f* à pistons axiaux

Les axes des cylindres sont sur un cylindre ou un cône de révolution.

1223

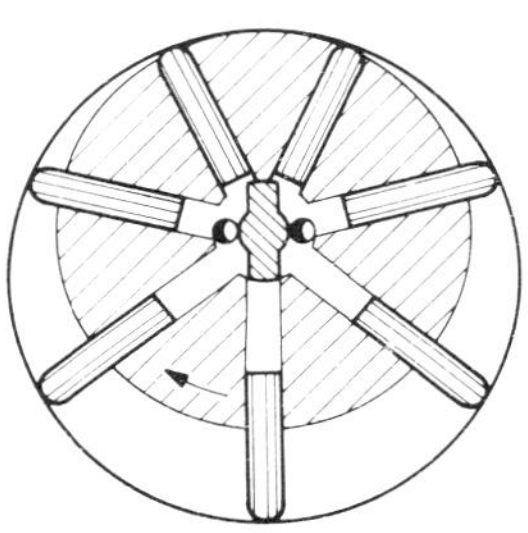

radial piston pump

Pistons arranged radially (star shaped) in one place vertical to the main (drive) bars.

pompe *f* à pistons radiaux

Les axes des cylindres, situés dans un même plan, sont radiaux.

1224*

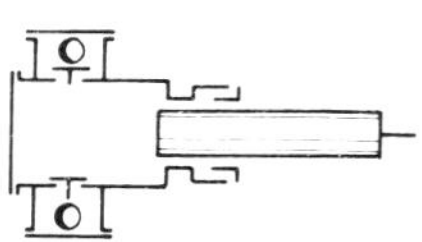

plunger pump
ram pump

**See note at No.0220.*

pompe *f* à pistons-plongeurs

**voir Nota à No. 0220.*

1225*

See page 34

voir page 34

1226*

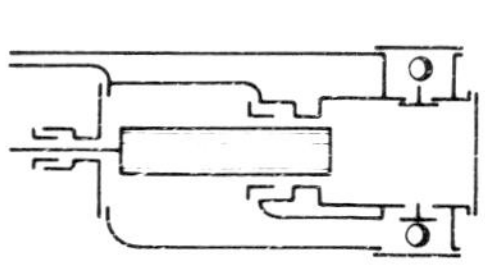

differential piston pump

**See note at No.0220*

pompe *f* à pistons différentiels

**voir Nota à No. 0220.*

---

pompa *f* **a cinghia**	**bomba** *f* **volumétrica rotativa de aletas internas**	**Riemenpumpe** *f*	**1140**
Pompa volumetrica rotativa (0280), nella quale l'organo di spinta è costituito da una cinghia dentata.	*Bomba volumétrica rotativa (0280)* de aletas internas movidas por un sistema de engranajes y correa.	*Rotierende Verdrängerpumpe (0280),* bei der ein Förder-Zahnriemen das Förderorgan darstellt.	
pompa *f* **a stantuffi in linea**	**bomba** *f* **de pistones con cilindros en linea**	**Reihenkolbenpumpe** *f*	**1221**
Gli stantuffi sono disposti parallelamente in un piano.	Los ejes de los cilindros, situados en un mismo plano, son paralelos.	Die Kolben sind parallel nebeneinander in einer Ebene angeordnet.	
pompa *f* **a stantuffi assiali**	**bomba** *f* **de pistones axiales**	**Axialkolbenpumpe** *f*	**1222**
Gli stantuffi sono disposti parallelamente su una superficie cilindrica o affiancati su una superficie conica.	Los ejes de los cilindros están en un cilindro ó cono de revolución.	Die Kolben sind parallel nebeneinander auf einem Zylindermantel oder nebeneinander auf einem Kegelmantel angeordnet.	
pompa *f* **a stantuffi radiali**	**Bomba** *f* **de pistones radiales**	**Radialkolbenpumpe** *f* Sternkolbenpumpe *f*	**1223**
Gli stantuffi sono disposti radialmente in un piano.	Los ejes de los cilindros, situados en un mismo plano, son radiales.	Die Kolben sind sternförmig in einer Ebene angeordnet.	
pompa *f* **a stantuffi tuffanti**	**bomba** *f* **de pistón(es) plongeur(s)**	**Tauchkolbenpumpe** *f* Plungerpumpe *f*	**1224***
**vedi nota al N. 0220.*	**ver Nota No. 0220.*	**Siehe Anmerkung zu Nr. 0220.*	
vedi pagina 34	ver página 34	Siehe Seite 34	**1225***
pompa *f* **a stantuffi differenziali**	**bomba** *f* **de pistones diferenciales**	**Stufenkolbenpumpe** *f* Differentialkolbenpumpe *f*	**1226***
**vedi nota al N. 0220.*	**ver nota No. 0220.*	**Siehe Anmerkung zu Nr. 0220.*	

1225*

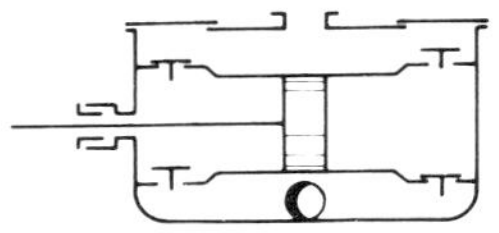

Double-acting.
A double effet.
A doppio effetto.
De doble efecto.
Doppeltwirkend.

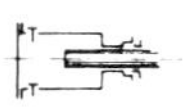

Single-acting.
A simple effet.
A semplice effetto.
De simple efecto.
Einfachwirkend.

piston pump

**See note at No.0220.*

pompe *f* à pistons

**voir Nota à No. 0220.*

1227

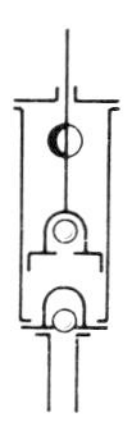

valve type piston pump

pompe *f* à piston

1228

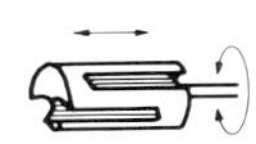

rocking pintle piston pump
pintle pump (USA)

The opposite Fig. shows rocking pintle only. e.g. as *proportioning pump (6807) and injection pump (7402).*

pompe *f* à piston-tiroir rotatif

La Fig. ci-contre représente seulement le piston-tiroir rotatif).

p.ex. comme *pompe doseuse (6807)* et *pompe d'injection (7402).*

1231

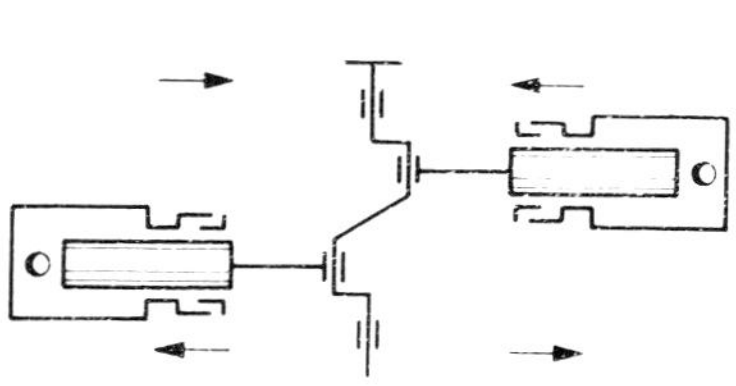

opposed cylinder piston pump with one crankshaft

pompe *f* à pistons à cylindres opposés équilibrés

1232

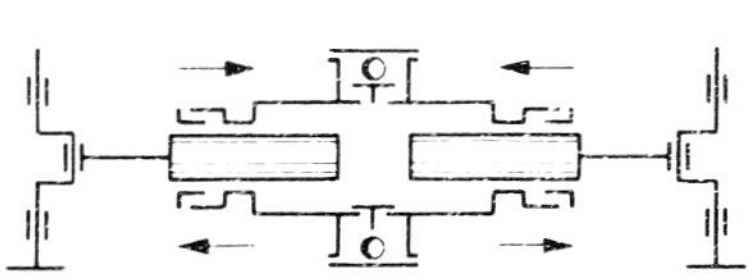

opposed piston pump

pompe *f* à pistons à cylindres opposés et à deux vilebrequins

---

ITALIANO	ESPAÑOL	DEUTSCH	
pompa *f* **a stantuffi a disco** **vedi nota al N. 0220.*	**bomba** *f* **de pistones** **ver nota No. 0220.*	**Scheibenkolbenpumpe** *f* **Siehe Anmerkung zu Nr. 0220.*	**1225***
pompa *f* **a stantuffi a valvola**	**bomba** *f* **de pistón-clapeta**	**Ventilkolbenpumpe** *f* Durchgangskolbenpumpe *f* Eine ältere Bezeichnung ist **Hubkolbenpumpe** *f;* sie ist jedoch irreführend und sollte vermieden werden *(vergl. 0220).*	**1227**
pompa *f* **a stantuffi a cassetto** (La Fig. a lato rappresenta solamente lo stantuffo a cassetto rotativo). P.es., *pompa di dosaggio (6807) e pompa di iniezione (7402).*	**bomba** *f* **de pistón-corredera rotativa** (La figura al margen representa solamente el pistón corredera rotativo). Por ejemplo: *Bomba dosificadora (6807) y bomba de inyección (7402).*	**Steuerkolbenpumpe** *f* Drehschieberkolbenpumpe *f* (Die nebenstehende Fig. zeigt nur den Steuerkolben.) Z.B. als *Dosier- (6807)* und *Einspritzpumpe (7402).*	**1228**
pompa *f* **a stantuffi a cilindri opposti**	**bomba** *f* **de pistones cilindricos opuestos equilibrados**	**Kolbenpumpe** *f* **in Boxerbauweise** Boxerkolbenpumpe *f*	**1231**
pompa *f* **a stantuffi a moto inverso**	**bomba** *f* **de pistones de cilindros opuestos y con dos cigüeñales**	**(Kolben)pumpe** *f* **mit gegenläufigen Kolben** Gegenlaufkolbenpumpe *f*	**1232**

1233

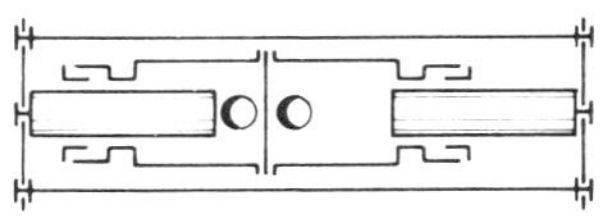

in-line linked piston pump

pompe *f* à pistons à cylindres opposés et à mouvement unidirectionnel

---

1234

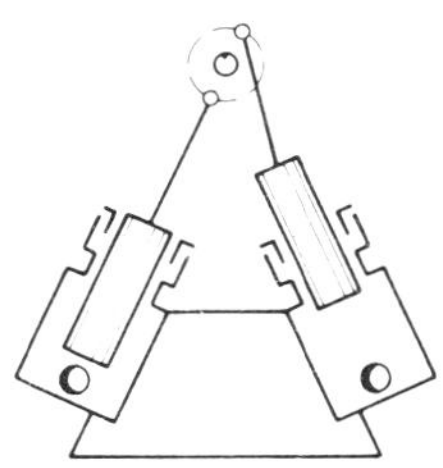

piston pump with pistons arranged in V-type.

pompe *f* à pistons avec cylindres en V

1235

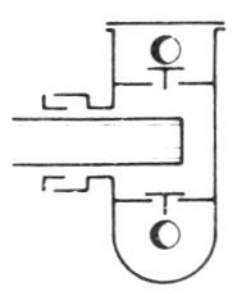

plunger pump
straight way type piston pump (USA)

Piston pump 0220 in which the suction and delivery valves lie in one axis, so that the medium pumped flows in a straight line.

1. The suction and delivery valves lie on one vertical axis, the suction valve below and the delivery valve above the horizontal axis of the piston: see opposite figure.
2. The suction and delivery valves lie on one horizontal axis.

pompe *f* à pistons à passage direct

Pompe à pistons 0220 avec clapets d'aspiration et de refoulement en prolongement l'un de l'autre de telle sorte que le liquide traverse la pompe sans changement de direction.

1. Le clapet d'aspiration se trouve en-dessous de l'axe du piston, le clapet de refoulement en dessus: voir la figure ci-contre.
2. Le clapet d'aspiration et le clapet de refoulement se trouvent sur le même axe horizontal.

1236

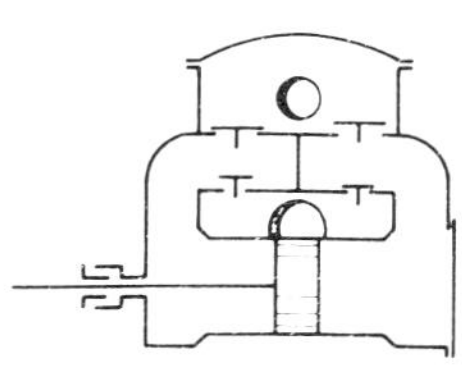

turret type piston pump (USA)

Piston pump 0220 with suction and delivery valves above the axis to the piston and vertically above one another.

pompe *f* à piston

Pompe à pistons 0220 avec clapets d'aspiration et de refoulement superposés et situés au-dessus de l'axe du piston.

1237

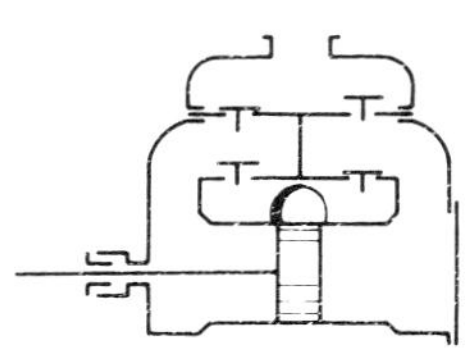

valve deck plate type piston pump

Piston pump 0220 with valves mounted on separate valve deck plate.

pompe *f* à piston

Pompe à pistons 0220 avec clapets montés sur une plaque amovible.

| --- | --- | --- | --- |
pompa *f* a stantuffi a moto equiverso	**bomba *f* de pistones con cilindros opuestos y con movimiento unidireccional**	**(Kolben)pumpe *f* mit gleichlaufenden Kolben** Gleichlaufkolbenpumpe *f*	1233
pompa *f* a stantuffi con cilindri a V	**bomba *f* de pistones con cilindros en V**	**Kolbenpumpe *f* mit Zylindern in V-Form**	1234
pompa *f* a stantuffi con valvole in linea *Pompa a stantuffi 0220* nella quale le valvole aspirante e premente sono disposte in modo che i liquido pompato attraversa la pompa in linea retta. 1. Tipo con valvola aspirante posta al di sotto e quella premente al di sopra dell'asse dello stantuffo: vedere Fig. a lato. 2. Tipo con valvole aspirante e premente disposte orizzontalmente in asse.	**bomba *f* de pistones de paso directo** *Bomba de pistones 0220* con válvula (clapeta) de aspiración e impulsión una a continuación de la otra, por lo que el líquido que atraviesa la bomba no sufre cambio de dirección. 1. La válvula de aspiración se encuentra debajo del eje del pistón, la válvula de impulsión encima: ver Fig. a parte. 2. La válvula de aspiración y la de impulsión se encuentran en el mismo eje horizontal.	**Kolbenpumpe *f* in Geradwegbauweise** (Geradwegtyp) *Kolbenpumpe 0220,* bei der das Saugventil und das Druckventil in einer Flucht liegen, so daß das Fördergut die Pumpe in gerader Linie durchströmt. 1. Das Saugventil ist unterhalb, das Druckventil oberhalb der Kolbenachse angeordnet: siehe nebenstehende Abbildung. 2. Das Saugventil und das Druckventil liegen horizontal in einer Achse.	1235
pompa *f* a stantuffi del tipo a torre *Pompa a stantuffi 0220* nella quale le valvole aspirante e premente sono disposte verticalmente una sopra l'altra e superiormente all'asse dello stantuffo.	**bomba *f* de pistones con válvulas superpuestas** *Bomba de pistones 0220* con válvula de aspiración e impulsión superpuestas y situadas por debajo del eje del pistón.	**Kolbenpumpe *f* in Turmbauweise** (Turmtyp) *Kolbenpumpe 0220,* bei der das Saugventil und das Druckventil senkrecht übereinander in einer Achse liegen und oberhalb der Kolbenachse angeordnet sind.	1236
pompa *f* a stantuffi con piastra valvole *Pompa a stantuffi 0220* nella quale le valvole sono incorporate in una apposita piastra.	**bomba *f* de pistones con placa soporte de las válvulas amovible** *Bomba de pistón 0220* con válvulas montadas sobre una placa amovible.	**Kolbenpumpe *f* in Ventilplattenbauweise** (Ventilplattentyp) *Kolbenpumpe 0220,* bei der die Ventile in einer besonderen Ventilplatte eingebaut sind.	1237

1238

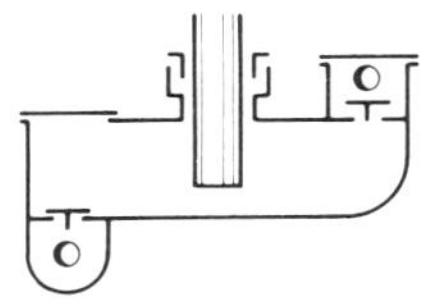

Piston pump 0220 with valves arranged in individual valve chambers integral with the pump casing (valve box type, see figure) or in separate valve box castings (separate valve box type).

Pompe à pistons 0220 dans laquelle les chambres à clapets décalées font corps avec le cylindre (*pompe à chambres à clapets décalées,* voir la figure) ou les boîtes à clapets décalées sont rapportées sur le cylindre *(pompe à boîtes à clapets décalées).*

1240

multioutlet pump

Positive displacement pump 0200 with several pressure outlets, as used, for instance, in lubricating plant. A separate pipe leads from each outlet to a lubricating point. The displacement (lubrication) volume can be individually adjusted for each outlet.

pompe *f* à circuits multiples

Pompe volumétrique 0200 munie (côté refoulement) d'un certain nombre de sorties utilisees par exemple dans les installations de graissage. De chaque sortie une conduite directe s'en va à un point de graissage. Le volume de refoulement peut être réglé séparément suivant les sorties.

1252

steam pump

Piston pump 0220 built integral with steam engine (steam cylinder) as driver. The commonest form is the *direct acting steam pump 1253.*

pompe *f* à vapeur

Terme désignant toutes les *pompes à pistons 0220* faisant bloc avec leur machine à vapeur d'entraînement.

En général, on entend par ce terme les *pompes à action directe de vapeur 1253.*

1253

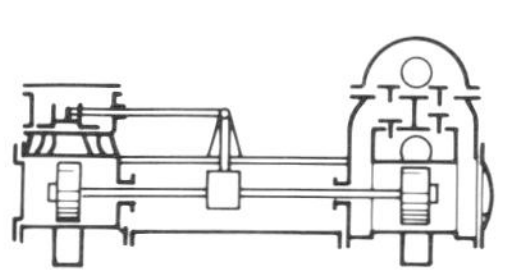

direct acting steam pump

Piston pump 0220 with steam and pump cylinder built together as a unit. Steam piston and pump bucket or ram arranged on a common pump rod; therefore no crank drive and no flywheel are used.

pompe *f* à action directe de vapeur

Pompe à pistons 0220 à commande par vapeur dont les cylindres de pompe et de vapeur forment corps et dont les pistons de pompe et de vapeur coaxiaux sont reliés rigidement. Dans ce type de pompe, il n'y a ni volant, ni système bielle manivelle.

pompa *f* **a stantuffi con piastra a valvole** Pompa *f* a stantuffi con camera a valvole	**Bomba de pistón**	**Kolbenpumpe** *f* **in Ventilkammer-bauweise** (Ventilkammertyp) Kolbenpumpe *f* in Ventilgehäuse-bauweise (Ventilgehäusetyp)	**1238**
Pompa a stantuffi 0220 in cui le valvole sono disposte in camere singole le quali fanno corpo unico con il cilindro (tipo con camera valvole incorporata) oppure applicate al cilindro (tipo con camera valvole riportata).	*Bomba de pistones 0220* en la que la cámara de las válvulas hacen cuerpo con el cilindro *(bomba con válvulas formando cuerpo)*, ó la caja de válvulas están situadas sobre el cilindro *(bomba con caja de válvulas incorporadas)*.	*Kolbenpumpe 0220,* bei der die Ventile in besonderen, mit dem Pumpengehäuse fest verbundenen Kammern (Ventilkammertyp, siehe Abbildung) oder in abnehmbaren Gehäusen (Ventilgehäusetyp) sitzen.	
pompa *f* **ad uscite multiple**	**bomba** *f* **de circuitos multiples**	**Mehrleitungspumpe** *f*	**1240**
Pompa volumetrica 0200 munita di più bocche di mandata, quali quelle impiegate negli impianti di lubrificazione. Ciascuna delle bocche é collegata mediante una tubazione separata, al punto da lubrificare. Il volume pompato può essere regolato per ogni singola bocca.	*Bomba volumétrica 0200* dotada (lado impulsión) de un cierto número de salidas utilizadas por ejemplo en una instalación de engrase. Cada salida va directamente a un punto de engrase. El volumen de impulsión puede regularse segun las salidas.	*Verdrängerpumpe 0200* mit mehreren Austritten (auf der Druckseite), wie sie z.B. bei Schmieranlagen verwendet wird. Von jedem Austritt führt eine separate Rohrleitung zu der betreffenden Schmierstelle. Das Verdrängervolumen kann in bezug auf die Austritte einzeln verstellbar sein.	
pompa *f* **a vapore**	**bomba** *f* **de vapor**	**Dampfpumpe** *f*	**1252**
Pompa a stantuffi 0220 monoblocco con la macchina motrice a vapore. Si intende per lo più *pompa a vapore a comando diretto 1253.*	Termino que designa todas las *bombas de pistones 0220* que hacen conjunto con su maquina de vapor de accionamiento. En general, este termino incluye las *bombas de acción directa de vapor 1253.*	*Kolbenpumpe 0220,* die mit einer Dampfmaschine zu einer Einheit zusammengebaut ist. — Meistens versteht man hierunter die *direktwirkende Dampfpumpe 1253.*	
pompa *f* **a vapore a comando diretto**	**bomba** *f* **de acción directa de vapor**	**direktwirkende Dampfpumpe** *f*	**1253**
Pompa a stantuffi 0220 avente i cilindri monoblocco con quelli della macchina motrice a vapore e l'asta di azionamento degli stantuffi in comune, senza sistema biella, manovella e volano.	*Bomba de pistones 0220* accionada por vapor en la que los cilindros de la bomba y de vapor forman cuerpo y en las que los pistones de la bomba y de vapor coaxiales están unidos rigidamente. En este tipo de bomba no hay volante, ni sistema de biela manivela.	*Kolbenpumpe 0220,* bei der Dampf- und Pumpenzylinder zu einer Einheit zusammengebaut sind; Dampfkolben und Pumpenkolben sitzen auf einer gemeinsamen Kolbenstange, wodurch Kurbeltrieb und Schwungrad entfallen.	

1254

simplex (steam) pump
single (steam) pump (USA)

Direct acting single cylinder steam or compressed air operated reciprocating pump. When driven by steam: **steam simplex pump.**

pompe *f* simplex à action directe (de vapeur ou d'air comprimé)

Pompe à piston monocylindrique actionnée directement par de la vapeur ou de l'air comprimé, sons système bielle manivelle.

1255

duplex pump

Direct acting two cylinder steam or compressed air operated reciprocating pump. When driven by steam pump is called: **steam duplex pump.**

When the steam passes in turn through a high pressure cylinder and a low pressure cylinder the pump is called **duplex compound pump.**

pompe *f* duplex à action directe (de vapeur ou d'air comprimé)

Pompe à piston à deux cylindres actionnée directement par de la vapeur ou de l'air comprimé, sans système bielle manivelle.

Avec cylindre haute pression et cylindre basse pression côté commande, on dit: **pompe *f* duplex compound.**

1257

steam crank pump

Steam pump 1252 with crank drive built as a unit integral with steam engine as driver.

pompe *f* à vapeur commandée par système bielle manivelle

Pompe à vapeur 1252 commandée par l'intermediaire d'un système bielle manivelle, et qui fait bloc avec sa machine à vapeur d'entraînement.

1258

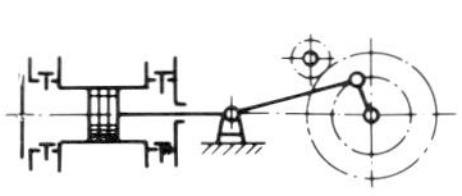

power pump
crank driven pump

Piston pump 0220 with conversion of the rotary drive motion into a reciprocating one by use of a crank (alternatively by means of eccentric drive).

pompe *f* à pistons à commande mécanique

Pompe à pistons 0220 dans laquelle le mouvement rotatif de commande est transformé en mouvement alternatif par un système bielle manivelle (ou éventuellement par un excentrique).

---

pompa *f* simplex | **bomba *f* simplex de acción directa (de vapor ó aire comprimido)** | **Simplexpumpe *f*** 1254

Pompa a stantuffo ad un cilindro azionata da vapore o da aria compressa, senza albero a gomito. Nel caso che il fluido di comando sia vapore, si dice **pompa *f* simplex a vapore.**

Bomba de vapor monocilindro accionada directamente por vapor ó aire comprimido, sin sistema de biela manivela.

Durch Dampf oder Druckluft kurbellos angetriebene *Einkolbenpumpe.* Kommt Dampf als Antriebsmedium in Frage, spricht man zweckmäßigerweise von einer **Simplexdampfpumpe *f*.**

---

pompa *f* duplex | **bomba *f* duplex de acción directa (de vapor ó aire comprimido)** | **Duplexpumpe *f*** 1255

Pompa a stantuffi a due cilindri azionata direttamente da vapore o da aria compressa, senza albero a gomiti.

Se il lato comando comprende il cilindro ad alta pressione e quello a bassa pressione viene chiamata **pompa *f* duplex compound.**

Bomba de pistón de dos cilindros accionados directamente por el vapor ó aire comprimido, sin sistema biela manivela.

Con cilindro de alta presión y cilindro de baja presión lado transmisión, se llama: **bomba *f* duplex compound.**

Durch Dampf oder Druckluft kurbellos angetriebene *Zweikolbenpumpe.* Ist Dampf das Antriebsmedium, so wird sie als **Duplexdampfpumpe *f*** bezeichnet. Besteht die Dampfseite aus Hoch- und Niederdruckzylinder, so wird sie als **Duplex-Verbundpumpe *f*** bezeichnet.

---

pompa *f* a vapore con albero a gomiti | **bomba *f* de vapor accionada por sistema de biela manivela.** | **Dampfkurbelpumpe *f*** 1257

Pompa a vapore 1252 con albero a gomiti monoblocco con la macchina motrice a vapore.

Bomba de vapor 1252 accionada por medio de un sistema de biela manivela, la cual está unida a su maquina de vapor de accionamiento.

Dampfpumpe 1252 mit Kurbeltrieb, die mit der antreibenden Dampfmaschine zu einer Einheit zusammengebaut ist.

---

pompa *f* con albero a gomiti | **bomba *f* mecánica** bomba *f* de pistones de accionamiento mecanico | **Kurbelpumpe *f*** 1258

Pompa a stantuffi 0220 nella quale il moto di comando viene trasformato in moto alternativo mediante albero a gomiti (eventualmente anche mediante eccentrico).

Bomba de pistones 0220 en la que el movimiento rotativo de accionamiento se transforma en movimiento alternativo por medio de un sistema de biela manivela (ó eventualmente por una excentrica).

Kolbenpumpe 0220, bei der die Umsetzung der Antriebsdrehbewegung in die oszillierende Bewegung durch einen Kurbeltrieb (gegebenenfalls auch durch Exzenter) erfolgt.

		ENGLISH	FRANÇAIS
1271	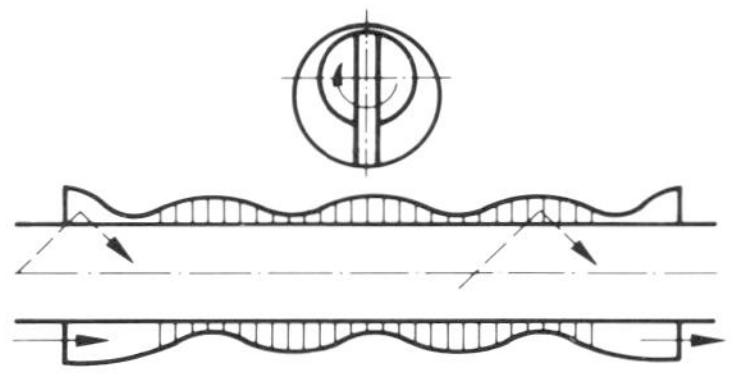	**helical vane pump** *Rotary positive displacement pump (0280)* having a helically formed pump casing. Axially located rotating shaft carries sliding vanes which together with the casing helix form axially moving pumping chambers.	**pompe *f* hélicoïdale à palettes** *Pompe volumétrique rotative (0280)* dans laquelle un arbre concentrique entraîne une palette mobile. La forme hélicoïdale du corps constitue la chambre de travail.
		Other Types (Examples of combination)	**D'autres conceptions** (Exemples de combinaison)
1901		top entry pump	pompe *f* à entrée verticale par le haut
1904		side entry segmental type pump	pompe *f* à corps segmenté à entrée laterale
1910		inline pump with flange connections	pompe *f* in-line à raccordement par brides
1911		inline pump with screwed connections	pompe *f* in-line à raccordement fileté
1912		inline pump with welded connections	pompe *f* in-line à raccordement par soudure
1920		multi cylinder valve type piston pump	pompe *f* à piston à plusieurs cylindres
1921		power pump with flywheel	pompe *f* mécanique à volant d'inertie
1922		triplex power pump	pompe *f* mécanique à trois cylindres pompe *f* triplex
1923		piston pump with end stuffing box	pompe *f* à piston avec presse-étoupe d'extrémité

ITALIANO	ESPAÑOL	DEUTSCH	
pompa *f* a vite con paletta	**bomba *f* helicoidal con paleta**	**Schraubenflügelpumpe *f***	**1271**
Pompa volumetrica rotativa (0280), in cui la paletta scorrevole nell'albero, ed il corpo che la racchiude, avente forma di madrevite e coassiale all'albero, costituiscono la camera di lavoro.	*Bomba volumétrica rotativa (0280),* en la que la paleta corre a traves del eje y del cuerpo que la contiene, el cual con forma de tornillo y coaxial al eje, constituye la cámara de trabajo.	*Rotierende Verdrängerpumpe 0280,* bei der die in einer zentrisch gelagerten Welle verschiebbaren Flügel und das sie umgebende schraubenförmige Gehäuse die Arbeitsräume bilden.	

Altre esecuzioni (Esempi di combinazioni) / Otros tipos (Ejemplos de combinación) / Weitere Ausführungen (Kombinationsbeispiele)

Altre esecuzioni (Esempi di combinazioni)	Otros tipos (Ejemplos de combinación)	Weitere Ausführungen (Kombinationsbeispiele)	
pompa *f* con entrata verticale dall'alto	bomba *f* de entrada vertical superior	Pumpe *f* mit Eintritt senkrecht von oben	**1901**
pompa *f* con corpo ad elementi ed entrata laterale	bomba *f* con cuerpo segmentado con entrada lateral	Glieder(gehäuse)pumpe *f* mit seitlichem Eintritt	**1904**
pompa *f* in linea con bocche flangiate	bomba *f* en linea con uniones por brida.	Inlinepumpe *f* mit Flanschverbindung	**1910**
pompa *f* in linea con bocche filettate	bomba *f* en linea con uniones roscadas	Inlinepumpe *f* mit Gewindeverbindung	**1911**
pompa *f* in linea con bocche da saldare	bomba *f* en linea con unión por soldadura	Inlinepumpe *f* mit Schweißverbindung	**1912**
pompa *f* a stantuffi a valvola a più cilindri	bomba *f* de pistón de varios cilindros	Vielzylinder-Ventilkolbenpumpe *f*	**1920**
pompa *f* meccanica con volano	bomba *f* mécanica con volante de inercia	Kurbelpumpe *f* mit Schwungrad	**1921**
pompa *f* meccanica a tre cilindri pompa *f* triplex	bomba *f* mécanica con tres cilindros bomba *f* triplex	Dreizylinder-Kurbelpumpe *f* Triplexpumpe *f*	**1922**
pompa *f* a stantuffi con premitreccia all'estremità	bomba *f* de pistón con prensa estopas en el extremo	Kolbenpumpe *f* mit Endstopfbuchse	**1923**

		ENGLISH	FRANÇAIS
1924		piston pump with inner stuffing box	pompe *f* à piston avec presse-étoupe interne
1925		piston pump with centre stuffing box	pompe *f* à piston avec presse-étoupe central
1930		shrouded impeller single entry pump	pompe *f* avec roue fermée à simple entrée
1940		heating jacket pump heated jacket pump	pompe *f* à enveloppe de réchauffage
1941		steam jacketed pump	pompe *f* à enveloppe de réchauffage à vapeur
1942		heated centrifugal pump	pompe *f* centrifuge réchauffable
1943		pump with cooling jacket	pompe *f* à enveloppe de refroidissement
1950		portable pump mobile pump	pompe *f* mobile
1951		transportable pump	pompe *f* transportable
1952		transportable centrifugal pump mobile centrifugal pump	pompe *f* centrifuge sur chariot
1953		skid mounted pump	pompe *f* sur patins
1960		minipump	pompe *f* en miniature

ITALIANO	ESPAÑOL	DEUTSCH	
pompa *f* a stantuffi con premitreccia interno	bomba *f* de pistones con prensa estopas interno	Kolbenpumpe *f* mit Innenstopfbuchse	1924
pompa *f* a stantuffi con premitreccia intermedi	bomba *f* de pistones con prensa estopas central	Kolbenpumpe *f* mit Mittelstopfbuchse	1925
pompa *f* con girante chiusa a semplice aspirazione	bomba *f* con rodete cerrado de simple entrada	einströmige Pumpe *f* mit geschlossenem Laufrad	1930
pompa *f* con camicia di riscaldamento	bomba *f* con envoltura de calentamiento	Heizmantelpumpe *f*	1940
pompa *f* con camicia di riscaldamento a vapore	bomba *f* con envoltura de calentamiento por vapor	Pumpe *f* mit Dampfmantel	1941
pompa *f* centrifuga riscaldabile	bomba *f* centrífuga calentable	heizbare Kreiselpumpe *f*	1942
pompa *f* con camicia di raffreddamento	bomba *f* con envoltura de enfriamiento	Kühlmantelpumpe *f*	1943
pompa *f* mobile pompa *f* portatile	bomba *f* movil	ortsbewegliche Pumpe *f*	1950
pompa *f* trasportabile	bomba *f* transportable	transportable Pumpe *f*	1951
pompa *f* centrifuga carrellata	bomba *f* centrífuga sobre carrito	fahrbare Kreiselpumpe *f*	1952
pompa *f* su pattin	bomba *f* sobre patines	Pumpe *f* auf Kufen Pumpe *f* auf Schlitten	1953
pompa *f* in miniatura	bomba *f* miniatura	Kleinstpumpe *f*	1960

	ENGLISH	FRANÇAIS
	Names of pumps according to operational duty	**Désignations de pompes selon mode d'utilisation**
2001	**duty pump** service pump Pump which is on stream and which is usually supported by an equal *stand-by pump 2002.*	**pompe *f* de service courant** Pompe utilisée en service courant, en opposition à la *pompe de réserve 2002.*
2002	**stand-by pump** Pump ready for operation. Usually equal to the *duty pump 2001.* May be used in turn with the duty pump or during break downs, maintenance or in case of excessive load.	**pompe *f* de réserve** Pompe installée, prête à être mise en service immédiatement en cas de nécessité (par exemple défectuosité d'autres pompes, exigences exceptionnelles, etc...).
2003	**spare pump** Pump held in stock.	**pompe *f* de rechange** Pompe gardée en réserve au magasin.
2007	**booster pump** Pump installed in front of another pump, e.g. – to ensure satisfactory suction conditions (NPSH) for the *main pump.* – or to deliver water from a deep well to a second pump, which develops the final delivery head *(supply pump).* In offshore-technology: Pump which lifts sea water to the platform of an oil rig (**sea water lift pump**).	**pompe *f* de mise en charge** pompe *f* nourricière Pompe installée à l'aspiration ou sur la conduite d'aspiration d'une autre pompe, – p.ex. pour améliorer les possibilités d'aspiration (NPSH) d'une *pompe principale* (**pompe *f* de mise en charge**) – ou pour lui amener le liquide, p.ex. alimentation d'une pompe en eau provenant d'un puits trop profond (**pompe *f* nourricière**). Dans la technique offshore: Pompe amenant l'eau de mer à la plateforme des îlots de forage (**pompe *f* nourricière à eau de mer**).

ITALIANO	ESPAÑOL	DEUTSCH	
Denominazione delle pompe secondo il genere di servizio	**Designacion de las bombas según su modo de utilizacion**	**Pumpenbenennungen nach betrieblichem Einsatz**	
pompa *f* di servizio pompa *f* di esercizio	**bomba *f* de servicio normal**	**Arbeitspumpe *f*** Betriebspumpe *f*	**2001**
Pompa prevista per il normale esercizio, in contrapposto a *pompa di riserva 2002.*	Bomba utilizada en servicio normal, en oposición a la *bomba de reserva 2002.*	Pumpe, die im Gegensatz zur *Reservepumpe 2002* für den normalen Betriebsfall gedacht ist.	
pompa *f* di riserva	**bomba *f* de reserva**	**Reservepumpe *f*** Bereitschaftspumpe *f*	**2002**
Pompa installata da impiegare in sostituzione o in aggiunta ad altra *pompa di servizio 2001.*	Bomba instalada, dispuesta a funcionar inmediatamente en caso de necesidad (por ejemplo por averia de otras bombas, por exigencias excepcionales, etc.)	Betriebsbereit eingebaute Pumpe, die bei Ausfall anderer Pumpen oder bei überhöhten Betriebsforderungen eingesetzt wird.	
pompa *f* di ricambio	**bomba *f* de recambio**	**Austauschpumpe *f*** Ersatzpumpe *f*	**2003**
Pompa di magazzino da sostituire ad altra *pompa di servizio 2001.*	Bomba guardada en reserva en el almacen.	Pumpe, die als Ersatz auf Lager gehalten wird.	
pompa *f* per la messa in carico pompa *f* nutrice	**bomba *f* de puesta en marcha** bomba *f* nodriza	**Vorpumpe *f*** Zubringerpumpe *f* (Vorhebepumpe *f*) (Saughilfspumpe *f*)	**2007**
Pompa installata all'aspirazione di un'altra pompa allo scopo di: — migliorare la capacità di aspirazione (NPSH) della *pompa principale* **(pompa *f* per la messa in carico)** — erogare liquido da un pozzo profondo ad una seconda pompa la quale provvede alla successiva prevalenza **(pompa *f* nutrice)** Nella tecnica offshore: Pompa erogante acqua di mare alle piattaforme delle isole artificiali di perforazione **(pompa *f* nutrice per acqua di mare).**	Bomba instalada en la aspiración ó sobre el conducto de aspiración de otra bomba. — Por ejemplo para mejorar las posibilidades de aspiración (NPSH) de una *bomba principal* **(bomba f de puesta en marcha).** — ó para proporcionar el líquido; por ejemplo alimentación de una bomba de agua procedente de un pozo muy profundo **(bomba *f* nodriza).** En la tecnica offshore: Bomba que proporciona el agua de mar a la plataforma **(bomba *f* nodriza de agua de mar).**	Wird einer anderen Pumpe vorgeschaltet, z.B. um — die erforderlichen Zulaufverhältnisse (NPSH) für die *Hauptpumpe* zu schaffen (Vorpumpe, auch als **Boosterpumpe *f*** bezeichnet), — oder Wasser aus einem tiefen Brunnen in eine zweite Pumpe zu fördern, die die Weiterbeförderung übernimmt *(Zubringerpumpe).* In der Offshoretechnik: Pumpe, die Seewasser aus dem Meer auf die Plattform einer Bohrinsel bringt **(Seewasser-Zubringerpumpe *f*).**	

		ENGLISH	FRANÇAIS
2009		**starting pump** Pump which is brought into use only when starting up a plant, e.g. flashing of a boiler.	**pompe *f* de démarrage** Pompe utilisée seulement pendant la mise en route d'une installation, p.ex. d'une chaudière à circulation forcée.
2010		**full load pump** Pump designed for hundred per cent full load duty of the plant to replace several *partial load pumps 2012.*	**pompe *f* de pleine charge** Pompe établie pour assurer 100% des besoins d'une installation; peut se substituer à plusieurs *pompes de charge partielle 2012.* A ne pas confondre avec la *pompe de pointe 2015.*
2011		**half load pump** Pump designed to fifty per cent of the full load duty.	**pompe *f* de demi-charge** Pompe établie pour assurer 50% des besoins d'une installation.
2012		**partial load pump** Pump which is brought into use for a particular percentage of the full load duty, usually as a result of variable delivery and pressure demands.	**pompe *f* de charge partielle** Pompe établie pour assurer dans une installation une fraction variable des besoins.
2013		**base load pump** Pump which in contrast to *peak load pump 2015* is designed for the normal or base plant load.	**pompe *f* de charge normale** Pompe établie pour assurer dans une installation les besoins normaux.
2014		**low load pump** Pump which is designed for a relatively small percentage of the plant load, which is usually brought into use for short periods only, e.g. Sunday work.	**pompe *f* pour minimum technique** Pompe établie pour assurer un faible pourcentage des besoins normaux d'une installation; elle est mise en service seulement temporairement, par exemple le dimanche.

ITALIANO	ESPAÑOL	DEUTSCH	
pompa *f* di avviamento Pompa impiegata esclusivamente per la messa in esercizio di un impianto, per esempio per l'avviamento di una caldaia a circolazione.	**bomba *f* de arranque** Bomba utilizada solamente durante la puesta en marcha de una instalación, por ejemplo en una caldera de circulación forzada.	**Anfahrpumpe *f*** Pumpe, die lediglich zur Inbetriebnahme einer Anlage eingesetzt wird, z.B. beim Anfahren eines Umlaufkessels.	**2009**
pompa *f* per pieno carico Pompa in grado di provvedere al cento per cento delle necessità di un impianto ed impiegata per sostituire più *pompe per carico parziale 2012.*	**bomba *f* para plena carga** Bomba prevista para asegurar el 100% de las necesidades de la instalación; puede ser sustituida por varias *bombas de carga parcial 2012.* No debe confundirse con la *bomba para puntas 2015.*	**Vollastpumpe *f*** Pumpe, die für hundert Prozent eines Systembedarfes ausgelegt ist und anstelle mehrerer *Teillastpumpen 2012* eingesetzt wird.	**2010**
pompa *f* per metà carico Pompa prevista per provvedere al cinquanta per cento delle necessità di un impianto.	**bomba *f* para media carga** Bomba prevista para asegurar el 50% de las necesidades de una instalación.	**Halblastpumpe *f*** Pumpe, die für fünfzig Prozent eines Systembedarfes ausgelegt ist.	**2011**
pompa *f* per carico parziale Pompa prevista per provvedere ad una data percentuale delle necessità di un impianto, generalmente in considerazione de la variabilità della portata e della prevalenza.	**bomba *f* para carga parcial** Bomba prevista para asegurar en una instalación una fracción variable de sus necesidades.	**Teillastpumpe *f*** Pumpe, die für einen bestimmten Prozentsatz eines Systembedarfes ausgelegt ist, meist unter Berücksichtigung variabler Förderströme und Druckverhältnisse.	**2012**
pompa *f* per carico normale pompa *f* per carico di base Pompa prevista per il carico normale di un impianto, al contrario della *pompa per carico di punta 2015.*	**bomba *f* para carga normal** Bomba prevista para asegurar en una instalación sus necesidades normales.	**Grundlastpumpe *f*** Pumpe, die im Gegensatz zur *Spitzenlastpumpe 2015* für die normale Belastung (Grundlast) eines Systems ausgelegt ist.	**2013**
pompa *f* per carico ridotto temporaneo Pompa prevista per una percentuale relativamente bassa del carico normale di un impianto e che viene generalmente impiegata per breve tempo, per esempio per esercizio domenicale.	**bomba *f* para el minimo tecnico** Bomba prevista para asegurar un debil porcentaje de las necesidades normales de una instalación; su puesta en marcha se produce de forma temporal, por ejemplo en Domingo.	**Schwachlastpumpe *f*** Pumpe, die für einen relativ geringen Prozentsatz des normalen Systembedarfes ausgelegt ist und meist nur kurzfristig eingesetzt wird, z.B. bei Sonntagsbetrieb.	**2014**

		ENGLISH	FRANÇAIS
2015		**peak load pump** Pump which is brought into use usually for short periods during peak load demands.	**pompe *f* de pointe** Pompe utilisée pour assurer des besoins exceptionnellement élevés d'une installation pendant de faibles durées (p.ex. heures de pointe).
		Other Types (Examples of combination)	**D'autres conceptions** (Exemples de combinaison)
2901		main condensate extraction pump	pompe *f* principale d'extraction
2902		secondary condensate pump	pompe *f* secondaire d'extraction
2903		auxiliary pump	pompe *f* auxiliaire
2904		emergency cooling water pump	pompe *f* de circulation d'eau de refroidissement de secours
2905		intermediate cooling water pump	pompe *f* de circulation d'eau de refroidissement intermédiaire
		Names of pumps according to type of drive	**Désignations de pompes selon mode d'entraînement**
3001		**mechanically driven pump** Pump with mechanical drive as opposed to pumps driven manually. The mechanical drive may be: — diesel — engine — petrol — engine — hydraulic — motor — (electric) motor.	**pompe *f* à commande mécanique** moto-pompe *f* Pompe entraînée par un organe moteur autre que la force musculaire. Si la pompe est entraînée par un moteur, on utilise le terme **moto-pompe.**

ITALIANO	ESPAÑOL	DEUTSCH	
pompa *f* per carico di punta Pompa prevista per lo più per carichi eccezionalmente alti e di breve durata di un impianto.	**bomba *f* para puntas** Bomba prevista para asegurar las necesidades excepcionalmente elevadas de una instalación durante breve duración (por ejemplo durante las horas punta).	**Spitzenlastpumpe *f*** Pumpe, die meist kurzfristig für außergewöhnlich hohe Belastung eines Systems eingesetzt wird.	**2015**
Altre esecuzioni (Esempi di combinazioni)	**Otros tipos** (Ejemplos de combinación)	**Weitere Ausführungen** (Kombinationsbeispiele)	
pompa *f* principale di estrazione del condensato	bomba *f* principal de extracción	Hauptkondensatpumpe *f*	**2901**
pompa *f* secondaria di estrazione del condensato	bomba *f* secundaria de extracción	Nebenkondensatpumpe *f*	**2902**
pompa *f* ausiliaria	bomba *f* auxiliar	Hilfspumpe *f*	**2903**
pompa *f* d'emergenza per acqua di raffreddamento	bomba *f* de circulación de agua de enfriamiento intermedia	Notkühlwasserpumpe *f*	**2904**
pompa *f* intermedia per acqua di raffreddamento	bomba *f* de circulación de agua de enfriamiento de seguridad	Zwischenkühlwasserpumpe *f*	**2905**
Denominazione delle pompe secondo l'azionamento	**Designacion de las bombas según su sistema de accionamiento**	**Pumpenbenennungen nach Antrieb**	
pompa *f* a comando meccanico motopompa *f* pompa *f* meccanica Pompa azionata da un motore diverso dalla forza muscolare. Se essa è azionata da un motore non elettrico, viene denominata **motopompa.** Se invece è azionata da una trasmissione meccanica, viene (in italiano) denominata **pompa meccanica.**	**bomba *f* de accionamiento mécanico** motobomba *f* Bomba accionada por un organo motor diferente de la fuerza muscular. Si la bomba es accionada por motor, se llama **motobomba.**	**mechanisch angetriebene Pumpe *f*** Motorpumpe *f* Pumpe, die nicht durch Muskelkraft betätigt wird. Erfolgt der Antrieb durch einen Motor, so wird der Begriff **Motorpumpe** verwendet.	**3001**

3003

electric motor pump

Pump driven by electric motor

électro-pompe *f*

Pompe entraînée par un moteur électrique.

3004

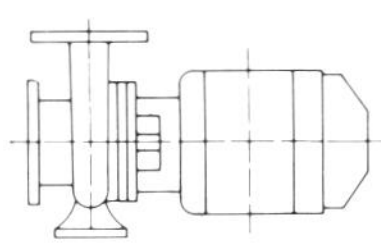

flanged motor pump

Pump to which an electric motor is flanged.

groupe *m* électro-pompe à flasque-bride avec moteur en porte-à-faux

Le moteur électrique à bride est fixé en porte-à-faux sur la pompe.

3005

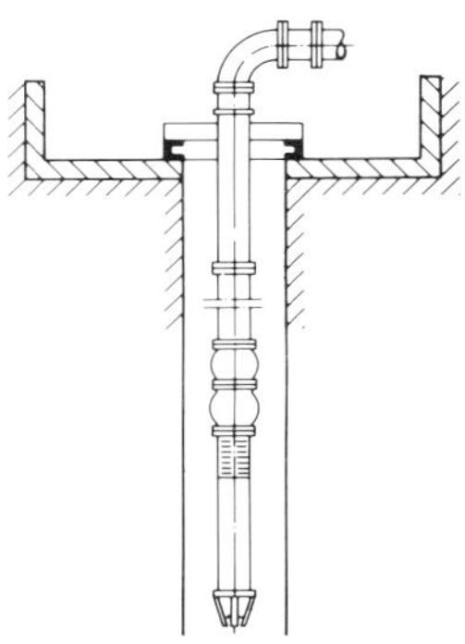

Borehole submersible pump.
Groupe immergé.
Pompa sommersa.
Bomba sumergible para pozo perforado.
Unterwassermotorpumpe.

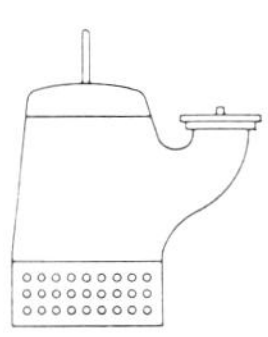

Sewage submersible pump.
Groupe submersible.
Pompa sommergibile.
Bomba sumergible para aguas cargadas.
Abwassertauchmotorpumpe.

submersible pump

Pumping set usually of vertical design which together with its driver is or can be submerged in the pumped liquid. The term has become general and one must distinguish between differing applications. The original submersible pump for clean water is a **borehole submersible pump** which is usually multistage and which normally works totally submerged. In sewage applications it is called a **sewage submersible pump** and on building sites a **contractors submersible pump**. These pumps, which are usually single stage, can work fully or partially submerged.

When driven by an electric motor, an air motor or hydraulic motor:

electro submersible pump, air motor driven submersible pump and **hydraulic motor driven submersible pump** .

groupe *m* immergé
groupe *m* submersible

En général groupe vertical qui dans le cas du groupe immergé est entièrement et en permanence noyé et dans le groupe submersible entièrement ou partiellement noyé.

Le **groupe immergé,** le plus souvent à axe vertical, comporte en général une pompe multicellulaire et est utilisé pour le pompage d'eau dans un puits ou un forage profond **(pompe *f* de forage).**

Le **groupe submersible,** le plus souvent à axe vertical, comporte en général une pompe monocellulaire et est utilisé dans les installations d'assainissement ou sur les chantiers pour travaux publics pour le pompage d'eau usée ou chargée.

Le moteur peut être p.ex.:

un moteur électrique: **électro-pompe *f* immergé,**

un moteur pneumatique: **pompe *f* immergée à moteur pneumatique,**

un moteur hydraulique: **pompe *f* immergée à moteur hydraulique.**

3006

wet stator pump

Glandless pumping set, compare 1035, or *electro-submersible pump 3005* with stator winding in contact

électro-pompe *f* à bobinage noyé

Pompe étanche sans presse-étoupe 1035 ou *groupe électro-pompe immergé 3005* se caractérisant par le

---

elettropompa *f*

Pompa azionata da motore elettrico.

electrobomba *f*

Bomba accionada por motor electrico.

Elektropumpe *f* 3003

Pumpe, die durch einen Elektromotor angetrieben wird.

---

elettropompa *f* **con motore flangiato**

Pompa accoppiata a motore elettrico flangiato.

bomba *f* **con motor montado en brida**

La union del motor y la bomba se efectua mediante brida.

Flanschmotorpumpe *f* 3004

Pumpe mit angeflanschtem Elektromotor.

Pompa *f* **sommersa**
Pompa *f* sommergibile

Gruppo di pompaggio generalmente verticale che può venire completamente o parzialmente annegato, motore compreso.

La pompa sommersa, in genere pluricellulare, è completamente annegata e viene utilizzata per pozzi profondi.

La pompa sommergibile, in genere monocellulare, può funzionare parzialmente o anche completamente immersa. Essa è impiegata per drenaggio o, in cantieri, per pompare acque anche cariche.

Secondo l'azionamento, si può avere:

- **elettropompa** *f* **sommersa**
- **pompa** *f* **sommersa a motore pneumatico**
- **pompa** *f* **sommersa a motore idraulico**

bomba *f* **sumergible**

Bomba generalmente de disposición vertical cuyo motor puede estar ó no totalmente sumergido en el agua. Según sus aplicaciones cabe diferenciar su denominación. En el caso de bomba sumergible para agua limpia se llama **bomba** *f* **sumergible para pozo perforado** la cual es una bomba generalmente multicelular que trabaja totalmente sumergida. En el caso de aguas residuales ó cargadas se llama **bomba** *f* **sumergible para aguas cargadas** la cual se utiliza en instalaciones de desecado ó en obras publicas. Esta bomba normalmente tiene eje vertical y es monocelular y su motor puede trabajar total ó parcialmente sumergido.

El motor puede ser:

Motor electrico: **electrobomba** *f* **sumergible**
Motor neumatico: **bomba** *f* **sumergible con motor neumatico**
Motor hidraulico: **bomba** *f* **sumergible con motor hidraulico**

Tauchmotorpumpe *f* 3005

Meist vertikales Pumpenaggregat, das ganz oder teilweise in der Förderflüssigkeit eingetaucht arbeitet:

Bei Einsatz zur Förderung von reinem Wasser aus Bohrlöchern ist die Pumpe meist mehrstufig ausgebildet. Das Pumpenaggregat ist dabei normalerweise völlig vom Wasser überflutet. (**Unterwassermotorpumpe** *f* bzw. **Unterwasserpumpe** *f*).

Bei Einsatz zur Förderung von Ab- oder Schmutzwasser ist die Pumpe meist einstufig ausgebildet. Das Pumpenaggregat kann dabei völlig oder teilweise in die Förderflüssigkeit eingetaucht sein. (**Abwassertauchmotorpumpe** *f* oder **Schmutzwassertauchmotorpumpe** *f,* häufig auch nur Tauchmotorpumpe; siehe auch Baupumpe (7001)).

Der Motor kann z.B. ein Elektro-, ein Luft- oder ein Hydro-Motor sein.

---

elettropompa *f* **a statore elettrico umido**

Elettropompa senza premitreccia, cfr. 1035, o *elettropompa sommersa 3005,* nella quale lo statore ed il

electrobomba *f* **con bobinado inundado**

Bomba sin prensa-estopas 1035 ó *grupo electrobomba sumergido 3005* que se caracteriza por el hecho de

Naßmotorpumpe *f* 3006

Stopfbuchsloses Pumpenaggregat, vergl. 1035, oder *Tauchmotorpumpe 3005,* bei der die Statorwicklung von der Flüssigkeit umgeben ist, in

---

		ENGLISH	FRANÇAIS
		with the pumped medium or with any other liquid.	fait que le bobinage statorique baigne directement dans le liquide dans lequel tourne le rotor du moteur électrique (liquide pompé ou tout autre liquide).
3007		**canned motor pump** *Glandless pumping set, compare 1035,* or *electro-submersible pump 3005,* the stator of the electric motor is sealed by a can against the rotor which runs in the pumped medium or in any other liquid.	**électro-pompe *f* à stator chemisé** *Pompe étanche sans presse-étoupe 1035* ou *groupe électro-pompe immergé 3005* se caractérisant par le fait que le stator avec son bobinage est séparé du liquide dans lequel tourne le rotor du moteur électrique (liquide pompé ou autre liquide) par une chemise fixée dans l'entrefer du moteur.
3008		**windmill (driven) pump** Pump driven by a windmill.	**pompe *f* à éolienne** Pompe entraînée par une éolienne.
3009		**turbine driven pump** turbopump Pump driven by a turbine.	**turbo-pompe *f*** Pompe entraînée par une turbine.
3010		**air operated pump** compressed air pump air-powered pump Pump which is driven by compressed air, e.g. by air motor or by air cylinder. *(Compare simplex pump 1254 and duplex pump 1255).*	**pompe *f* à air comprimé** Pompe dont l'entraînement est assuré par de l'air comprimé, soit par moteur, soit par action directe *(voir pompe simplex et pompe duplex à action directe d'air comprimé, 1254 et 1255).*
3011		**magnetic pump** *Glandless pump 1035* with power transmission by magnetic induction in order to avoid a stuffing box.	**pompe *f* étanche à entraînement magnétique** pompe *f* étanche à coupleur magnétique *Pompe étanche sans presse-étoupe 1035* dans laquelle la puissance du moteur d'entraînement est transmise

ITALIANO	ESPAÑOL	DEUTSCH	
rotore del motore elettrico sono a contatto del liquido pompato o di altro liquido.	que el bobinado del estator está bañado en el líquido en el cual gira el rotor del motor (el líquido bombeado ó algun otro líquido).	welcher der Rotor des Elektromotors läuft (Fördergut oder andere Medien).	
elettropompa *f* a statore elettrico secco	**electrobomba *f* con estator encamisado**	**Spaltrohrmotorpumpe *f***	**3007**
Elettropompa senza premitreccia, cfr. 1035, o *elettropompa sommersa 3005,* nella quale lo statore del motore elettrico è separato dal liquido pompato o altro liquido in cui è immerso il rotore, mediante una camicia fissata nel traferro del motore.	*Bomba sin prensa-estopas 1035* ó *grupo electrobomba sumergido 3005* que se caracteriza por el hecho de que el estator con su bobinado está separado del líquido en el que gira el rotor del motor (el líquido bombeado ó algun otro líquido) por una camisa fijada en el interior del motor.	*Stopfbuchsloses Pumpenaggregat, vergl. 1035,* oder *Tauchmotorpumpe 3005,* bei der der Stator des Elektromotors durch ein Rohr (Spaltrohr) gegen den im Fördergut oder in einer anderen Flüssigkeit laufenden Rotor abgedichtet ist.	
pompa *f* con motore eolico	**bomba *f* eolica**	**Windmotorpumpe *f***	**3008**
Pompa azionata da motore a vento.	Bomba accionada por la acción del viento.	Pumpe, die durch einen Windmotor angetrieben wird.	
turbopompa *f*	**turbo bomba *f***	**Turbopumpe *f***	**3009**
Pompa azionata da turbina.	Bomba accionada por una turbina.	Pumpe, die durch eine Turbine angetrieben wird.	
pompa *f* ad aria compressa	**bomba *f* de aire comprimido**	**Druckluftpumpe *f***	**3010**
Pompa azionata da aria compressa, per esempio da motore ad aria compressa rotativo o alternativo *(cfr. pompa simplex 1254 e pompa duplex 1255).*	Bomba en la que el accionamiento está asegurado por aire comprimido, ya sea por motor, ya sea por acción directa (*ver bomba simplex ó bomba duplex de acción directa por aire comprimido 1254 y 1255).*	Durch Druckluft angetriebene Pumpe, z.B. Antrieb durch Druckluftmotor oder Druckluftzylinder *(vergl. Simplexpumpe 1254 und Duplexpumpe 1255).*	
pompa *f* a comando magnetico	**bomba *f* estanca de accionamiento magnetico**	**Magnetpumpe *f***	**3011**
Pompa senza premitreccia 1035, in cui la potenza viene trasmessa all'asse mediante induzione magnetica, al	*Bomba estanca sin prensa-estopas 1035* en la que la potencia del motor de accionamiento se transmite a la	*Stopfbuchslose Pumpe 1035,* bei welcher die Wellenleistung durch magnetische Induktion übertragen	

à la pompe par induction magnétique pour éviter une garniture d'étanchéité d'arbre.

3012

electromagnetically coupled pump

Pump with electromagnetic coupling for on–off operation and avoidance of shock loads. – Not to be confused with the *electromagnetic pump 0701*, the *pump with cyclic electromagnetic drive 3013* or the *magnetic pump 3011.*

pompe *f* à entraînement par couplage électromagnétique

Pompe équipée d'un accouplement électromagnétique qui permet des possibilités de couplage, de limitation de couple, etc. . . .

Ne pas confondre avec la *pompe électromagnétique 0701,* la *pompe à piston-vibreur électromagnétique 3013* ou la *pompe étanche à entraînement magnétique 3011.*

3013

pump with cyclic electromagnetic drive

Reciprocating positive displacement pump 0210 with piston motion induced by flux variation of a magnetic field.

Sometimes called an **electromagnetic pump,** but this term can lead to confusion with the *electromagnetic pump 0701* in which the magnetic field performs a hydraulic function.

pompe *f* à piston-vibreur électromagnétique

Pompe volumétrique alternative 0210 dans laquelle le mouvement de va et vient est provoqué par un champ magnétique.

3014

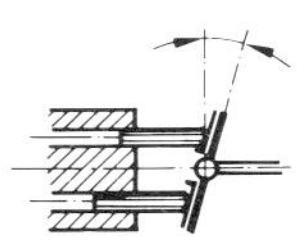

swash plate operated (reciprocating) pump

Axial piston pump 1222 operated by an inclined swash plate mounted on the driving shaft. The operating cylinders are arranged in a circle, with their axes parallel to the axis of the driving shaft. The piston rods are arranged such that when the driving shaft makes half a turn, the piston stroke is over a distance equal to the projection of the swash plate's inclination to the shaft.

Not to be confused with *inclined rotor pump 0704.*

pompe *f* à pistons axiaux à plateau de commande oblique

Pompe à pistons axiaux 1222 dont les axes des cylindres, parallèles à l'arbre de commande, sont disposés concentriquement; l'arbre de commande possède un disque oblique dont chaque tour provoque un mouvement aller et retour du piston avec une course proportionnelle à l'inclinaison du disque.

Ne pas confondre cette pompe avec la *pompe à disque oblique 0704.*

---

fine di evitare la tenuta sull'albero.

bomba por inducción magnetica, evitandose con ello los elementos de estanqueidad del eje.

wird, um die Wellendichtung zu vermeiden.

3012

pompa *f* a giunto elettromagnetico

Pompa a giunto elettromagnetico, che serve anche per interrompere o proteggere da sovraccarichi.

Da non confondere con la *pompa elettromagnetica 0701*, *a pompa a comando elettromagnetico 3013* o la *pompa a comando magnetico 3011.*

bomba *f* accionada por acoplamiento magnetico

Bomba dotada de acoplamiento electromagnetico que permite diversas posibilidades, como puede ser limitación de par, etc.

No debe confundirse con la *bomba electromagnetica 0701*, la *bomba vibratoria electromagnetica 3013* ó la *bomba estanca de accionamiento magnetico 3011.*

elektromagnetisch gekuppelte Pumpe *f*

Pumpe mit einer elektromagnetischen Kupplung, die zum Schalten oder auch zum Absichern von Stoßbelastungen dient. – Nicht zu verwechseln mit der *elektromagnetischen Pumpe 0701*, der *Pumpe mit elektromagnetischem Antrieb 3013* oder der *Magnetpumpe 3011.*

3013

pompa *f* a comando elettromagnetico

Pompa volumetrica alternativa 0210 in cui il moto dello stantuffo viene ottenuto mediante l'azione di attrazione e repulsione di un campo magnetico.

Talvolta questa pompa viene anche denominata **pompa *f* elettromagnetica**, il che può generare confusione con la voce omonima 0701 *pompa elettromagnetica*, in cui il campo magnetico assume una vera e propria funzione idraulica.

bomba *f* vibratoria electromagnetica

Bomba volumetrica alternativa 0210 en la que el movimiento de ida y vuelta está provocado por un campo magnetico.

Pumpe *f* mit elektromagnetischem Antrieb

Oszillierende Verdrängerpumpe 0210, bei der die Hubbewegung durch Auf- und Abbau eines Magnetfeldes erzeugt wird.

Manchmal wird diese Pumpe als **elektromagnetische Pumpe *f*** bezeichnet, was zu Verwechslungen mit der *elektromagnetischen Pumpe 0701* führen kann, bei der das Magnetfeld die Funktion der Hydraulik übernimmt.

3014

pompa *f* con comando a disco obliquo

Pompa a stantuffi assiali 1222 in cui i cilindri sono disposti in cerchio parallelamente all'asse motore. Quest'ultimo porta un disco obliquo che ad ogni giro provoca il moto alternativo degli stantuffi, con una corsa proporzionale all'inclinazione del disco. Da non confondere con la *pompa a disco inclinato 0704.*

bomba *f* de pistones axiales con plato de mando oblicuo

Bomba de pistones axiales 1222, en los que los ejes de los cilindros, paralelos al eje de accionamiento, están dispuestos concentricamente; el eje de accionamiento dispone de un disco oblicuo que al girar provoca un movimiento de ida y retorno del pistón con un recorrido proporcional a la inclinación del disco.

No confundir esta bomba con la *bomba de disco oblicuo 0704.*

Pumpe *f* mit Antrieb durch Taumelscheibe
Taumelscheibenpumpe *f*

Axialkolbenpumpe 1222 mit räumlichem Kurbeltrieb; auf der antreibenden Welle sitzt eine schräge Scheibe, die Arbeitszylinder sind kreisförmig parallel zur antreibenden Welle angeordnet, und das Verdrängergestänge ist durch eine schrägstehende Taumelscheibe so geführt, daß bei einer halben Umdrehung der Antriebswelle eine der Scheibenneigung entsprechende Hubbewegung des Verdrängers erfolgt.

Nicht zu verwechseln mit der *Schrägscheibenpumpe 0704.*

3015

geared pump

Pump incorporating a gear box.

Pompe avec variateur de vitesse incorporé

Lorsque la vitesse de la pompe est supérieure à celle du moteur, on a une **pompe** *f* **à multiplicateur incorporé**; lorsque la vitesse de la pompe est inférieure à celle du moteur, on a une **pompe** *f* **à réducteur incorporé.**

3016

belt driven pump

Pump driven by shaft pulley or a belt arrangement, with either a fast pulley or a combination of fast and loose pulleys.

pompe *f* **entraînée par courroie**

Pompe entraînée par une poulie montée soit directement sur l'arbre de pompe, soit sur un arbre séparé relié par un accouplement à la pompe (poulie fixe ou poulies fixe et folle).

3017

variable stroke reciprocating pump
rocker arm pump

Piston pump 0220 where the stroke can be infinitely varied by a rocker arm (adjustable lever); such a pump can also be used for proportioning, *see 6807.*

pompe *f* **à piston à course réglable par balancier**

Pompe à piston 0220 avec réglage continu de la course par balancier réglable, et pouvant être utilisée comme *pompe doseuse 6807.*

Ne pas confondre avec la *pompe à piston à commande par balancier 6704.*

3018

hand pump

Pump operated by hand (as compared with *power pump 3001).*

Examples of *reciprocating positive displacement pumps 0210:*

hand diaphragm pump, compare 0265: (hand) semi-rotary pump 0270:
hand piston pump: e.g. *piston pump 0220* operated by hand lever: **cottage pump.** When delivering through a spout, it is called **(hand) lift pump,** when delivering against a pressure head, **(hand) lift and force pump.**

There is no special English term for a lever operated hand pump on a tube which has been driven into the

pompe *f* **à bras**
Pompe à entrainement manuel.

Exemples de *pompes volumétriques alternatives 0210:*

pompe à bras à membrane, comparer à 0265.
pompe (à bras) semi-rotative 0270.
pompe à bras à piston: p.ex. pompe à piston 0220 à commande manuelle par balancier: **pompe** *f* **à balancier.** En cas d'écoulement libre au refoulement:
pompe *f* **aspirante à balancier.**

En cas de refoulement sous pression: **pompe** *f* **aspirante et foulante à balancier**

Il n'y a pas d'expression française

ITALIANO	ESPAÑOL	DEUTSCH	
pompa *f* con variatore	**bomba *f* con caja de engranajes**	**Getriebepumpe *f***	**3015**
Pompa con variatore di giri incorporato o no.	Cuando la velocidad de la bomba es superior a la del motor, se llama **bomba *f* con mutiplicador incorporado;** cuando la velocidad de la bomba es inferior a la del motor se llama **bomba *f* con reductor incorporado.**	Pumpe mit an- bzw. eingebautem Getriebe.	
pompa *f* con comando a cinghia	**bomba *f* accionada por correas**	**Pumpe *f* mit Riemenantrieb**	**3016**
Pompa con comando a cinghia o azionata da cinghia mediante apposita puleggia montata sull'albero o mediante rinvio a cinghia. Può avere la sola puleggia fissa oppure puleggia fissa e folle.	Bomba accionada por una polea montada, bien sea sobre el mismo eje de la bomba, o bien en un eje separado unido por acoplamiento a la bomba (polea fija ó polea fija y libre).	Pumpe, deren Antrieb durch eine Riemenscheibe auf der Pumpenwelle oder durch ein Riemenvorgelege erfolgt. Ausführungen mit Festscheibe allein oder mit Fest- und Losscheibe.	
pompa *f* a bilanciere	**bomba *f* de pistón con recorrido regulable por balancin**	**Kipphebelpumpe *f***	**3017**
Pompa a stantuffo 0220, la corsa del quale può essere variata mediante un bilanciere regolabile con continuità; può quindi essere impiegata come *pompa dosatrice 6807.*	*Bomba de pistón 0220* con regulación continua por balancin regulable, a cual puede ser utilizada como *bomba dosificadora 6807.* No confundir con la *bomba de pistón accionada por balancin 6704.*	*Kolbenpumpe 0220,* bei der der Kolbenhub durch einen verstellbaren Kipphebel stufenlos geregelt werden kann, wodurch die Pumpe als *Dosierpumpe 6807* geeignet ist.	
pompa *f* a mano pompa *f* a comando manuale	**bomba *f* a mano** bomba *f* de accionamiento manual	**Handpumpe *f***	**3018**
Pompa azionata a mano (in contrapposizione alla *pompa a comando meccanico 3001*). Esempi di *pompe volumetriche alternative 0210:* *Pompa a mano a membrana, cfr. 0265.* *Pompa (a mano) semirotativa 0270.* *Pompa a mano a stantuffi:* per es. pompa a stantuffi azionata mediante leva a mano, **pompa *f* a leva.** Se é funzionante a bocca libera: **pompa *f* aspirante.** Se erogante in condotta: **pompa *f* aspirante e premente.**	Ejemplo de *bombas volumétricas alternativas 0210:* *Bomba a mano de membrana, comparar con 0265, bomba (a mano) semirotativa 0270, bomba a mano de pistón:* por ejemplo *bomba de piston 0220* de accionamiento a mano por balancin: **bomba *f* de balancin.** En el caso de salida libre en la impulsión: **bomba *f* aspirante de balancin.** En el caso de salida bajo presión: **bomba *f* aspirante e impelente de balancin.** En el caso de salida bajo presión: **bomba *f* aspirante e impelente de balancin.**	Pumpe, die von Hand betätigt wird (im Gegensatz zur *mechanisch angetriebenen Pumpe 3001).* Beispiele von *oszillierenden Verdrängerpumpen 0210:* *Handmembranpumpe, vergl. 0265, (Hand)flügelpumpe 0270.* **Handkolbenpumpe *f*:** z.B. durch Schwengel handbetätigte *Kolbenpumpe 0220,* **Schwengelpumpe *f*.** Bei freiem Auslauf: **Saugpumpe *f*.** Bei Förderung in eine Druckleitung: **Saug- und Druckpumpe *f*.** Wenn eine *Schwengelpumpe* mit	

No.		English	Français
		ground with a drive point *(in German Rammrohrpumpe or Abessinier-pumpe).*	pour le terme allemand *Rammrohrpumpe* ou *Abessinierpumpe* qui désigne une pompe à balancier montée sur le tube d'aspiration ou le tube de pénétration d'un puits instantané.
3020		**solar powered pump** Pump driven by a machine whose energy requirements are based on solar energy.	**pompe *f* à énergie solaire** pompe *f* solaire Pompe dont la machine motrice reçoit l'énergie nécessaire par la transformation de l'énergie solaire, p.ex. en énergie électrique.
		Other Types (Examples of combination)	**D'autres conceptions** (Exemples de combinaison)
3901		electro boiler feed pump	électro-pompe *f* d'alimentation de chaudière
3910		hand tank drainage pump	pompe *f* de transvasement à bras
3911		hand operated bilge pump	pompe *f* de cale à commande manuelle
3920		compressed air barrel emptying pump	pompe *f* vide-fûts à air comprimé
		Names of pumps according to liquid handled	**Désignations de pompes selon liquides véhiculés**
		The large number of pump names which could be formed dependant on pumped media makes a limitation of examples imperative. This limitation is even more justified as any required translation of such expressions presents in general no difficulty. With the many different pumped fluids especially in the	Le nombre infini de désignations de pompes résultant du liquide pompe impose une limitation des expressions à quelques exemples. Cette limitation parait d'autant plus justifiée que la traduction de telles expressions ne devrait pas créer de difficultés. Dans l'industrie chimique, il n'est pas de coutume pour les

ITALIANO	ESPAÑOL	DEUTSCH	
Quando una pompa a leva aspira da una tubazione infissa nel terreno, viene anche chiamata **pompa** *f* **per pozzi battuti.**	No hay en Español ninguna expresión que defina el termino Aleman *Rammrohrpumpe* ó *Abessinierpumpe* que designe una bomba de balancin montada en el tubo de aspiración ó en el tubo de penetración en el pozo.	einem Rammrohr ausgerüstet ist, nennt man sie auch **Rammrohrpumpe** *f* oder **Abessinierpumpe** *f.*	
pompa *f* **ad energia solare**	**bomba** *f* **movida por energia solar** bomba *f* solar	**Sonnenkraftpumpe** *f* Solarpumpe *f*	**3020**
Pompa azionata da una macchina che riceve l'energia necessaria dalla trasformazione dell'energia solare, ad es. in energia elettrica.	Bomba en la que la máquina motriz recibe la energia necesaria para la transformación de la energia solar. Por ejemplo: en energia electrica.	Pumpe mit einer Antriebsmaschine, die die erforderliche Energie aus der Umwandlung von Solarenergie, z.B. in elektrische Energie bezieht.	
Altre esecuzioni (Esempi di combinazioni)	**Otros tipos** (Ejemplos de combinación)	**Weitere Ausführungen** (Kombinationsbeispiele)	
elettropompa *f* per alimentazione di caldaia	electrobomba *f* de alimentación de caldera	Elektro-Kesselspeisepumpe *f*	**3901**
pompa *f* a mano per travaso	bomba *f* de transvase a mano	Handabfüllpumpe *f* Ballonpumpe *f*	**3910**
pompa *f* di sentina a comando manuale	bomba *f* de bodega de accionamiento manual	handbetriebene Bilgepumpe *f*	**3911**
pompa *f* per barili ad aria compressa.	bomba *f* de vaciado de barriles por aire comprimido	Druckluft-Faßpumpe *f*	**3920**
Denominazione delle pompe secondo il liquido erogato	**Denominacion de las bombas según el líquido vehiculado**	**Pumpenbenennungen nach Fördergut**	
L'infinito numero di denominazioni di pompe relative al liquido erogato impone di limitare le espressioni a qualche esempio. Tale limitazione è tanto più giustificata dalla necessità di evitare difficoltà nella traduzione. Nell'industria chimica non è abituale far precedere il nome del liquido pompato dal termine pompa, a causa	El numero infinito de denominaciones de las bombas que puede resultar de los liquidos que bombean, aconsejan una limitación de las expresiones a algunos ejemplos. Esta limitación parece tanto màs justificada cuando la traducción de tales expresiones no parece dificultosa. En la industria quimica, no es costumbre	Die Vielzahl der Pumpenbennungen, die sich vom Fördergut ableiten, macht hier eine Beschränkung auf Beispiele notwendig. Diese Beschränkung erscheint umso mehr gerechtfertigt, als die Übersetzung solcher Ausdrücke im allgemeinen keine Schwierigkeiten bietet. Auch ist es insbesondere bei den	

chemical industry it is not usual to name the pumped fluid as a prefix before "Pump".

The chosen examples of pump names according to the liquid handled which appear in this section refer in the main to those where the chemical or physical properties have an influence on the design and/or material of construction of the pump. It is customary, especially in the chemical industry, that the pumpmaker uses as a basis a standard design (as for instance the Standard Chemical Pump according to ISO 2858) and makes suitable design variations and chooses suitable materials for the pumped medium.

Essential considerations for the choice of material and/or the design of the pump are:

- **the corrosion resistance** of the pump materials against pump media of various aggressiveness like:
  - strong acids: e.g. Hydrochloric Acid (HCl), Nitric Acid (HNO_3), Sulphuric Acid (H_2SO_4), Phosphoric Acid (H_3PO_4).
  - weak acids, e.g. Fatty Acids (R–COOH).
  - strong alkalies: e.g. Sodium Hydroxide (NaOH)
  - weak alkalies: e.g. Ammonium Hydroxide (NH_4OH), etc.
- **the wear resistance** of the pump materials against pumped media containing abrasive media and/or pump equipped with "wearing parts" like wearplates in suitable material and the provision of flushing connections allowing the supply of clean fluid into clearances in which abrasive substances can cause damage. e.g. Plaster of Paris slurry, milk of lime, carborundum slurry, ore slurry.
- **the solidification point of the liquid**. If this is near the operating (pumping) temperature the pump may have to be provided with a heating jacket, e.g. Caustic Soda,

nombreux liquides pompés, de précéder le produit pompé par le terme "pompe".

Dans ce paragraphe, les exemples choisis pour la désignation des pompes selon le produit pompé, concernent les pompes dont les propriétés chimiques et physiques du liquide pompé déterminent la construction et/ou le choix des matériaux.

Dans l'industrie chimique les constructeurs de pompes partent habituellement d'une pompe standard (par exemple celle de la norme ISO 2858, pour la pompe chimie) qu'ils modifient compte tenu du liquide à pomper et des matériaux à utiliser.

Les principaux critères pour le choix des matériaux et/ou l'élaboration de la pompe sont:

- **la résistance à la corrosion** des matériaux par rapport aux différentes agressivités des produits pompés tels que:

  acides forts : p.ex. : acide chlorhydrique (HCl), acide nitrique (HNO_3), acide sulfurique H_2SO_4), acide phosphorique (H_3PO_4)

  acides faibles : p.ex. : acides gras (R-COOH)

  alcalins forts : p.ex. : hydroxyde de sodium (NaOH)

  alcalins faibles : p.ex. : hydroxyde d'ammonium (NH_4OH), etc.
- **Résistance à l'usure par abrasion des matériaux** par rapport aux liquides chargés de particules abrasives' Ceux-ci peuvent nécessiter d'équiper la pompe d' un revêtement en matériau approprie contre l'usure ou le branchement d'un liquide de rinçage aux endroits ou les jeux sont très faibles, par exemple : schlamm de plâtre, lait de chaux, schlamm de charbon, eau schlammeuse de minerai.
- **Le point de solidification du liquide.** Dans le cas où celui-ci est proche de la température de travail, la pompe peut être munie d'une enveloppe de réchauffage, par exemple : soude caustique,

della varietà dei liquidi. Nel presente paragrafo, gli esempi scelti per la denominazione delle pompe secondo il liquido pompato riguardano le pompe in cui le proprietà chimiche e fisiche di tale liquido determinano la costruzione e/o i materiali.

Nell'industria chimica, i costruttori di pompe partono solitamente da una pompa normalizzata (per es., quella della norma ISO 2858 per le pompe chimiche) modificandola tenendo conto del liquido erogato e dei materiali da utilizzare.

I principali criteri per la scelta dei materiali e/o le lavorazioni della pompa sono:

- **la resistenza alla corrosione** dei materiali in relazioni alla differente aggressività dei prodotti pompati quali:

  acidi forti: p.es.: acido cloridrico (HCl), acido nitrico (HNO_3), acido solforico (H_2SO_4), acido fosforico (H_3PO_4)

  acidi deboli : p.es. : acidi grassi (R-COOH)

  basi forti : p.es. : idrato di sodio (NaOH)

  basi deboli : p.es. : idrato d'ammonio (NH_4OH), ecc.

- **Resistenza all'usura per abrasione dei materiali** in relazione ai liquidi carichi di particelle abrasive. Ne può sorgere la necessità di rivestire la pompa con un materiale opportuno antiusura e di provvederla di connessioni per un fluido di lavaggio delle tenute che possano essere danneggiate dalle sostanze abrasive, per esempio fanghi di gesso, latte di calce, fanghi di carbone o di minerali.

- **Punto di solidificazione del liquido.** Nel caso in cui il liquido si trovi vicino alla temperatura di solidificazione, la pompa può essere munita di una incamiciatura di riscaldamento, come nel caso della soda caustica, della anidride ftalica, del dimetil tereftalato.

para los varios liquidós bombeados, el preceder el líquido bombeado por el termino "bomba".

En este apartado, los ejemplos escogidos para la denominación de las bombas según el producto bombeado, se refieren a las bombas en las que las propiedades quimicas y fisicas del líquido bombeado determinan la construcción y/ó la clase de materiales.

En la industria quimica los constructores de bombas parten habitualmente de una bomba normalizada (por ejemplo la norma ISO 2858, para la bomba quimica), que modifican según el líquido a bombear y los materiales a utilizar.

Los principales criterios para la elección de los materiales y/ó el diseño de la bomba son:

- **resistencia a la corrosión** de los materiales como consecuencia de la diferente agresividad de los productos bombeados, tales como:

  acidos fuertes: por ejemplo = acido cloridrico (HCl), acido nitrico (HNO_3), acido sulfurico (H_2SO_4), acido fosforico (H_3PO_4).

  acidos debiles: por ejemplo = acidos grasos (R-COOH).

  alcalis fuertes: por ejemplo = hidroxido de sodio (NaOH).

  alcalis debiles: por ejemplo = hidroxido de amonio (NH_4OH), etc.

- **resistencia al desgaste por abrasión de los materiales** como consecuencia de líquidos cargados de particulas abrasivas. En este caso la bomba puede precisar estar dotada de un material apropiado contra el desgaste ó una acometida de enjuague con un líquido de lavado, por ejemplo: Pasta de yeso, lechada de cal, pasta de carbon, pasta de mineral.

- **punto de solidificación del liquido.** Si este está cerca de la temperatura de trabajo, la bomba puede estar dotada de una envoltura de calentamiento, por ejem-

zahlreichen Fördermedien in der chemischen Industrie nicht üblich, die Benennung des Fördergutes stets dem Wort "Pumpe" voranzustellen.

Bei den in diesem Abschnitt ausgewählten Beispielen für Pumpenbenennungen nach dem Fördergut handelt es sich vorwiegend um solche, bei denen die chemischen oder physikalischen Eigenschaften des Fördergutes die konstruktive Ausbildung der Pumpe und/oder die Werkstoffwahl beeinflussen.

Vor allem bei Pumpen für die chemische Industrie ist es üblich, daß die Pumpenhersteller von einer Standardausführung (z.B. Chemie-Normpumpe nach ISO 2858) ausgehen und diese durch Ausführungsvarianten und geeignete Werkstoffe dem jeweiligen Fördergut anpassen.

Wesentliche Gesichtspunkte für Werkstoffwahl und/oder konstruktive Ausbildung der Pumpe sind:

- die **Korrosionsbeständigkeit** der Pumpenwerkstoffe gegenüber den Fördermedien unterschiedlicher Aggressivität, wie

  starke Säuren: z.B. Salzsäure (HCl), Salpetersäure (HNO_3), Schwefelsäure (H_2SO_4), Phosphorsäure (H_3PO_4)

  schwache Säuren: z.B. Fettsäuren (R-COOH)

  starke Alkalien: z.B. Natriumhydroxid (NaOH)

  schwache Alkalien: z.B. Ammoniumhydroxid (NH_4OH) usw;

- die **Abriebbeständigkeit** der Pumpenwerkstoffe gegenüber Fördermedien mit abrasiven Bestandteilen, die die Ausrüstung der Pumpe mit Schleißwänden aus geeigneten Werkstoffen und mit Spülanschlüssen an den gefährdeten Stellen erforderlich machen können, z.B. Gipsschlamm, Kalkmilch, Karbidschlamm, Erztrüben;

- der **Erstarrungspunkt der Flüssigkeit;** liegt dieser etwa in der

Phthalic anhydride, dimethyl terephthalata (DMT).

— **the temperature of the pumped fluid:** high temperatures may require the pump to be equipped with cooling jackets, e.g. certain heat transfer oils.

— if a "dangerous fluid" is pumped, i.e. if the **pumped medium is toxic poisonous, inflammable, corrosive or radio-active etc.** These conditions affect in the main the stuffingbox, (mechanical seal) or require glandless pumps, e.g. toxic poisonous:
Prussic Acid, Chlorinated Hydrocarbons: inflammable: petrol, liquefied gases (LPG, etc), affecting skin: Hydrochloric acid (HCl) Hydrofluoric Acid (HF), Sulphuric Acid (H_2SO_4).

— **the density of the pumped fluid:** which has special significance for the mechanical parts of the pump (power consumption) as for instance when pumping mercury.

— **the viscosity of the pumped fluid:** consider the influence on pump-head, capacity and power consumption for instance when pumping heavy oil.

In the same class belong non-Newtonian dilatant and thixotropic fluids (see also volume "Pump applications No 300.6 and 300.28). Examples for dilatant fluids: clay, sludge, starch and for thixotropic fluids: asphalt, viscose, glue, paints.

— **Hygienic rules** for instance for pumps for the food/drink industry (milk, cream, beer, etc).

This may require pumps to be made in suitable materials like stainless steel, ceramic, glass, etc. Furthermore pumps for hygienic conditions should avoid recesses which are difficult to clean like threads in contact with pumped fluid, furthermore flow passages have to be particularly smooth with flushing connections, etc.

anhydre phtalique, dimétyle téréphtalate.

— **Température du liquide pompé.** De hautes températures peuvent nécessiter d'équiper la pompe d'une enveloppe de refroidissement, par exemple : certains fluides caloporteurs.

— Faut-il véhiculer un produit dangereux, c'est-à-dire **le liquide est-il toxique, inflammable, corrosif ou radio-actif?** Dans ce cas on emploie des pompes munies de garnitures d'étanchéité d'arbre spéciales et même, éventuellement, des groupes étanches sans presse-étoupe, par exemple :
liquide toxique : acide prussique (cyanhydrique), hydrocarbure chloré; inflammable : essence, gaz liquefié (LPG, LNG); caustique : acide chlorhydrique (HCl), acide Fluorhydrique (HF), acide sulfurique (H_2SO_4).

— **La densité du liquide pompé** détermine essentiellement la partie mécanique du corps et des pièces mobiles de la pompe (puissance absorbée par exemple : le mercure.)

— **La viscosité du liquide pompé conditionne** la hauteur, le débit et la puissance utile de la pompe, par exemple : huiles lourdes. Rentrent dans cette catégorie les liquides non newtoniens dilatants et thixotropes (cf. tome utilisation des pompes n° 300.6 et 300.28). Quelques exemples de liquides dilatants : argile, schlamm, amidon et de liquides thixotropes asphalte, cellulose, colle, couleurs.

— **Prescriptions concernant l'hygiène** comme, par exemple : pour les pompes utilisées dans l'industrie alimentaire (lait, crème, bière, etc. . .).

Ces prescriptions peuvent nécessiter pour l'exécution de la pompe, l'emploi d'un matériau approprié, tel : qu'acier, céramique, verre, etc. . . En outre, pour

– **Temperatura del liquido pompato.** Liquidi ad alta temperatura possono richiedere di munire la pompa di una incamiciatura di raffreddamento, per es. alcuni fluidi calorigeni. Nel caso di prodotti pericolosi, per es. **tossici, infiammabili, corrosivi o radioattivi,** si usano pompe munite di speciali organi di tenuta sull'albero ed eventualmente gruppi stagni senza organi di tenuta. Esempi di liquidi tossici: acido cianidrico, idrocarburi clorati; di liquidi infiammabili: benzina, gas liquidi (LPG, LNS); di liquidi caustici: acido cloridrico (HCl), acido fluoridrico (HF), acido solforico (H_2SO_4).

– **La densità del liquido** pompato influisce esenzialmente sulla parte meccanica del corpo e delle parti mobili della pompa e quindi sulla potenza assorbita (p.es. : mercurio).

– **La viscosità del liquido** pompato influisce sulla prevalenza, la portata e la potenza assorbita dalla pompa, (per es. gli olii pesanti). In questa categoria rientrano i liquidi non newtoniani dilatabili e tixotropici (cfr. volume "utilizzazione delle pompe" n. 300.6 e 300.28).

Esempi di liquidi dilatabili: argilla, fanghi, amido.

Esempi di liquidi tixotropici: asfalto, cellulosa, colle, coloranti.

– **Norme di igiene,** come nel caso delle pompe per prodotti alimentari (latte, panna, birra, ecc.).

Ciò può richiedere che la pompa venga eseguita in materiali opportuni quali acciaio inossidabile, ceramica, vetro, ecc. Per le pompe sottoposte a precise norme di igiene, inoltre, tutte le parti devono essere facilmente accessibili per la pulizia, p.es. bulloneria in contatto con il liquido, ed in particolare i canali di passaggio del liquido ed i raccordi di lavaggio devono essere accuratamente lavorati. E'necessario spesso che le pompe siano facilmente smon-

plo: sosa caustica, anhidrido ftalico, dimetil.

– para vehicular productos peligrosos, o sea, **líquidos toxicos, inflamables, corrosivos ó radioactivos.** En este caso se emplean bombas dotadas de guarniciones de estanqueidad con ejes especiales y tambien, en algunos casos, grupos estancos sin prensaestopas, por ejemplo: líquidos toxicos – acido prusico (cianidrico), hidrocarburos clorados; inflamables – esencias, gases licuados (LPG); causticos – acido cloridrico (HCl), acido fluoridrico (HF), acido sulfurico (H_2SO_4).

– **la densidad del líquido a bombear** determina esencialmente la parte mécanica del cuerpo y de las piezas moviles de la bomba (potencia absorvida), por ejemplo: el mercurio.

– **viscosidad del fluido bombeado** condiciona la altura, el caudal y la potencia util de la bomba, por ejemplo: aceites pesados. En esta misma categoria se incluyen los líquidos no newtonianos dilatantes y tixotropicos (ver tomo utilización de las bombas n° 300.6 y 300.28). Algunos ejemplos de líquidos dilatantes: arcilla, pasta, almidon y de líquidos tixotropicos: asfalto, celulosa, cola, colores.

– **prescripciones relativas a la higiene** como por ejemplo para las bombas utilizadas en la industria alimenticia (leche, crema, cerveza, etc.).

Estas prescripciones pueden necesitar para la ejecución de la bomba, el empleo de un material apropiado, como: acero, ceramica, vidrio, etc. Por otra parte, para las bombas sujetas a las reglas particulares de higiene, todas las partes deben ser facilmente accesibles para efectuar su limpieza, como por ejemplo: el tornillo que está en contacto con el líquido bombeado, los espacios entre los que se efectua la circulación del líquido vehiculado y las

Nähe der Arbeitstemperatur, so kann die Ausrüstung der Pumpe mit Heizmantel erforderlich werden; z.B. Natronlauge, Phtalsäureanhydrid, Dimethylterephtalat;

– die **Temperatur des Fördergutes;** hohe Temperaturen können die Ausrüstung der Pumpe mit Kühlmantel erforderlich machen; z.B. manche Wärmeträger;

– wird eine "gefährliche Flüssigkeit" gefördert, d.h. **ist das Fördergut giftig, brennbar, ätzend oder radioaktiv?** Diese Fälle machen eine spezielle Ausführung der Wellendichtung oder eine wellendichtungslose Pumpe erforderlich; z.B.: giftig: Blausäure (Cyanwasserstoff), Chlor-Kohlenwasserstoffe; brennbar: Benzin, Flüssiggase (LPG, LNE); ätzend: Salzsäure (HCl), Flußsäure (HF), Schwefelsäure (H_2SO_4);

– die **Dichte des Fördergutes,** die sich insbesondere auf die mechanische Beanspruchung des Gehäuses und der beweglichen Teile der Pumpe (Leistungsaufnahme!) aus wirkt; z.B. Quecksilber;

– die **Zähigkeit des Fördergutes;** zu beachten sind ihre Auswirkung auf Förderhöhe, Förderstrom und Förderleistung; z.B. schweres Öl; hierher gehören auch die nicht-Newtonschen dilatanten und thixotropen Flüssigkeiten (siehe Band "Pumpenanwendung Nr. 300.6 und 300.28); Beispiele für dilatante Flüssigkeiten: Ton, Schlamm, Stärke und für thixotrope Flüssigkeiten: Asphalt, Zellulose, Leim, Farben;

– **Hygienevorschriften;** z.B. für Pumpen in der Nahrungsmittelindustrie (Milch, Rahm, Bier usw.).

Diese Vorschiften können die Herstellung der Pumpen aus speziellen, geeigneten Werkstoffen erforderlich machen, wie. z.B. Stahl, Keramik, Glas. Außerdem sollten

Often pumps for these conditions should be easy to dismantle incorporating swingbolts, hinged covers, etc.
incorporating swingbolts, hinged covers, etc.

Further fluids which may be considered to form description for pumps can be found in section "Pump applications" as for instance No.805.16 to 805.46.

les pompes soumises à des règles précises d'hygiène, toutes les parties doivent être facilement accessibles pour effectuer le nettoyage comme, par exemple : les pas de vis qui sont en contact avec le liquide pompé, les passages entre les parties où s'effectue la circulation du liquide véhiculé et les raccordements de rinçage (ou d'autres raccordements) doivent être soigneusement usinés. Souvent il est nécessaire que les pompes soient facilement démontables en utilisant, par exemple, des couvercles à charnières et des vis à oeil.

Le tome "utilisation des pompes" comporte du n° 805.16 au 805.46 une série d'autres liquides pouvant entrer en considération pour la désignation des pompes.

4005

hot water pump

Pump for handling hot water (generally above 100°C). Design and construction must be such to withstand thermal shock and stress as well as the effects of uneven heat distribution.

pompe *f* à eau surchauffée

Pompe propulsant de l'eau généralement supérieure à 100°C. Cette pompe est étudiée pour satisfaire aux problèmes dus à la température du liquide pompé et à la répartition inégale de cette température sur la pompe.

4007

sea water pump

Pump for handling sea water constructed in suitable material.

pompe *f* à eau de mer

Pompe, en matériaux spéciaux, propulsant de l'eau de mer.

4008

cooling water pump

pompe *f* de circulation d'eau de refroidissement

Pompe faisant circuler de l'eau froide destinée à l'évacuation de la chaleur d'un organe quelconque.

---

tabili provvedendole per esempio, di coperchi a cerniera e di viti ad occhiello.

Il volume "utilizzazione delle pompe" indica dal n. 805.16 al 805.46 una serie di altri liquidi che possono essere presi in considerazione per la denominazione delle pompe.

uniones de enjuague (u otras uniones) deben ser esmeradamente trabajadas. A menudo es necesario que las bombas sean facilmente desmontables utilizando por ejemplo tapas con charnelas, etc.

En el tomo "Utilización de las bombas" se incluyen en los numeros 805.16 al 805.46 una serie de otros líquidos que pueden tenerse en consideración para la denominación de las bombas.

Pumpen, an die besondere hygienische Anforderungen gestellt werden, keine bei der Reinigung schwer zugänglichen Stellen aufweisen, wie z.B. von der Förderflüssigkeit berührte Gewinde. Übergänge von strömungsführenden Räumen zu Spül- oder sonstigen Anschlüssen müssen besonders sorgfältig ausgeführt werden. Oft müssen Pumpen für diesen Einsatz bequem demontierbar sein, z.B. durch die Verwendung von Klappdeckeln und Ösenschrauben.

Weitere Flüssigkeiten, die für Benennungen der Pumpen nach dem Fördergut in Betracht kommen können, sind im Band "Pumpenanwendung" u.a. unter den Nummern 805.16 bis 805.46 aufgeführt.

4005

pompa *f* per acqua ad alta temperatura

Pompa impiegata per l'erogazione di acqua surriscaldata (in genere sopra 100°C), la cui costruzione è prevista per le condizion di funzionamento derivanti dalla temperatura dell'acqua e dalla sua ineguale ripartizione.

bomba *f* para agua sobrecalentada

Bomba que normalmente impulsa agua a una temperatura superior a 100°C. Esta bomba está estudiada para los problemas particulares debidos a la temperatura del líquido bombeado y a la repartición desigual de la temperatura en la bomba.

Heißwasserpumpe *f*

Pumpe für die Förderung von Heißwasser (im allgemeinen über 100°C). Die Pumpe muß konstruktiv so ausgebildet sein, daß sie zusätzlicher Beanspruchung durch die Temperatur des Fördergutes und durch ungleichmäßige Erwärmung gerecht werden kann.

4007

pompa *f* per acqua di mare

Pompa di adatto materiale, per l'erogazione di acqua di mare.

bomba *f* para agua de mar

Bomba, construida en materiales especiales, que impulsa agua de mar.

Meerwasserpumpe *f*
Seewasserpumpe *f*

Pumpe für die Förderung von Meerwasser in entsprechender Werkstoffausführung.

4008

pompa *f* per acqua di raffreddamento

Pompa impiegata per l'erogazione di acqua fredda, per impianti di raffreddamento di ogni genere.

bomba *f* de circulación de agua de enfriamiento

Bomba que hace circular el agua fria destinada a eliminar el calor de un elemento cualquiera.

Kühlwasserpumpe *f*

Pump for handling cooling water in various plants.

		ENGLISH	FRANÇAIS
4009		**brine pump** Pump for handling brine constructed in suitable material.	**pompe *f* à saumure** Pompe, en matériaux spéciaux, propulsant de la saumure.
4010		**paper stock pump** Pump for handling liquids containing pulp in the paper, cellulose and cardboard industries *(see also 7301–7320).*	**pompe *f* à pâtes** Pompe propulsant des liquides épais des industries de la cellulose et du papier. *(Voir en détail 7301–7320.)*
4011		**slurry pump** Pump for handling liquids containing pulp or liquids containing solids in suspension.	**pompe *f* pour liquides épais et chargés** Pompe propulsant, comme son nom l'indique, des liquides épais et chargés.
4013		**solids (handling) pump** Pump for handling insoluble relatively large solids, often using water as carrying agent.	**pompe *f* à corps solides** Pompe utilisée pour le transport par voie hydraulique de produits solides et insolubles de dimensions relativement importantes.
4014		**ash pump** ash sluice pump (USA) *Abrasion resisting pump 5012* used in furnace operation for the disposal of ash by means of water as carrying agent.	**pompe *f* à cendres** *Pompe résistant à l'abrasion 5012* utilisée dans les chaufferies pour l'évacuation des cendres au moyen d'eau.
4015		**fuel pump** Pump for handling petrol (gasoline), diesel oil, etc.	**pompe *f* pour carburant** Pompe propulsant des carburants tels que essence, gasoil etc.
4016		**oil pump**	**pompe *f* à huile**

ITALIANO	ESPAÑOL	DEUTSCH	
pompa *f* per salamoia Pompa di adatto materiale, per l'erogazione di salamoia.	**bomba *f* de salmuera** Bomba en materiales especiales que impulsa salmuera.	**Solepumpe *f*** Pumpe für die Förderung von Sole in entsprechender Werkstoff-ausführung.	**4009**
pompa *f* per pasta Pompa impiegata per liquidi densi, come si hanno ad esempio nell' industria della carta, della cellulosa e del cartone *(cfr. anche 7301–7320).*	**bomba *f* para pastas** Bomba que impulsa los líquidos espesos de las industrias de la celulosa y el papel *(Ver en detalle 7301–7320).*	**Stoffpumpe *f*** Pumpe für die Förderung von breiigen Flüssigkeiten in der Papier-, Zellstoff- und Pappenindustrie *(vergl. auch 7301–7320).*	**4010**
pompa *f* per liquidi densi pompa *f* per liquidi carichi Pompa impiegata per liquidi densi e per liquidi con corpi solidi in sospensione.	**bomba *f* para líquidos espesos y cargados** Bomba que impulsa, como su mismo nombre indica, líquidos espesos y cargados (conteniendo solidos en suspensión).	**Dickstoffpumpe *f*** Pumpe für die Förderung von breiigen Flüssigkeiten oder Flüssig-keiten mit festen Beimengungen.	**4011**
pompa *f* per materie solide Pompa impiegata per il trasporto, per lo più mediante acqua, di materie solide insolubili di dimensioni relativamente grandi.	**bomba *f* para cuerpos solidos** Bomba utilizada para el transporte por via hidraulica de productos solidos e insolubles de dimensiones relativamente importantes.	**Feststoffpumpe *f*** Pumpe für die hydraulische Förderung von relativ großen, un-löslichen Festteilen, mittels einer Trägerflüssigkeit (z.B. Wasser).	**4013**
pompa *f* per ceneri *Pompa resistente all'usura 5012* impiegata, negli impianti di focolari, per l'asportazione delle ceneri, usando l'acqua quale mezzo di trasporto.	**bomba *f* para cenizas** *Bomba resistente a la abrasión 5012,* utilizada en los hornos ó calderas para la evacuación de cenizas por medio del agua.	**Aschepumpe *f*** *Verschleißfeste Pumpe 5012,* die in Feuerungsanlagen zur Wegförderung der Asche mit Wasser als Träger-medium eingesetzt wird.	**4014**
pompa *f* per carburanti Pompa impiegata per l'erogazione di benzina, di gasolio, ecc.	**bomba *f* para carburantes** Bomba propulsora de carburante tales como gasolina, gas-oil, etc.	**Kraftstoff-Förderpumpe *f*** Pumpe für die Förderung von Benzin, Dieselöl usw.	**4015**
pompa *f* per olio	**bomba *f* para aceite**	**Ölpumpe *f***	**4016**

4017 **hot oil pump** | **pompe *f* à huile chaude**

Pump for handling hot oil; not to be confused with 4019.

Pompe propulsant des huiles chaudes.

4019 **heat transfer pump** | **pompe *f* à fluide organique caloporteur**

Pump for circulation of heat carriers. Used, for instance, for forced circulation in a heating system employing an organic fluid as a heat carrier.

The previous expression **hot oil pump** could lead to confusion and should, therefore, be avoided: *see 4017.*

Pompe faisant circuler des fluides caloporteurs et assurant la circulation forcée dans les installations de chauffage utilisant des fluides organiques comme agent caloporteur.

4021 **food (stuffs) pump** | **pompe *f* pour produits alimentaires**

pump for edible fluids

Pump subject to regulations regarding material and design for reasons of hygiene (ease of cleaning), and in order not to affect the taste etc, of pumped fluid.

Pompe dont la conception et les matériaux correspondent à des exigences spéciales pour satisfaire aux règles d'hygiène (facilité de nettoyage) et pour ne pas influer sur le goût du produit pompé.

4022 **milk pump** | **pompe *f* à lait**

Pump for handling milk, in general constructed from stainless steel, featuring the facility of easy access, to rotating elements (often by hinged cover, *see 1036*). Such a pump is called **easy clean pump.** Also used for handling cream.

Hygienic considerations as per *food-pump 4021).* In order to eliminate the formation of bacteria the inside of the pump must have no dead space (areas not exposed to flow).

Pompe propulsant du lait, construite généralement en acier inoxydable avec possibilité de nettoyage facile *(p.ex. pompe à fond à ouverture rapide 1036).* Une telle pompe est également désignée par **pompe *f* à nettoyage rapide.**
Elle est également utilisée pour véhiculer de la crème fraiche et est alors désignée par : **pompe à crème fraiche.**
Les exigences hygièniques sont celles auxquelles est soumise chaque *pompe à produits alimentaires (voir 4021);* dans le but d'éviter tout développement de bactéries, il faut notamment que l'intérieur de la pompe soit exempt d'espaces morts (espaces non en contact avec l'écoulement).

pompa *f* per olio caldo

Pompa impiegata per l'erogazione di olio caldo.

bomba *f* para aceite caliente

Bomba impulsora de aceite caliente.

Heißölpumpe *f* 4017

Pumpe für die Förderung von heißen Ölen; nicht zu verwechseln mit 4019.

---

pompa *f* per trasmissione di calore

Pompa impiegata per la circolazione di fluidi trasmettitori di calore e per il mantenimento della circolazione forzata in un sistema di riscaldamento, che si serve di liquidi organici come trasmettitori di calore.

bomba *f* para fluido termico organico

Bomba que hace circular un fluido termico asegurando la circulación forzada en las instalaciones de calefacción y que utilizan fluidos organicos como agentes portadores del calor.

Wärmeträgerpumpe *f* 4019

Pumpe zum Umwälzen von Wärmeträgern. Wird z.B. verwendet zur Aufrechterhaltung eines Zwangsumlaufes in einem Heizsystem, das mit organischen Flüssigkeiten als Wärmeträger betrieben wird.

Der früher verwendete Ausdruck **Heißölpumpe *f*** kann zu Irrtümern führen und ist daher zu vermeiden; *vergl. 4017.*

---

pompa *f* per l'industria alimentare

Pompa che deve rispondere a particolari requisiti per il pompaggio di liquidi nell'industria alimentare. Deve essere costruita in modo da non contaminare tali liquidi ed essere facilmente smontabile per la pulizia.

bomba *f* para productos alimenticios

Bomba en la que su concepción y los materiales empleados corresponden a las exigencias especiales que satisfagan las reglas de higiene (facilidad de limpieza) y que no tienen influencia en el sabor del producto bombeado.

Nahrungsmittelpumpe *f* 4021
Pumpe *f* für die Lebensmittelindustrie

Pumpe, an die hinsichtlich Material und Ausführung, aus Gründen der Hygiene (leichte Reinigungsmöglichkeit) und zur Verhinderung einer Geschmacksbeeinträchtigung des Fördergutes, besondere Anforderungen gestellt werden.

---

pompa *f* per latte

Pompa per l'erogazione di latte, per lo più costruita con materiale inossidabile e di facile ispezione (spesso *pompa con coperchio a cerniera 1036).* Una tale pompa si può denominare anche **pompa *f* a rapida pulizia.**

Essa è anche utilizzata per la circolazione della crema fresca e in questo caso è denominata: **pompa *f* per crema fresca.** Le esigenze igieniche sono quelle alle quali sono soggette le *pompe per i prodotti alimentari (vedere 4021);* allo scopo di evitare lo sviluppo dei batteri, occorre in particolare che l'interno della pompa sia esente da spazi morti (spazi non a contatto con il fluido).

bomba *f* para leche

Bomba impulsora de leche, construida generalmente en acero inoxidable con facilidad de limpieza rapida (por ejemplo *bomba con fondo de apertura rapida 1036*). A tal bomba se le llama igualmente **bomba *f* de limpieza rapida.**

Tambien se utiliza para vehicular crema fresca en cuyo caso se le llama: **bomba *f* para crema fresca.**

Las exigencias higienica estan de acuerdo en cada *bomba según el producto alimenticio a vehicular (ver 4021);* con el fin de evitar el desarrollo de bacterias, es preciso que el interior de la bomba este exento de espacios muertos (espacios que no esten en contacto con el flujo).

Milchpumpe *f* 4022

Pumpe für die Förderung von Milch, meist aus nichtrostendem Werkstoff und mit leichter Öffnungsmöglichkeit (oft *Klappdeckelpumpe 1036*). Eine solche Pumpe bezeichnet man als **Schnellreinigungspumpe *f*.** Wird auch zur Förderung von Rahm verwendet und dann als **Rahmpumpe *f*** bezeichnet.

Hygienische Anforderungen wie bei jeder *Nahrungsmittelpumpe (siehe 4021);* insbesondere dürfen zwecks Vermeidens von Bakterienbildung im Innern der Pumpe keine Toträume (von der Strömung nicht erfaßte Räume) vorhanden sein.

No.		ENGLISH	FRANÇAIS
4023		**(unchokeable) fish pump**	**pompe *f* à poissons**
		Pump for handling fish/water mixture for purposes of processing. Flow passages are so designed as to avoid damage to fish.	Pompe utilisée pour le transport de poissons entiers par voie hydraulique. Les éléments de cette pompe, qui canalisent l'écoulement, sont conçus pour que soit évitée toute détérioration du poisson.
4024		**beer pump**	**pompe *f* à bière**
		Pump for handling beer in breweries and bottling plants. The pump is designed so that the formation of foam due to pumping action is avoided.	Pompe propulsant de la bière dans les brasseries. L'intérieur de la pompe ainsi que les éléments incorporés sont conçus pour que soit évitée toute effervescence de la bière pendant le pompage.
4026		**dye pump**	**pompe *f* pour bain de teinture**
4027		**cooling medium pump**	**pompe *f* à agent réfrigérant**
		1. Pump for pumping of cooling media can also be called **coolant pump.** 2. In refrigeration pump for circulation of refrigerants (fluids with relatively low vapour pressure, for instance, brine).	1. Pompe utilisée à des fins de refroidissement de toutes natures; appelèe également **pompe *f* de refroidissement.** 2. Pompe faisant circuler dans les circuits de refroidissement le liquide servant d'agent réfrigérant (liquide à tension de vapeur relativement réduite, par exemple la saumure).
4028		**refrigerant pump**	**pompe de fluide frigorigène**
		Pump for circulating the liquid refrigerant (such as halocarbons and ammonia) to the evaporators of a refrigerating system.	Pompe servant à activer la circulation des fluides frigorigènes liquides (par exemple hydrocarbure halogéné, ammoniac) aux évaporateurs des machines frigorifiques.
4029		**pump for liquid metals** liquid metals pump	**pompe *f* à métaux liquides**
		Pump constructed in suitable	Pompe conçue pour la propulsion de

ITALIANO	ESPAÑOL	DEUTSCH	
pompa *f* per pesce	**bomba *f* para pescados**	**Fischpumpe *f*** Fischförderpumpe *f*	**4023**
Le parti di questa pompa, che canalizzano il flusso, sono progettate in modo che sia evitato ogni deterioramento del pesce.	Bomba utilizada para el transporte de pescados enteros por via hidraulica. Los elementos internos de esta bomba estan diseñados de tal manera que eviten el deterioro de los pescados.	Pumpe für die Förderung von ganzen Fischen in einem Gemisch mit Wasser zur Weiterverarbeitung. Die strömungsführenden Teile einer solchen Pumpe werden so gestaltet, daß eine Beschädigung der Fische vermieden wird.	
pompa *f* per birra	**bomba *f* para cerveza**	**Bierpumpe *f***	**4024**
Le parti interne della pompa sono progettate in modo da evitare la formazione di schiuma dovuta all'azione di pompaggio.	Bomba que impulsa la cerveza en las cervecerias. El interior de la bomba asi como los elementos incorporados estan diseñados para evitar toda efervescencia de la cerveza durante el bombeo.	Pumpe für die Förderung von Bier in Brauereien und Abfüllstationen. Das Innere der Pumpe einschl. der Einbauten wird so gestaltet, daß ein Schäumen des Bieres bei der Förderung vermieden wird.	
pompa *f* per bagni coloranti	**bomba *f* para tintoreria**	**Farbflottenpumpe *f***	**4026**
pompa *f* per liquidi refrigeranti	**bomba *f* para agente refrigerante**	**Kühlmittelpumpe *f***	**4027**
1. Pompa utilizzata allo scopo di raffreddamento di ogni genere; definita pure **pompa *f* di raffreddamento.** 2. Pompa per la circolazione di liquidi raffreddanti (con tensione di vapore relativamente bassa, ad esempio salamoia) in circuiti di raffreddamento.	1. Bomba utilizada con el fin de enfriar cualquier elemento; se le llama igualmente **bomba *f* de enfriamiento.** 2. Bomba que hace circular en los circuitos de enfriamiento el líquido que sirve de enfriador (líquido con tensión de vapor relativamente reducida, por ejemplo salmuera).	1. Pumpe, die für Kühlzwecke aller Art eingesetzt wird; auch als **Kühlpumpe *f*** bezeichnet. 2. In der Kältetechnik: Pumpe zum Umwälzen von Kälteträgern (Flüssigkeiten mit relativ niedrigem Dampfdruck, z.B. Sole).	
pompa *f* per liquidi frigorigeni	**bomba *f* de fluidos refrigerantes**	**Kältemittelpumpe**	**4028**
Pompa per la circolazione di fluidi frigorigeni liquidi (per es. fluocarburi, ammoniaca) agli evaporatori di un impianto di refrigerazione.	Bomba que sirve para activar la circulación de los refrigerantes (por ejemplo hidrocarburos halogenos, amoniaco) en los evaporadores de las máquinas frigorificas.	Pumpe zur Förderung flüssiger Kältemittel (z.B. halogenierte Kohlenwasserstoffe oder Ammoniak) zu den Verdampfern einer Kältemaschine.	
pompa *f* per metalli liquidi	**bomba *f* para metales líquidos**	**Pumpe *f* für flüssige Metalle** Flüssigmetallpumpe *f*	**4029**
Pompa che, per esecuzione e mater-	Bomba concebida para la propul-	Pumpe, die aufgrund ihrer Kon-	

materials for handling liquid metals and resistant to associated high temperature as well as chemical and mechanical attack.

métaux liquides. De ce fait, son exécution et ses matériaux sont étudiés en fonction des effets thermiques, chimiques et mécaniques dus au produit pompé.

4030

pump for liquid salts

Pump constructed in suitable materials for handling liquid salts and resistant to associated high temperature as well as chemical and mechanical attack.

pompe *f* à sels fondus

Pompe conçue pour la propulsion de sels fondus. De ce fait, son exécution et ses matériaux sont étudiés en fonction des effets thermiques, chimiques et mécaniques dus au produit pompé.

4031

condensate extraction pump
condensate pump

Pump for handling condensate obtained by condensation of steam in condensers. In power stations, condensed steam (water) is pumped under vacuum.

The **brine heater condensate pump** in a desalineation plant pumps the condensate from the brine heater into a collecting chamber.

pompe *f* à condensat

Pompe propulsant le liquide provenant de la condensation de la vapeur (condensat) dans les condenseurs. L'eau de la vapeur condensée, dans les centrales électriques, est évacuée sous vide.

La **pompe *f* à condensat du préréchauffeur de saumure** dans une installation de dessalement d'eau de mer, véhicule vers un réservoir collecteur, le condensat qui se forme dans le préréchauffeur de saumure.

4032

lime slurry pump

Generally a *positive-displacement pump 0200* for handling lime slurry. (Lime slurry not to be confused with slaked lime or milk of lime which is of lower concentration, *see 7209*).

pompe *f* à boue de chaux

En général, *pompe volumétrique 0200* propulsant des boues de chaux. (Ne pas confondre la boue de chaux avec le lait de chaux d'une concentration plus faible en chaux, *voir 7209.)*

4033

cement slurry pump

Wear resisting pump 5012 for handling cement slurry in cement factories operating on the wet process.

pompe *f* à pâte de ciment

Pompe résistant à l'abrasion 5012 utilisée dans les cimenteries pour propulser les pâtes de ciment brut traitées par voie humide.

---

iale, è adatta per erogare metalli liquidi ed è, per questo, prevista per resistere alle concomitanti sollecitazioni termiche, chimiche e meccaniche.

sión de metales líquidos. De hecho, su ejecución y sus materiales estan estudiados en función de los efectos termicos, quimicos y mécanicos debidos a los productos bombeados.

struktion und Werkstoffe für die Förderung flüssiger Metalle geeignet ist und der damit verbundenen Wärme-, chemischen und mechanischen Beanspruchung gerecht wird.

---

pompa *f* per soluzioni di sali

Pompa che, per esecuzione e materiale, è adatta per erogare soluzioni di sali ed è, per questo, prevista per resistere alle concomitanti sollecitazioni termiche, chimiche e meccaniche.

bomba *f* para sales fundidas

Bomba concebida para propulsar sales fundidas. De hecho, su ejecución y sus materiales estan estudiados en función de los efectos termicos, quimicos y mécanicos debidos a los productos bombeados.

Pumpe *f* für flüssige Salze 4030

Pumpe, die aufgrund ihrer Konstruktion und Werkstoffe für die Förderung flüssiger Salze geeignet ist und der damit verbundenen Wärme-, chemischen und mechanischen Beanspruchung gerecht wird.

---

pompa *f* per condensato

Pompa impiegata per l'estrazione del condensato (acqua) ottenuto dalla condensazione del vapore nei condensatori.

Nelle centrali elettriche, il condensato è estratto sotto vuoto.

La **pompa *f* per l'estrazione del condensato del preriscaldatore salamoia** in un impianto di dissalazione di acqua di mare spinge il condensato dal preriscaldatore a un serbatoio di raccolta.

bomba *f* para condensados

Bomba que impulsa el líquido que procede de la condensación del vapor (condensado) en los condensadores. El agua del vapor condensado, en las centrales electricas, se evacua bajo vacio.

La **bomba *f* de condensado del recalentador de salmuera** en una instalación de desalación de agua de mar, vehicula hacia un recipiente colector, el condensado que se forma en el recalentador de salmuera.

Kondensatpumpe *f* 4031

Pumpe, die den in Kondensatoren niedergeschlagenen Dampf (Kondensat) fördert. Der in Kraftwerken niedergeschlagene Dampf wird als Wasser unter Vakuum abgeführt.

Die **Kondensatpumpe *f* des Solevorwärmers** in einer Meerwasserentsalzungsanlage fördert das im Solevorwärmer angefallene Kondensat in einen Sammelbehälter.

---

pompa *f* per fango di calce

Per lo più *pompa volumetrica 0200* per l'erogazione di fanghi di calce. (Il fango di calce non è da confondere con il latte di calce, che ha una più bassa concentrazione, *cfr. 7209).*

bomba *f* para barro de cal

En general, *bomba volumetrica 0200* que impulsa barro de cal. (No confundir el barro de cal, con la lechada de cal, de una concentración más baja en cal, *ver 7209*).

Kalkschlammpumpe *f* 4032

Meist *Verdrängerpumpe 0200* für die Förderung von Kalkschlamm. (Kalkschlamm nicht zu verwechseln mit Kalkmilch, die eine niedrigere Konzentration hat, *vergl.. 7209*).

---

pompa *f* per fango di cemento

Pompa resistente all'usura 5012 per l'erogazione di fango di cemento crudo nei cementifici che lavorano secondo il procedimento a umido.

bomba *f* para fango de cemento

Bomba resistente a la abrasión 5012 utilizada en las fabricas de cemento para propulsar las pastas de cemento crudo tratadas por via humeda.

Zementschlammpumpe *f* 4033

Verschleißfeste Pumpe 5012 für die Förderung von Zementrohschlamm in Zementfabriken, die nach dem Naßverfahren arbeiten.

	English	Français
4034	**mercury pump** Because of the specific gravity of mercury the power and pressure for a given head of a centrifugal pump is approximately thirteen times as great as compared to water.	**pompe *f* à mercure** Pompe destinée à véhiculer du mercure. Il convient de tenir compte de l'importante masse volumique de ce liquide. Elle produit son effet notamment sur la sollicitation mécanique du corps et des éléments mobiles de la pompe.
4035	**blood pump** 1. Pump to maintain circulation is used as "artificial heart". 2. Pump which is used in slaughter-houses for the pumping of blood for further use.	**pompe *f* à sang** 1. Pompe pour le maintien de la circulation du sang, utilisée comme cœur artificiel. 2. Pompe utilisée dans les abattoirs pour véhiculer le sang des animaux abattus vers d'autres utilisations (p.ex. préparation de la charcuterie).
4036	**cryogenic pump** Pump especially designed for handling liquids with very low temperatures (e.g. LNG, LPG).	**pompe *f* cryogénique** Pompe spécialement conçue pour le pompage de liquides à très basse temperature, p.ex. gaz liquifiés sous pression atmosphérique.

Names of pumps according to material of construction

Désignations de pompes selon matériaux

The great variety of pump terms derived from **material of construction** makes it necessary to restrict the examples. This restriction is justified as the translation of such expressions generally offers no difficulty.

Le nombre infini de désignations de pompes résultant des **matériaux** utilisés impose une limitation des expressions à quelques exemples. Cette limitation paraît d'autant plus justifiée que la traduction de telles expressions ne devrait pas créer de difficultés.

	English	Français
5001	**corrosion resisting pump** corrosion free pump pump for aggressive fluids *These expressions should only be used in conjunction with a stated liquid.*	**pompe *f* résistant à la corrosion** *(Cette expression ne devra être utilisée qu'en relation avec le liquide considéré).*

ITALIANO	ESPAÑOL	DEUTSCH	
pompa *f* per mercurio	**bomba *f* de mercurio**	**Quecksilberpumpe *f***	**4034**
Pompa per l'erogazione di mercurio. L'elevata densità di questo liquido influisce, oltre che sulla potenza assorbita, sulle sollecitazioni meccaniche del corpo e delle parti mobili della pompa.	Bomba destinada a vehicular mercurio. Conviene tener en cuenta la masa volumétrica de este líquido. Sus efectos se hacen notar especialmente en las partes mécanicas del cuerpo y los elementos mòviles de la bomba.	Pumpe zur Förderung von Quecksilber, bei der die hohe Dichte dieses Fördergutes berücksichtigt werden muß. Diese wirkt sich insbesondere auf die mechanische Beanspruchung des Gehäuses und der beweglichen Teile der Pumpe aus.	
pompa *f* per sangue	**bomba *f* para sangre**	**Blutpumpe *f***	**4035**
1. Pompa per mantenere la circolazione del sangue, utilizzata come cuore artificiale	1. Bomba para mantener la circulación de sangre, utilizada como corazón artificial.	1. Pumpe, die zur Aufrechterhaltung des Blutkreislaufes als "künstliches Herz" eingesetzt ist.	
2. Pompa utilizzata nei mattatoi per trasportare il sangue verso altre utilizzazioni (per es. preparazione dei salumi).	2. Bomba utilizada en los mataderos para vehicular la sangre de los animales sacrificados hacia otras instalaciones (por ejemplo preparación de charcuteria).	2. Pumpe, die in Schlachthöfen das Blut geschlachteter Tiere der weiteren Verwendung (z.B. Wurstzubereitung) zuführt.	
pompa *f* criogenica	**bomba *f* criogenica**	**Tieftemperaturpumpe *f***	**4036**
Pompa adatta per l'erogazione di liquidi a bassissima temperatura, per es. gas liquefatti.	Bomba especialmente concebida para bombear líquidos a muy baja temperatura, por ejemplo gases licuados.	Pumpe, die speziell für die Förderung von Flüssigkeiten mit sehr tiefen Temperaturen geeignet ist (z.B. Flüssiggase).	
Denominazione delle pompe secondo il materiale di costruzione	**Designacion de las bombas según sus materiales**	**Pumpenbenennungen nach Werkstoff**	
La grande varietà di denominazioni di pompe relativamente ai **materiali** di costruzione impiegati, impone di limitare le denominazioni ad alcuni esempi. Questa limitazione appare tanto più giustificata dato che la traduzione di tali denominazioni non presenta in generale delle difficoltà.	La infinidad de designaciones de las bombas según los **materiales** de construccion utilizados, impone limitar las expresiones a algunos ejemplos. Esta limitación parece tanto más justificada ya que la traducción de tales expresiones no presentan en general dificultad.	Die Vielzahl der Pumpenbenennungen, die sich vom **Werkstoff** ableiten, macht hier eine Beschränkung auf Beispiele notwendig. Diese Beschränkung erscheint umso mehr gerechtfertigt, als die Übersetzung solcher Ausdrücke im allgemeinen keine Schwierigkeiten bietet.	
pompa *f* resistente alla corrosione	**bomba *f* resistente a la corrosión**	**korrosionsbeständige Pumpe *f*** korrosionsfeste Pumpe *f* Pumpe *f* für aggresives Fördergut	**5001**
Tale denominazione deve usarsi solo in unione alla denominazione del liquido usato.	*(Esta expresión debe usarse solamente en unión de la denominación del líquido empleado).*	*Diese Bezeichnungen sollten nur in Verbindung mit dem Fördergut gebraucht werden.*	

	English	Français
	Pump in which all parts in contact with the liquid are resistant to a given known aggressive medium.	Pompe dont les parties en contact avec des liquides agressifs parfaitement déterminés, résistent à la corrosion.
5002	**cast iron pump** Pump in which all parts, apart from the shaft, are made in cast iron. If corrosion is the problem one ought to call the pump **"all iron pump"**, i.e. a pump in which all parts in contact with the liquid are made in iron.	**pompe *f* tout fonte** En langage courant, pompe entièrement en fonte à l'exception de l'arbre, de la visserie, des clavettes en acier laminé ou forgé, et des roulements et coussinets. Lorsque la fonte a été choisie pour une question de corrosion, on a intérêt de dire: **pompe *f* avec toutes les parties en contact avec le liquide en fonte.**
5004	**bronze pump** Pump in which at least all parts in contact with the liquid are made in bronze.	**pompe *f* tout bronze** Pompe dont au moins toutes les parties en contact avec le liquide sont en bronze.
5005	**stainless steel pump** Pump in which all parts in contact with the liquid are made of rust resisting alloy steel.	**pompe *f* en acier inoxydable** Pompe dont toutes les parties en contact avec le liquide sont en acier inoxydable.
5006	**cast steel pump** Pump with all pressure containing parts manufactured in cast steel for reasons of structural strength.	**pompe *f* en acier moulé** Pompe dont le corps, pour des raisons de résistance mécanique, est en acier moulé.
5007	**rubber lined pump** Pump in which the parts in contact with the liquid are, as far as possible, provided with rubber lining. One differentiates between **soft rubber lined pump** and **hard rubber lined pump** (or **ebonite pump**).	**pompe *f* protégée par un revêtement** Pompe dans laquelle les parties en contact avec le liquide sont recouvertes, dans la mesure du possible, soit d'un revêtement de caoutchouc: **pompe *f* à revêtement intérieur en caoutchouc** ou **pompe *f* caoutchoutée**, soit d'un revêtement d'ébonite: **pompe *f* à revêtement intérieur en ébonite** ou **pompe *f* ébonitée.**

ITALIANO	ESPAÑOL	DEUTSCH	
Pompa in cui le parti in contatto con il liquido resistono all'aggressività di ben determinate sostanze.	Bomba en la que las partes en contacto con los líquidos agresivos, debidamente determinados, resisten la corrosión.	Pumpe, deren flüssigkeitsberührte Teile näher bestimmten, aggressiven Medien gegenüber beständig sind.	
pompa *f* in ghisa Pompa in cui ogni parte è prevista in ghisa all'infuori dell'albero, delle viti e delle linguette, che sono in materiale laminato o fucinato, e dei cuscinetti. Quando la ghisa e stata scelta per una questione di corrosione, è preferibile la denominazione **pompa *f* con tutte le parti a contatto con il liquido in ghisa.**	**bomba *f* de fundición** En lenguaje normal, bomba de fundición en su totalidad, a excepción del eje, los tornillos, las chavetas en acero laminado ó forjado, y los rodamientos. Cuando la fundición se ha escogido por motivos de corrosión, es preferible indicar: **bomba *f* con todas las partes en contacto con el líquido en fundición.**	**Gußeisenpumpe *f*** Im allgemeinen Sprachgebrauch eine Pumpe, bei der – abgesehen von Welle, Schrauben und Paßfedern aus Walz- oder Schmiedematerial und abgesehen von den Lagern – alle übrigen Teile aus Gußeisen hergestellt sind. Wenn Korrosionsfragen eine Rolle spielen, spricht man besser von einer **Pumpe *f* mit allen flüssigkeitsberührten Teilen aus Gußeisen.**	5002
pompa *f* in bronzo Pompa nella quale almeno le parti a contatto del liquido sono in bronzo.	**bomba *f* en bronce** Bomba en la que como minimo todas las partes en contacto con el líquido, son de bronce.	**Bronzepumpe *f*** Ganzbronzepumpe *f* Pumpe, bei der mindestens alle flüssigkeitsberührten Teile aus Bronze bestehen.	5004
pompa *f* in acciaio inossidabile Pompa in cui tutte le parti a contatto del liquido sono costruite con un acciaio legato resistente all'ossidazione.	**bomba *f* en acero inoxidable** Bomba en la que todas las partes en contacto con el liquido son de acero inoxidable.	**Pumpe *f* aus rostfreiem Stahl** Pumpe, bei der alle flüssigkeitsberührten Teile aus legiertem rostbeständigen Stahl hergestellt sind.	5005
pompa *f* in acciaio fuso Pompa il cui corpo, per ragioni di robustezza, è previsto in acciaio fuso.	**bomba *f* en acero fundido** Bomba en la que el cuerpo, por razones de resistencia mecanica, son de acero fundido.	**Stahlgußpumpe *f*** Pumpe, deren Gehäuseteile aus Festigkeitsgründen aus Stahlguß angefertigt sind.	5006
pompa *f* gommata Pompa con le parti a contatto del liquido, ove possibile, rivestite di gomma. Si fa distinzione fra **pompa *f* con rivestimento in gomma tenera** e **pompa *f* con rivestimento in gomma dura.**	**bomba *f* revestida de goma** Bomba en la que las partes en contacto con el líquido estan recubiertas, en la medida de lo posible, ya sea de goma: **bomba *f* con revestimiento interior de goma;** ó bien de ebonita: **bomba *f* ebonitada.**	**gummierte Pumpe *f*** Pumpe, deren flüssigkeitsberührte Teile soweit wie möglich mit einer Gummiauflage versehen sind. Man unterscheidet **weichgummierte Pumpen *f*** und **hartgummierte Pumpen *f*.**	5007

		ENGLISH	FRANÇAIS
5008		**enamel lined pump**	**pompe *f* à revêtement intérieur en émail** pompe *f* émaillée
		Pump in which the parts in contact with the liquid are as far as possible, provided with enamel lining.	Pompe dans laquelle les parties en contact avec le liquide sont recouvertes, dans la mesure du possible, d'une couche d'émail.
5009		**plastic pump**	**pompe *f* en matière plastique**
		Pump in which the parts in contact with the liquid are, as far as possible, made in plastic.	Pompe dans laquelle toutes les parties en contact avec le liquide sont, dans la mesure du possible, en matière plastique.
5010		**plastic lined pump**	**pompe *f* à revêtement intérieur en matière plastique**
		Pump in which the parts in contact with the liquid are, as far as possible, provided with plastic lining.	Pompe dans laquelle les parties en contact avec le liquide sont recouvertes, dans la mesure du possible, d'un revêtement en matière plastique.
5011		**ceramic pump**	**pompe *f* en céramique**
		Pump in which the parts in contact with the liquid are made in ceramic material (e.g. **stoneware pump, porcelain pump**).	Pompe dont les parties en contact avec le liquide sont en céramique. On distingue par exemple les **pompes *f* en grès**, les **pompes *f* en porcelaine.**
5012		**wear resisting pump** wear resistant pump (USA) abrasion resisting pump	**pompe *f* résistant à l'abrasion**
		Pump with special material and design features which is used for handling abrasive media.	Pompe qui, par son exécution et par le choix de ses matériaux, est apte au pompage de liquides chargés en produits abrasifs.
5013		**armoured pump**	**pompe *f* à revêtement anti-abrasif** pompe *f* à blindage intérieur
		Pump 5012 usually with replaceable wear resisting lining.	*Pompe résistant à l'abrasion 5012* avec revêtement intérieur interchangeable.

ITALIANO	ESPAÑOL	DEUTSCH	
pompa *f* smaltata	**bomba *f* esmaltada**	**emaillierte Pumpe *f***	**5008**
Pompa con le parti a contatto del liquido, ove possibile, rivestite di smalto.	Bomba en la que las partes en contacto con el líquido estan recubiertas, en la medida de lo posible, con esmalte.	Pumpe, deren flüssigkeitsberührte Teile soweit wie möglich mit einer Emailleauflage versehen sind.	
pompa *f* in materiale sintetico pompa *f* in resine sintetiche	**bomba *f* en material plastico**	**Kunststoffpumpe *f***	**5009**
Pompa con le parti a contatto del liquido, ove possibile, in materiale sintetico.	Bomba en la que todas las partes en contacto con el líquido, son en la medida de lo posible, en material plastico.	Pumpe, deren flüssigkeitsberührte Teile soweit wie möglich aus Kunststoff hergestellt sind.	
pompa *f* con rivestimento in materiale sintetico pompa *f* con rivestimento in resine sintetiche	**bomba *f* revestida interiormente de material plastico**	**Pumpe *f* mit Kunststoffauskleidung** kunststoffausgekleidete Pumpe *f*	**5010**
Pompa con le parti a contatto del liquido, ove possibile, rivestite in materiale sintetico.	Bomba en la que las partes en contacto con el líquido estan recubiertas, en la medida de lo posible, de un revestimiento de material plastico.	Pumpe, deren flüssigkeitsberührte Teile soweit wie möglich mit einer Kunststoffauflage versehen sind.	
pompa *f* in ceramica	**bomba *f* de ceramica**	**Keramikpumpe *f***	**5011**
Pompa con le parti a contatto del liquido in materiale ceramico (per esempio: **pompa *f* in grès, pompa *f* in porcellana**).	Bomba en la que las partes en contacto con el líquido son de ceramica. Cabe distinguir, por ejemplo las **bombas *f* en gres**, y las **bombas *f* en porcelana**.	Pumpe, deren flüssigkeitsberührte Teile aus keramischem Material hergestellt sind (z.B. **Steinzeugpumpe *f*, Porzellanpumpe *f***).	
pompa *f* resistente all'usura pompa *f* antiusura	**bomba *f* resistente a la abrasión**	**verschleißfeste Pumpe *f*** abriebbeständige Pumpe *f*	**5012**
Pompa prevista per l'erogazione di sostanze abrasive, mediante opportuna scelta dei materiali e dell'esecuzione costruttiva.	Bomba prevista para vehicular sustancias abrasivas, mediante la oportuna selección de sus materiales y de su ejecución constructiva.	Pumpe, die aufgrund entsprechender Werkstoffe und konstruktiver Ausführung für die Förderung abrasiver Medien geeignet ist.	
pompa *f* corazzata	**bomba *f* con revestimiento antiabrasivo**	**Panzerpumpe *f*** Pumpe *f* mit Gehäusepanzer	**5013**
Pompa con rivestimento resistente all'usura, per lo più ricambiabile; *cfr. anche 5012.*	*Bomba resistente a la abrasión 5012* con revestimiento interior intercambiable.	*Verschleißfeste Pumpe 5012* mit meist austauschbarer Auskleidung.	

5014

concrete volute pump

Mostly a vertical, very large capacity, *centrifugal pump 0100,* with concrete volute casing being an integral part of the pumping station structure.

pompe *f* à volute en béton

En général, *pompe centrifuge 0100* en exécution verticale à grand débit, dont la volute fait partie de la maçonnerie.

5015

leadpump

Pump with all parts soluable in contact with pumped fluid made in lead.

pompe *f* en plomb

Pompe dont les éléments en contact avec le liquide sont en plomb.

Une pompe pour véhiculer le plomb liquide est appelée pompe à plomb.

5016

glasspump

Pump with all parts in contact with pumped fluid made in glass.

pompe *f* en verre

Pompe dont les éléments en contact avec le liquide pompé sont en verre.

Names of pumps according to fields of application

In the main, only duties where pumps form a significant portion of the installation are considered.

The names listed in this section can replace words or partwords containing "pumps" as described in "Names of pumps according to construction features", so long as the resulting descriptions make mechanical sense.

Examples: Vertical Process Pump, Multistage Boilerfeed Pump.

Désignations de pompes selon domaines d'utilisation

Il a été surtout tenu compte des domaines d'utilisation dans lesquels l'équipement en pompe revêt une importance particulière.

Les expressions figurant dans ce paragraphe peuvent, dans la mesure où il en résulte des expressions techniquement significatives, être substituées au terme ou à l'élément de terme "pompe" dans les expressions citées au paragraphe "Désignations de pompes selon conception et particularités de construction".

Exemples: pompe process verticale, pompe d'alimentation de chaudière à plusieurs étages.

pompa *f* con voluta in cemento

Pompa centrifuga 0100, per lo più verticale, a grande portata, la cui spirale forma un tutto unico con la parte muraria.

bomba *f* con voluta de cemento

En general, *bomba centrifuga 0100* en disposición vertical y de gran caudal, cuya voluta forma parte de la obra.

Pumpe *f* mit Betonspirale 5014
Pumpe *f* mit betonierter Spirale

Meist *Kreiselpumpe 0100* in vertikaler Ausführung für große Förderströme, bei der das Spiralgehäuse ein fester Bestandteil des Bauwerkes ist.

---

pompa *f* in piombo

Pompa con le parti a contatto del liquido in piombo.

bomba *f* de plomo

Bomba cuyos elementos en contacto con el líquido son de plomo.

Bleipumpe *f* 5015

Pumpe, bei der die flüssigkeitsberührten Teile aus Blei bestehen.

---

pompa *f* in vetro

Pompa con le parti a contatto del liquido in vetro.

bomba *f* de vidrio

Bomba cuyos elementos en contacto con el líquido son de vidrio.

Glaspumpe *f* 5016

Pumpe, bei der die flüssigkeitsberührten Teile aus Glas bestehen.

Denominazione delle pompe secondo i campi di impiego

Si è tenuto conto principalmente dei campi d'impiego nei quali le pompe rappresentano una parte significativa dell'installazione.

I termini che compaiono in questo paragrafo, qualora ne risultino dei termini tecnicamente significativi, possono essere sostituiti al termine o all'elemento di termine "pompa" nelle definizioni citate al gruppo "Denominazione delle pompe secondo le caratteristiche di construzione".

Esempi: pompa da processo verticale, pompa alimento caldaia a più stadi.

Designacion de las bombas según su forma de utilización

Se ha tenido en cuenta basicamente las formas de utilización en las que la bomba forma parte importante de la instalación.

Las expresiones que figuran en este apartado, pueden, en la medida que resulten expresiones tecnicamente significativas, estar sustuidas por el termino ó elemento del termino "bomba" en las expresiones señaladas en el apartado "Designacion de las bombas según sus caracteristicas de construction".

Ejemplo: Bomba de proceso vertical, bomba de alimentación de calderas de varios estadios.

Pumpenbenennungen nach Einsatzgebieten

Es wurden vowiegend solche Einsatzgebiete berücksichtigt, in denen die Ausrüstung mit Pumpen von besonderer Bedeutung ist.

Die in diesem Abschnitt aufgeführten Benennungen können, sofern sich dabei technisch sinnvolle Benennungen ergeben, an die Stelle des Wortes oder Wortteiles "Pumpen" der im Abschnitt "Pumpenbenennungen nach konstruktiven Merkmalen" genannten Benennungen treten.

Beispiele: vertikale Prozeßpumpe, mehrstufige Kesselspeisepumpe.

	ENGLISH	FRANÇAIS
	Water supply	**Adduction d'eau**
6001	**water supply pump** Pump for the supply of water to industrial plants or communities.	**pompe *f* d'adduction d'eau** pompe *f* pour services d'eau Pompe utilisée pour l'alimentation en eau des villes, communes, industries.
6002	**water-works pump** Water pump for public service.	*Voir 6001.*
6003	**domestic water pump** Pump for the independent drinking water supply of isolated houses and farms.	**pompe *f* domestique** Pompe alimentant en eau potable les habitations et les écarts.
6004	**hydrophor pump** Pump for water pressure system (hydrophor system), i.e. automatic water supply including air vessel. Used mostly for house and farm water supply and also on ships.	**groupe *m* hydrophore** Pompe pour installations hydrophores, c'est-à-dire groupe de pompage automatique à réservoir d'air utilisé pour des installations individuelles et indépendantes d'alimentation en eau sous pression (par exemple dans des maisons ou fermes isolées et sur des bateaux).
6005	**(shallow) well pump** Pump for pumping of drinking or domestic water from a shallow well. *(See* "Pump Application" 161.08).	**pompe *f* de puits** Pompe installée dans un puits peu profond, utilisée pour pomper de l'eau potable ou brute (*voir* "Utilisation des pompes" n° 161.08).
6006	**shaft pump** pit pump dry pit pump (USA) Pump installed at or near the foot of a relatively large shaft or pit, handling clean water or sewage.	*Voir 6005*

Alimentazione idrica	Suministro de agua	Wasserversorgung	
pompa *f* per alimentazione idrica	**bomba *f* para suministro de agua**	**Wasserversorgungspumpe *f***	**6001**
Pompa impiegata per soddisfare la richiesta idrica di un impianto industriale o di un centro abitato.	Bomba utilizada para suministrar agua en ciudades, pueblos e industrias.	Pumpe für die Wasserversorgung einer Werksanlage oder eines Siedlungsgebietes.	
pompa *f* per acquedotto	**bomba *f* para red publica**	**Wasserwerkspumpe *f***	**6002**
Pompa impiegata per soddisfare la richiesta idrica di città o comuni.	Bomba empleada para suministrar agua a la red publica de ciudades ó pueblos.	Pumpe für die öffentliche Wasserversorgung von Städten und Gemeinden.	
pompa *f* per uso domestico	**bomba *f* domestica**	**Hauswasserpumpe *f***	**6003**
Pompa impiegata per erogare acqua potabile in case e fattorie singole.	Bomba de alimentación de agua potable a viviendas y edificios.	Pumpe für die Eigenversorgung von einzelnen Häusern und Gehöften mit Trinkwasser.	
pompa *f* per approvvigionamento idrico	**grupo *m* hidroneumatico**	**Hydrophorpumpe *f*** Druckhaltepumpe *f*	**6004**
Pompa per impianti di approvvigionamento idrico (impianti con autoclave), impiegata prevalentemente in case, fattorie ed anche su navi.	Grupo de bombas de funcionamiento automatico con deposito de aire, utilizada en instalaciones individuales, e independientes de la alimentación de agua a presión (por ejemplo en casas ó granjas solitarias ó bien en los barcos).	Pumpe für Hydrophoranlagen; das sind selbsttätige Wasserversorgungsanlagen (Windkesselanlagen), vorwiegend in einzelnen Häusern und Gehöften sowie auf Schiffen.	
pompa *f* per pozzi (larghi)	**bomba *f* para pozo**	**Pumpe *f* für Flachspiegelbrunnen** Brunnenpumpe *f*	**6005**
Pompa per installazione in un pozzo largo; serve per erogare acqua potabile o industriale. (*Vedere* "Impiego delle pompe" n° 161.08).	Bomba instalada en pozos poco profundos, utilizada para bombear agua potable ó sucia (*ver* "Utilización de las bombas" n° 161.08).	Pumpe zur Förderung von Trink- oder Brauchwasser aus einem Flachspiegelbrunnen (*siehe* "Pumpenanwendung" Nr. 161.08).	
pompa *f* per pozzi (larghi)	**bomba *f* para pozo**	**Schachtpumpe *f***	**6006**
Pompa installata all'interno o sul fondo di pozzi larghi per il pompaggio di acque sorgive o acque sporche.	Bomba instalada en el interior ó en el fondo del pozo adecuada para bombear agua de manantial ó de albañal.	Pumpe zum Einbau in einen verhältnismäßig geräumigen Schacht für die Förderung von Brunnenwasser oder Abwasser.	

6007

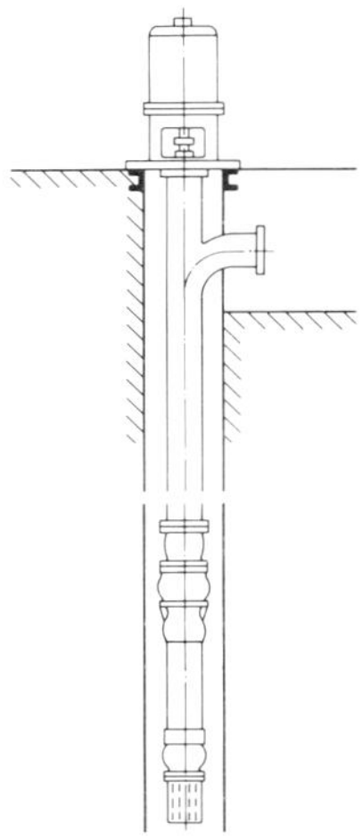

deepwell pump

Vertical submerged pump 1031 for installation in deep well (*see* "Pump Application" No. 161.09) for the pumping of drinking or domestic water.

pompe *f* de puits profond

Pompe immergée 1031 en exécution verticale, installée dans un puits profond (*voir* „Utilisation des pompes" n° 161.09) pour pomper de l'eau potable ou brute.

6009

borehole pump

Submerged pump 1031, in this case vertically mounted, installed in a narrow lined or unlined borehole requiring a small diameter pump.

pompe *f* de forage

Pompe immergée 1031 en exécution verticale, installée dans un forage dont la section relativement faible nécessite un corps de pompe de diamètre réduit.

6010

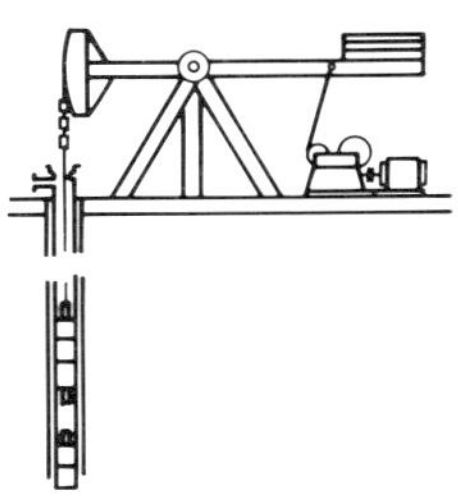

borehole reciprocating pump

Reciprocating piston pump (mostly *vertical bucket type pump 1227*) installed in a borehole for drinking and industrial water supply, the well rods extending from a working head at ground level to a pump cylinder.

No connecting rod linkage is used in the case of a piston borehole pump with submersible motor.

This pump design is also used for pumping of crude oil; the pump is called **sucker rod pump** in connecting elements are in accordance with API (American Petroleum Institute).

pompe *f* de forage à piston à commande par tringle

Pompe à piston (en général *pompe à piston-clapet 1227*) installée dans un forage et utilisée pour pomper de l'eau potable ou brute.

La commande de cette pompe se fait par une tige (tringle) en un ou plusieurs éléments, actionnée par mouvement alternatif de l'extérieur du forage.

Est également utilisée pour pomper du pétrole. Dans ce cas, on utilise en anglais, l'expression **sucker rod pump,** si l'accouplement des tiges de pistons répond aux prescriptions de l'American Petroleum Institut (API). La traduction de cette expression n'est pas possible.

pompa *f* per pozzi profondi

Pompa immersa 1031 in esecuzione verticale, installata in pozzi per lo più stretti e profondi (*vedere* "Impiego delle pompe" n° 161.09), impiegata per erogare acqua potabile o industriale.

bomba *f* para pozos profundos

Bomba sumergida 1031 en ejecución vertical, utilizada en pozos profundos (*ver* "Utilización de las bombas" n° 161.09) empleada para bombear agua potable ó industrial.

Tiefbrunnenpumpe *f* 6007
Pumpe *f* für Tiefspiegelbrunnen

Tauchpumpe 1031 in vertikaler Ausführung zum Einbau in einen Tiefspiegelbrunnen (*siehe* "Pumpenanwendung" Nr. 161.09) zwecks Förderung von Trinkwasser oder Brauchwasser.

---

pompa *f* per pozzi trivellati

Pompa immersa 1031 in esecuzione verticale, per installazione in pozzi trivellati la cui piccola luce impone un determinato diametro al corpo.

bomba *f* para pozo perforado

Bomba sumergida 1031 en ejecución vertical, instalada en una perforación cuya sección es relativamente reducida y por cuyo motivo el diametro de la bomba debe ser reducido.

Bohrlochpumpe *f* 6009

Tauchpumpe 1031 in vertikaler Ausführung zum Einbau in einen Bohrbrunnen, dessen geringe Lichtweite einen beschränkten Gehäusedurchmesser erfordert.

---

pompa *f* a stantuffo per pozzi trivellati

Pompa a stantuffo (per lo più *pompa a stantuffo a valvola 1227*) installata in pozzo trivellato per l'erogazione di acqua potabile o industriale, con asta di comando in uno o più pezzi, azionata fuori pozzo.

Può essere azionata anche da motore sommerso.

La pompa è pure utilizzata per erogare petrolio. In questo caso, viene usata in inglese, la denominazione **"sucker rod pump"**, se i collegamenti delle aste degli stantuffi sono in accordo alle norme API (American Petroleum Institute). La traduzione di questa denominazione non è possibile.

bomba *f* de pistón para pozo perforado

Bomba de pistón (normalmente *bomba de pistón-clapeta 1227*) instalada en una perforación y utilizada para bombear agua potable ó industrial. El accionamiento de esta bomba se hace mediante caña (varilla) en uno ó varios elementos, mediante movimiento alternativo desde el exterior. Puede ser accionada tambien por motor sumergido.

Es igualmente empleada para extraer petroleo. En este caso se emplea la expresión inglesa **"sucker rod pump"**, si el acoplamiento de las varillas del pistón esta de acuerdo con las normas API (American Petroleum Institue). La traducción de esta denominación no es posible.

Bohrlochkolbenpumpe *f* 6010
Tiefkolbenpumpe *f*
Gestängepumpe *f*

In Bohrloch eingebaute Kolbenpumpe (meist *Ventilkolbenpumpe 1227*) für die Förderung von Trink- oder Brauchwasser, deren Schubstange ein- oder mehrteilig bis über Tage zum Antriebsmechanismus geführt ist.

Diese Schubstangenausführung entfällt bei einer Bohrlochkolbenpumpe mit Tauchmotorantrieb; die Benennung *Gestängepumpe* ist in diesem Fall natürlich nicht zulässig.

Wird auch zur Förderung von Erdöl verwendet. In diesem Fall wird im englischen der Ausdruck **sucker rod pump** verwendet, wenn die Verbindungen der Kolbenstangen den Vorschriften des American Petroleum Institute (API) entsprechen. Eine Übersetzung dieses Ausdrucks ist nicht möglich.

6011

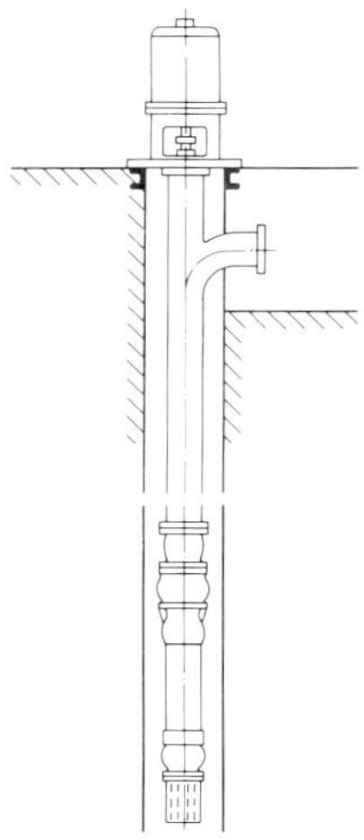

borehole shaft driven (centrifugal) pump
line shaft turbine pump (USA)

Centrifugal pump 0100 installed in a borehole, driven from ground level with shaft extending below ground to the pump.

pompe *f* de forage à ligne d'arbre

Pompe centrifuge 0100 verticale installée dans un forage, avec arbre d'entraînement en un ou plusieurs éléments, et commandée par un moteur en surface.

6012

garden pump

Mostly *self-priming pump* for the pumping of water, e.g. for spraying of gardens.

pompe *f* de jardin

Pompe généralement *auto-amorçante* destinée à pomper p.ex. de l'eau pour l'arrosage des jardins.

Irrigation and agriculture

Irrigation et agriculture

6101

irrigation pump

Pump used for irrigation.

pompe *f* d'arrosage par irrigation

Pompe propulsant l'eau destinée à irriguer le sol.

6102

agricultural spray pump

Pump used for overhead irrigation and for frost protection. Pump and other equipment (pipelines, sprinkler) is called **irrigation plant.**

pompe *f* d'arrosage par aspersion

Pompe utilisée dans les cultures agricoles pour l'humidification du sol et pour la protection contre le gel, par arrosage en pluie. L'ensemble pompe et accessoires (tuyauteries, asperseurs) est appelé **installation *f* d'arrosage par aspersion.**

6103

agricultural chemical spray pump

Pump for spraying liquids used for pest control in agriculture, forestry and vineyards.

pompe *f* de pulvérisation

Pompe utilisée pour la pulvérisation de produits anti-parasites dans l'agriculture.

pompa *f* **centrifuga per pozzi trivellati** | **bomba** *f* **centrífuga para pozo profundo** | **Bohrlochwellenpumpe** *f* Bohrlochkreiselpumpe *f* **6011**

Pompa centrifuga 0100 installata in pozzo trivellato, con albero di trasmissione in uno o più pezzi, azionata fuori pozzo.

La denominazione "pompa centrifuga per pozzi trivellati" è ora raramente usata per designare un *elettropompa sommersa 3005.*

Bomba centrífuga vertical 0100 instalada en una perforación, con eje de accionamiento en uno ó varios elementos, movido por motor situado en el exterior del pozo.

In Bohrloch eingebaute *Kreiselpumpe 0100,* deren Antriebswelle ein- oder mehrteilig bis über Tage zum Antrieb geführt ist.

"Bohrlochkreiselpumpe" als Bezeichnung für eine im Bohrloch installierte *Unterwassermotorpumpe 3005* wird nur selten verwendet.

---

pompa *f* **per giardini** | **bomba** *f* **de jardin** | **Gartenpumpe** *f* **6012**

Pompa generalmente *autoadescante* destinata ad erogare per esempio l'acqua per l'annaffiamento dei giardini.

Bomba generalmente *autocebante* dedicada a bombear por ejemplo el agua para regar los jardines.

Meist *selbstansaugende Pumpe 0702* für die Förderung von Wasser, z.B. zum Besprengen von Gärten.

Irrigazione ed agricoltura | Riego y agricultura | Bewässerung und Landwirtschaft

pompa *f* **per irrigazione a scorrimento** | **bomba** *f* **para riego del suelo** | **Bewässerungspumpe** *f* **6101**

Pompa impiegata per l'inumidimento di terreni.

Bomba de agua empleada para regar el suelo.

Pumpe, die für die Feldbewässerung eingesetzt wird.

---

pompa *f* **per irrigazione a pioggia** | **bomba** *f* **para riego por aspersión** | **Beregnungspumpe** *f* **6102**

Pompa per l'erogazione di acqua per l'innaffiamento di colture (inumidimento e difesa del gelo di piantagioni).

L'insieme di pompa e accessori (tubazioni, spruzzatori) è denominato **impianto** *m* **d'irrigazione a pioggia.**

Bomba utilizada en los cultivos agrícolas para humedecer el suelo y para la protección contra el hielo, mediante regado en forma de lluvia.

El conjunto de bomba y accesorios (tuberias, aspersores) se le llama **instalación** *f* **de riego por aspersión.**

Pumpe für die Förderung von Wasser zum Besprengen von Pflanzenkulturen, zum Befeuchten des Bodens oder zum Frostschutz. Pumpe und Zubehör (Rohrleitungen, Regner) zusammen werden als **Beregnungsanlage** *f* bezeichnet.

---

pompa *f* **per polverizzazione** | **bomba** *f* **de pulverización** | **Sprühpumpe** *f* **6103**

Pompa impiegata per polverizzare prodotti antiparassitari per la difesa delle piante nell'agricoltura, esercizio forestale e viticoltura.

Bomba utilizada para la pulverización de productos antiparasitarios en la agricultura.

Pumpe zum Versprühen von Pflanzenschutz- und Schädlingsbekämpfungsmitteln in Landwirtschaft, Forstbetrieb und Weinbau.

6105

liquid manure pump
liquid manure spraying pump

E.g. *hand pump 3018, non-clogging impeller pump 0102* or *helical rotor pump 0284,* which delivers liquid stable manure from collection pits to tanker transport *(liquid manure pump).*

The thin liquid manure can also be delivered by a *centrifugal pump 0100* or a *piston pump 0220* to sprinkler installations: *liquid manure spraying pump.*

pompe *f* à purin
pompe *f* d'aspersion de purin

P.ex. *pompe à bras 3018, pompe centrifuge à roue à canaux 0102* ou *pompe à vis excentrée 0284* utilisée pour le transport de purin des fosses aux citernes sur chariots (tonnes à purin) *(pompe à purin).*

Si en cas spéciaux le purin est véhiculé, p.ex. par une *pompe centrifuge 0100* ou par une *pompe à pistons 0220* vers les installations d'aspersion, on dit *pompe d'aspersion de purin.*

6106

tractor driven pump

Pump e.g. used for agricultural spraying and irrigation which is generally driven by tractor power take-off via universal joint.

pompe *f* pour prise de force sur tracteur

Pompe p.ex. utilisée dans l'agriculture pour l'arrosage par aspersion ou par irrigation. Elle est entraînée par la prise de mouvement d'un tracteur generalement par l'intermédiaire d'un arbre cardan.

6107

automatic trough pump
animal self-operated drinking water pump

Lift pump 3018 delivering drinking water into a trough.

pompe *f* automatique de prairie

Pompe aspirante 3018 mise en mouvement par le bétail même, pour lui fournir de l'eau potable.

pompa *f* per concimi liquidi 6105
pompa *f* per fertirrigazione con concime

Per es.: *pompa a mano 3018* o *pompa centrifuga a canali 0102* o *pompa a vite eccentrica 0284* che eroga il concime liquido dalle fosse di raccolta ai carri cisterna *(pompa per concimi liquidi)*.

Se tale concime viene erogato, per es. mediante una *pompa centrifuga 0100* od una *pompa a stantuffi 0220* agli impianti di aspersione, essa viene denominata *pompa per fertirrigazione con concime.*

bomba *f* de estiercol líquido
bomba *f* de aspersión de estiercol líquido

Por ejemplo *bomba de mano 3018, bomba centrífuga de rodetes de canales 0102* ó *bomba de tornillo excentrico 0284* utilizada para el transporte de estiercol líquido de la fosa a las cisternas sobre ruedas *(bomba de estiercol líquido)*.

En el caso especial en el que el estiercol líquido es vehiculado, por ejemplo por medio de una *bomba centrífuga 0100* ó por una *bomba de pistones 0220* hacia las instalaciones de aspersión, se le llama *bomba de aspersión de estiercol líquido.*

Jauchepumpe *f*
Güllepumpe *f*

Z.B. *Handpumpe 3018, Kanalradkreiselpumpe 0102* oder auch *Exzenterschneckenpumpe 0284,* die in Gruben gesammelte Jauche aus Ställen z.B. in Faßwagen fördert *(Jauchepumpe)*. Ist die Jauche ausreichend verdünnt, so kann ihre Förderung z.B. auch durch eine *Kreiselpumpe 0100* oder *Kolbenpumpe 0220* erfolgen, (in der deutschen Sprache: *Güllepumpe*; Gülle = verdünnte Jauche). Wird die verdünnte Jauche in eine Verregnungsanlage gefördert, so bezeichnet man die Pumpe als **Gülleverregnungspumpe.**

Anmerkung:

Die Verwendung der Ausdrücke Gülle und Jauche ist regional verschieden, und oft wird kein Unterschied in der Anwendung dieser Begriffe gemacht. Im allgemeinen ist

Jauche: eine stickstoffreiche und kalireiche, phosphorsäurearme und kalkarme Flüssigkeit von Wasser und Kot mit einem hohen Prozentsatz fester Beimengungen;

Gülle: ein einstreuarmes oder einstreufreies Gemisch von Jauche und Wasser.

---

pompa *f* da trattore 6106

Pompa per es. utilizzata in agricoltura per irrigazione a pioggia o per irrigazione normale.

Essa è azionata tramite una presa di forza di un trattore, generalmente a mezzo di un albero cardanico.

bomba *f* con toma de fuerza sobre tractor

Bomba, por ejemplo, utilizada en agricultura para el riego por aspersión ó riego normal. Está accionada por la toma de fuerza del tractor a traves de un arbol cardan.

Zapfwellenpumpe *f*
Schlepperanhängepumpe *f*
Schlepperpumpe *f*

Pumpe, die z.B. für die Beregnung und Bewässerung in der Landwirtschaft eingesetzt wird. Sie wird von der Zapfwelle eines Traktors meist über eine Gelenkwelle angetrieben.

---

pompa *f* per autoabbeveratoio da pascolo 6107

Pompa aspirante 3018 impiegata per l'erogazione di acqua potabile e che può essere azionata dal bestiame stesso.

Selbsttränkeweidepumpe *f*
Weidepumpe *f*

Bomba aspirante 3018 que se pone en funcionamiento por el mismo ganado para suministrarse agua potable.

bomba *f* automatica de prado

Saugpumpe 3018 für die Förderung von Trinkwasser, die vom Vieh selbst betätigt wird.

	English	Français
	Drainage	**Assèchement**
6201	**drainage pump**	**pompe *f* d'assèchement** pompe *f* de drainage
	Pump for the disposal of water accumulating in plant or moist (low lying) land; (drainage: the water is supplied to the pump through trenches or collecting pipes).	Pompe évacuant l'eau accumulée dans les terrains en construction ou les terrains trop humides. Si l'eau est amenée à la pompe par des tranchées ou des conduits collecteurs souterrains, on dit *pompe de drainage.*
6203	**land reclamation pump**	**pompe *f* d'épuisement**
	Pump used for draining low lying grounds; mostly large capacities at low differential heads (free outlet).	Pompe utilisée pour abaisser un plan d'eau. En général, pompe refoulant à gueule bée avec débit important et très faible hauteur.
6204	**flood drainage pump**	**pompe *f* d'évacuation des eaux d'inondation**
	Usually *centrifugal pump 0100,* vertically mounted, of large capacity; motor mounted above high water level. Installed in sewage or special flood control pumping stations in order to protect areas liable to flooding.	En général, *pompe centrifuge 0100* ou *pompe hélice 0105,* en exécution verticale, à grand débit, installée dans les stations de pompage d'eaux résiduaires et dans les stations de protection contre les inondations. Son moteur est monté de façon à ne pas être endommagé par les eaux d'inondation.
6205	**dyke drainage pump**	**pompe *f* de polder**
	Pump for draining land enclosed by dykes.	*Pompe d'épuisement 6203* utilisée pour l'assèchement des polders (régions conquises par l'homme sur la mer ou sur les marais).
6206	**sump pump**	**pompe *f* de vidange de fosses** pompe *f* de puisard
	Pump handling seepage water, leakage water or waste water, e.g. from foundations. The term *sump pump* is sometimes used for pumps according to *No. 1030* and *No. 6813.*	Pompe évacuant l'eau d'infiltration ou résiduaire recueillie p.ex. dans les fosses.

Prosciugamento	Drenaje	Entwässerung	
pompa *f* di prosciugamento pompa *f* di drenaggio Pompa impiegata per asportare l'acqua che si raccoglie nei terreni molto umidi o negli impianti. Se l'acqua viene convogliata alla pompa mediante canali o tubazioni di raccolta, essa viene denominata *pompa di drenaggio*.	**bomba *f* de desecado** bomba *f* de drenaje Bomba que evacua el agua acumulada en los terrenos en construcción ó en los terrenos humedos. Si el agua es conducida a la bomba por zanjas ó conductos colectores subterraneos, se le llama *bomba de drenaje*.	**Entwässerungspumpe *f*** Dränagepumpe *f* Pumpe zum Wegfördern von Wasser, das sich in Anlagen oder feuchtem Gelände sammelt. Wird es in Stichgräben oder Sammelrohren der Pumpe zugeführt, so bezeichnet man dieses als Dränage *(Dränagepumpe)*.	**6201**
idrovora *f* pompa *f* per bonifica Pompa con grande portata e piccolissima prevalenza, a scarico libero, impiegata per prosciugamento di terreni depressi.	**bomba *f* de achique** Bomba utilizada para reducir el nivel de agua. Por lo general bomba de gran caudal de impulsión y poca altura.	**Schöpfwerkspumpe *f*** Pumpe für die Entwässerung von tiefliegenden Ländereien; meist große Förderströme bei sehr geringen Förderhöhen (freier Abfluß).	**6203**
pompa *f* contro le alluvioni In genere, *pompa centrifuga 0100* a grande portata in esecuzione verticale, con motore protetto contro le inondazioni. E'impiegata in impianti per acque di rifiuto o in speciali impianti idrovori, per mantenere asciutte le zone in cui vi sia pericolo d'inondazione.	**bomba *f* para evacuación de zonas inundables** En general, *bomba centrífuga 0100* ó *bomba de hélice 0105* en ejecución vertical, de gran caudal, instalada en las estaciones de bombeo de aguas residuales y en las instalaciones de protección contra inundaciones. Su motor está montado de tal manera para que no se vea afectado por el agua de inundación.	**Hochwassserpumpe *f*** Meist *Kreiselpumpe 0100* in vertikaler Ausführung mit großem Förderstrom und hochwassersicher angeordnetem Antriebsmotor, eingesetzt in Abwasserpumpwerken oder speziellen Hochwasserpumpwerken in den gefährdeten Gebieten.	**6204**
pompa *f* da polder *Idrovora 6203* per il prosciugamento di zone di terreno depresse protette da argini.	**bomba *f* para polder** *Bomba de achique 6203* para el desecado de polders (zonas conquistadas por el hombre al mar).	**Polderpumpe *f*** *Schöpfwerkspumpe 6203* zur Entwässerung von Poldern (eingedeichte Niederungen).	**6205**
pompa *f* per esaurimento di fosse Pompa impiegata per evacuare l'acqua di infiltrazione o residua raccolta per es. nelle fosse.	**bomba *f* para achique de fosas** Bomba que evacua el agua de infiltración ó residuales recogidas por ejemplo en fosas.	**Grubenentleerungspumpe *f*** Pumpe für die Förderung von Sicker-, Leck- oder Abwasser, z.B. aus Bauschächten.	**6206**

Sewage disposal

Evacuation des eaux résiduaires

6301 **sewage pump**

pompe *f* à eaux résiduaires
pompe *f* d'égout
pompe *f* à eau chargée

Pump handling polluted waters with various content organic, chemical and/or mineral contamination as in households or factories effluents. Such effluents are cleared in treatment plants and one differentiates between:

Raw or **crude sludge pumps** which vary in construction depending whether the effluent has or has not been screened:

Effluent pumps which handle waste water discharged after mechanical treatment.

The whole plant consisting of pumping unit and other equipment like auxiliary control, etc, used to pump effluents into higher channels is called **sewage plant.**

Pompe véhiculant de l'eau sale chargée en produits organiques, chimiques, minéraux, de composition très variable, par exemple eaux usées domestiques ou industrielles. Les impuretés contenues dans l'eau sont éliminées dans les stations d'épuration où l'on distingue:

les **pompes *f* à eaux résiduaires brutes** (la conception de la pompe varie suivant qu'il s'agit d'eau résiduaire non dégrillée ou d'eau résiduaire dégrillée).

les **pompes *f* à eaux résiduaires décantées sommairement** (décantation primaire par épuration mécanique).

L'ensemble du groupe de pompage et des dispositifs auxiliaires, de commande et de réglage nécessaires à l'évacuation des eaux résiduaires dans un canal situé à un niveau supérieur, est appelé **installation *f* d'élévation d'eaux résiduaires.**

6302 **effluent irrigation spray pump**

pompe *f* de pulvérisation d'eaux résiduaires

Pump for spraying screened sewage for soil fertilization.

Pompe utilisée pour pulvériser les eaux résiduaires (eaux d'égout), préalablement clarifiées par un procédé mécanique, pour la fertilisation du sol.

Eliminazione delle acque di rifiuto

Evacuación de aguas residuales

Abwasserbeseitigung

pompa *f* per acque di rifiuto 6301
pompa *f* per liquame

Pompa impiegata per acque sporche contenenti anche sostanze organiche, chimiche o minerali. La composizione delle acque è molto variabile, potendo essere per esempio acque di scarico, domestiche o industriali.
Per l'eliminazione delle impurità (depurazione delle acque di rifiuto) questi liquami vengono trattati in impianti di chiarificazione. Occorre distinguere fra:

pompa *f* per acque di rifiuto grezze (la cui esecuzione varia a seconda che si tratti di acque da chiarificare, provenienti da una canalizzazione senza impianto di grigliatura, o da acque grezze che sono già passate attraverso tale impianto)

pompa *f* per acque di rifiuto prechiarificate (cioè di liquami che hanno già subito una depurazione meccanica).

Il complesso del gruppo di pompaggio e dei dispositivi ausiliari di comando e di regolazione necessario per evacuare la acque di rifiuto in un canale posto ad un livello più elevato, viene denominato **impianto *m* di sollevamento delle acque di scarico.**

bomba *f* de aguas residuales
bomba *f* de cloaca
bomba *f* de aguas cargadas

Bomba que vehicula el agua cargada de productos organicos, quimicos, minerales, de composición muy variable, por ejemplo agua de usos domesticos ó industriales. Las impurezas contenidas en el agua se eliminan en las estaciones de depuración, y cabe distinguir:

bomba *f* de aguas residuales brutas (la concepción de la bomba varia según se trate de aguas residuales no cribadas ó aguas residuales cribadas).

bomba *f* de aguas residuales levemente decantadas (decantación primaria por depuración mécanica).

El conjunto de un grupo de bombeo y sus dispositivos auxiliares, de mando y regulación de la evacuación de las aguas residuales a un canal situado a un nivel superior, se llama **instalación *f* de elevación de aguas residuales.**

Abwasserpumpe *f*
Schmutzwasserpumpe *f*

Pumpe für die Förderung von verunreinigtem Wasser unterschiedlicher Analyse mit organischen, chemischen und/oder mineralischen Beimengungen, z.B. Haushalt- oder Fabrikabwässer. Zur Befreiung von Schmutzstoffen (Abwasserreinigung) werden diese Abwässer in Kläranlagen geleitet. Es sind zu unterscheiden:

Pumpe *f* für Rohabwasser (die Pumpenausführung variiert je nachdem, ob es sich um Rohabwasser aus einer Kanalisation ohne Rechenanlage handelt oder um Rohabwasser, das eine Rechenanlage passiert hat).

Pumpe *f* für vorgeklärtes Abwasser (fördert Abwasser nach der mechanischen Reinigung).

Die Gesamtheit von Pumpenaggregat und den zum Abführen des Abwassers in einen höher liegenden Kanal erforderlichen Hilfs-, Steuer- oder Regeleinrichtungen wird als **Abwasserhebeanlage *f*** bezeichnet.

---

pompa *f* per irrigazione a pioggia con acque di rifiuto 6302
pompa *f* per irrigazione a pioggia con liquame

Pompa impiegata per la fertirrigazione a pioggia dei terreni con acque di rifiuto meccanicamente prechiarificate.

bomba *f* de pulverización de aguas residuales

Bomba utilizada para pulverizar las aguas residuales, clarificadas por proceso mecanico, para la fertilización del terreno.

Abwasser-Verregnungspumpe *f*

Pumpe zum Versprühen von mechanisch vorgeklärtem Abwasser zur Bodendüngung.

	English	Français
6303	**effluent channel irrigation pump**	**pompe *f* d'épandage d'eaux résiduaires**
	Pump for the disposal of sewage on lands reserved as natural soil filter areas.	Pompe amenant les eaux résiduaires (eaux d'égout) aux champs d'épandage pour leur épuration par filtration naturelle à travers les couches du sol.
6304	**storm water pump**	**pompe *f* d'évacuation des eaux de pluie**
	Mostly high capacity *centrifugal pump 0100,* installed in drainage or sewage pumping stations for handling rain water in excess of capacities of normal *service pumps 2001,* bypassing treatment plants.	*Pompe centrifuge 0100* à grand débit, utilisée dans les stations d'évacuation d'eaux résiduaires en appoint aux *pompes de service courant 2001.*
6306	**sludge pump**	**pompe *f* à boues**
	Pump handling water with a considerable percentage of relatively small solids. Used in sewage plants for pumping sewage sludge, *see 6307–6314.* Also frequently used in industrial applications and process plants, *see 4032, 4033 and 6606.*	Pompe propulsant de l'eau contenant une proportion importante de particules solides relativement petites. Ces pompes sont utilisées dans les stations d'épuration pour le pompage des boues résiduaires, *voir 6307–6314,* mais également dans l'industrie et dans diverses installations de traitement, *voir 4032, 4033 et 6606.*
6307	**raw sludge pump** crude sludge pump primary sludge pump	**pompe *f* à boues fraîches**
	Pump for handling content of sedimentation tanks in mechanical sewage treatment plants.	Pompe évacuant les résidus des eaux d'égout déposés dans les bassins de décantation de la station d'épuration mécanique.
6308	**digested sludge pump**	**pompe *f* à boues digérées**
	Pump delivering sludge, e.g. from the digester tank of a clarification plant	Pompe évacuant p.ex. la boue, digérée ou en putréfaction de la

6303

pompa *f* per spandimento di acque di rifiuto
pompa *f* per spandimento di liquame

Pompa impiegata per l'erogazione di acque di rifiuto nei terreni di spandimento. Per filtrazione naturale attraverso il suolo, tali acque raggiungono le acque di falda.

bomba *f* para esparcir aguas residuales

Bomba empleada para esparcir el agua residual en el terreno, para su depuración por filtración natural a traves de las capas del terreno.

Abwasser-Verrieselungspumpe *f*

Pumpe für die Förderung von Abwasser auf Verrieselungsfelder. Das Wasser wird dabei durch natürlichen Bodenfilter dem Grundwasser zugeführt.

6304

pompa *f* per acqua piovana

Pompa centrifuga 0100 a grande portata, impiegata in genere, negli impianti per acque di rifiuto, per allontanare acque piovane, nel caso in cui siano insufficienti le normali *pompe di servizio 2001*, evitando il normale impianto di scarico.

bomba *f* para la evacuación del agua de lluvia

Bomba centrífuga 0100 de gran caudal, utilizada en las estaciones de evacuación de aguas residuales, en el caso de que sea insuficiente la *bomba de servicio normal 2001.*

Regenwasserpumpe *f*

Kreiselpumpe 0100 mit großem Förderstrom, die gewöhnlich in Abwasserstationen installiert ist und zum Wegfördern des Regenwassers dient, das von den normalen *Betriebspumpen 2001* nicht bewältigt wird.

6306

pompa *f* per acque fangose

Pompa impiegata per l'erogazione di acqua con alta percentuale di particelle relativamente piccole in sospensione.

Negli impianti di trattamento delle acque di rifiuto è usata per l'erogazione dei fanghi residuati dalla depurazione, *cfr. 6307–6314.*

E'impiegata frequentemente anche nelle industrie e negli impianti di trattamento, *vedere 4032, 4033 e 6606.*

bomba *f* para agua fangosa

Bomba que impulsa el agua que contiene una proporción importante de particulas solidas relativamente pequeñas.

Estas bombas se utilizan en las estaciones de depuración para el bombeo de los fangos residuales, *ver 6307–6314,* pero tambien en la industria y en varias instalaciones de tratamiento, *ver 4032, 4033 y 6606.*

Schlammpumpe *f*

Pumpe für die Förderung von Wasser mit einem beträchtlichen Anteil relativ kleiner Festteile.

In Abwasserstationen für die Förderung von Klärschlamm (Abwasserschlamm) verwendet *(Klärschlamm pumpe): vergl. 6307–6314.*

Auch in der Industrie und Verfahrenstechnik vielfältig eingesetzt; *vergl. 4032, 4033 und 6606.*

6307

pompa *f* per fango fresco

Pompa impiegata per l'erogazione delle sostanze di rifiuto depositate nelle vasche di decantazione per la depurazione meccanica dei liquami.

bomba *f* para fango fiesco

Bomba empleada para la evacuación de los residuos del agua residual, depositados en las vasijas de decantación de las estaciones de depuración mecanica.

Frischschlammpumpe *f*

Pumpe für die Förderung von Abwasserstoffen, die sich in den Absetzbecken der mechanischen Abwasserreinigung abgesetzt haben.

6308

pompa *f* per fango digerito

Pompa impiegata ad es. per erogare il fango parzialmente o totalmente

bomba *f* para fango digerido

Bomba adecuada para evacuar el fango digerido ó en putrefacción de

Faulschlammpumpe *f*

Pumpe, die aus- oder angefaulten Schlamm z.B. aus dem Faulraum

No.	ENGLISH	FRANÇAIS
	after predigestion.	chambre de digestion ou, de putréfaction d'une station d'épuration.
6309	**return activated sludge pump** Pump delivering digested sludge into the digester tank for seeding of raw sludge.	**pompe *f* à boues d'ensemencement** Pompe amenant la boue digérée à la tour de digestion pour ensemencement de la boue fraîche.
6310	**sludge liquor pump** supernatant liquor pump Pump for handling liquid, which has separated out in sewage digester plant.	**pompe *f* à eaux troubles** Pompe évacuant de la tour le liquide décanté par le procédé de digestion.
6311	**floating sludge pump** scum pump Pump for handling the sludge which, being lighter than water, separates out on the surface, for instance in digester tanks or sludge basins.	**pompe *f* à boues flottantes** Pompe évacuant les produits boueux plus légers que l'eau et qui, de ce fait flottent (par exemple à la surface de la tour de digestion, des bassins de décantation, etc).
6312	**return sludge pump** Pump delivering sludge from final sedimentation tank into the activated sludge basin.	**pompe *f* à boues de retour** Pompe amenant la boue du bassin de clarification finale au bassin des boues activées.
6313	**activated sludge pump** biological sludge pump Pump delivering the sludge from the activated sludge basin of a biological treatment plant.	**pompe *f* à boues activées** Pompe évacuant la boue du bassin des boues activées d'une station d'épuration biologique.
6314	**final effluent pump** humus sludge pump Pump for handling sludge from the biological filter beds of a biological treatment plant.	**pompe *f* à boues secondaires** Pompe évacuant la boue du lit bactérien d'une station d'épuration biologique.

ITALIANO	ESPAÑOL	DEUTSCH	
digerito dalle camere di digestione di un impianto di depurazione.	la cámara de digestión de los fangos de una estación de depuración.	einer Kläranlage fördert.	
pompa *f* per fango d'inoculazione	**bomba *f* para fango de siembra**	**Impfschlammpumpe *f***	**6309**
Pompa impiegata per erogare il fango digerito allo scopo di inocularlo nel fango fresco dei digestori.	Bomba empleada para evacuar el fango digerido con el fin de sembrarlo en el fango fresco del digestor.	Pumpe, die den Faulschlamm zum Impfen des Frischschlammes in den Faulturm fördert.	
pompa *f* per camere di digestione	**bomba *f* para aguas turbias**	**Schlammwasserpumpe *f*** Trübwasserpumpe *f* Faulraumwasserpumpe *f*	**6310**
Pompa impiegata per erogare il liquido separatosi mediante il processo di digestione, nei digestori stessi.	Bomba empleada para evacuar de la torre el líquido decantado por el proceso de digestión.	Pumpe, welche die beim Schlammfaulprozeß im Faulturm abgeschiedene Flüssigkeit fördert.	
pompa *f* per schiuma	**bomba *f* para barros flotantes**	**Schwimmschlammpumpe *f***	**6311**
Pompa impiegata per estrarre le parti dei fanghi più leggere dell'acqua e che, separandosi vengono alla superficie, per esempio nei digestori e nelle vasche di decantazione.	Bomba adecuada para evacuar los productos fangosos más ligeros, que de hecho flotan, por ejemplo en la superficie de la torre de digestión, las vasijas de decantación, etc.	Pumpe für die Förderung der Schlammstoffe, die leichter sind als Wasser und sich daher an der Wasseroberfläche ausscheiden, z.B. im Faulturm, auf den Absetzbecken usw.	
pompa *f* per fango di ritorno	**bomba *f* para fangos de retorno**	**Rücklaufschlammpumpe *f***	**6312**
Pompa impiegata per riportare il fango dalle vasche di decantazione finale nelle vasche del fango attivato.	Bomba adecuada para retornar el fango de la vasija de decantación final al deposito de fango activo.	Pumpe, die den Schlamm aus dem Nachklärbecken in das Belebtschlammbecken zurückfördert.	
pompa *f* per fango attivo	**bomba *f* para fango activo**	**Belebtschlammpumpe *f***	**6313**
Pompa impiegata per asportare il fango dalle vasche del fango attivo, negli impianti di depurazione biologica.	Bomba adecuada para evacuar el fango del deposito de fango activo a la planta de depuración biologica.	Pumpe, die den Schlamm aus dem Belebtschlammbecken einer biologischen Reinigungsanlage fördert.	
pompa *f* per fango dei letti percolatori	**bomba *f* para fangos secundarios**	**Tropfkörperschlammpumpe *f***	**6314**
Pompa impiegata per asportare il fango dai letti percolatori, negli impianti di depurazione biologica.	Bomba adecuada para evacuar el fango del lecho bacteriano de una planta de depuración biologica.	Pumpe, die den Schlamm aus dem Tropfkörper einer biologischen Reinigungsanlage fördert.	

	ENGLISH	FRANÇAIS
6315	**disintegrator pump** macerator pump Pump which disintegrates solids and simultaneously handles sewage water; generally installed at sewage stations where screens and settling basins cannot be employed.	**pompe *f* dilacératrice** Pompe refoulant les eaux d'égout en découpant et déchirant les corps solides qu'elles contiennent; installée généralement dans les stations alimentées par canaux où les appareils de dégrillage et les bassins de décantation sont impossibles.
6316	**cellar drainage pump** celler drainer pump (USA) Pump handling waste water from basements and cellars.	**pompe *f* vide-cave** Pompe évacuant les eaux d'infiltration ou résiduaires des caves et sous-sols.
6317	**diverter pump** Pump handling sewage effluent from cesspools. The **package unit** for this purpose includes the required tanks, pumps and relevant control and auxiliary equipment, piping arrangements, etc.	**pompe *f* d'évacuation de matières fécales** Pompe évacuant les eaux résiduaires des fosses d'aisance. L'ensemble du groupe de pompage et des dispositifs auxiliaires, de commande et de réglage nécessaires à l'évacuation des eaux résiduaires dans un canal situé à un niveau supérieur, est appelé **installation *m* d'élévation de matières fécales.**
	Power station (including nuclear)	**Centrales de production d'énergie** (conventionnelles et nucléaires)
6401	**power station pump** Collective term for various pumps used mostly in thermal power stations.	**pompe *f* de centrale thermique** Terme collectif comprenant les diverses pompes utilisées dans les centrales thermiques.

ITALIANO	ESPAÑOL	DEUTSCH	
pompa *f* sminuzzatrice	**bomba *f* de desmenuzamiento**	**Zerhackerpumpe *f*** Zerreißpumpe *f*	**6315**
Pompa impiegata per sminuzzare ed erogare nello stesso tempo i corpi estranei trasportati dall'acqua fangosa. E' per lo più disposta nelle opere di sollevamento, dove non è possibile installare impianti di raccolta e vasche di decantazione.	Bomba empleada para desmenuzar y eliminar al mismo tiempo los cuerpos extraños contenidos en el agua fangosa; instalada generalmente en las estaciones alimentadas por canales donde los aparatos de recogida y las vasijas de decantación no son posibles.	Pumpe, welche die im Abwasser mitgeführten Fremdkörper gleichzeitig zerhackt und fördert; meist aufgestellt in Kanalhebewerken, wo keine Rechenanlage und Absetzbecken möglich sind.	
pompa *f* per prosciugamento di cantine	**bomba *f* de drenaje**	**Kellerentwässerungspumpe *f***	**6316**
Pompa impiegata per il prosciugamento di cantine o locali sotterranei, invasi da acque di infiltrazione o di scarico.	Bomba adecuada para evacuar las aguas de filtración ó residuales en sotanos ó subsuelos.	Pumpe für die Förderung leicht verschmutzter Abwässer aus tiefgelegenen Räumen und Kellern.	
pompa *f* per pozzi neri Pompa impiegata per erogare i liquami dei pozzi neri.	**bomba *f* para evacuación de materias fecales**	**Fäkalienpumpe *f***	**6317**
L'assieme del gruppo di pompaggio e dei dispositivi ausiliari, di comando e di regolazione necessari all'erogazione dei liquami in un canale situato a un livello superiore, è denominato **impianto *m* di sollevamento per pozzi neri.**	Bomba adecuada para evacuar las aguas residuales de las fosas de desahogo. El montaje de un grupo de bombeo y sus dispositivos auxiliares de mando y regulación necesarios para la evacuación de aguas residuales a un canal situado a un nivel superior, se le llama **instalación *m* de elevación de materias fecales.**	Pumpe für die Förderung von Abwasser aus Abortgruben. Die Gesamtheit von Pumpenaggregat und den zum Abführen des Abwassers in einen höher liegenden Kanal erforderlichen Hilfs-, Steuer- oder Regeleinrichtungen wird als **Fäkalienhebeanlage** bezeichnet.	
Centrali di produzione di energia (convenzionali e nucleari)	**Centrales de produccion de energia** (convencionales y nucleares)	**Kraftwerk** (konventionell und nuklear)	
pompa *f* per centrale termica	**bomba *f* de central termica**	**Kraftwerkspumpe *f***	**6401**
Denominazione generica delle varie pompe usate prevalentemente nelle centrali termiche.	Termino general que engloba a las diversas bombas utilizadas en las centrales termicas.	Sammelbegriff für verschiedene Pumpen, die vorwiegend in thermischen Kraftwerken eingesetzt werden.	

6402

boiler feed pump

pompe *f* d'alimentation de chaudière
pompe *f* alimentaire
pompe *f* à eau d'alimentation

Pump delivering usually treated water (boiler feed water) into steam boilers.

Pompe introduisant de l'eau généralement traitée (eau de chaudière) dans les chaudières à vapeur.

6404

condensate return pump
condensate recovery pump

pompe *f* de reprise

Pump for returning condensate into the system; used mostly in thermal power stations and heating plants.

Pompe ramenant dans le circuit principal l'eau provenant de la condensation de la vapeur. Utilisée surtout dans les centrales thermiques et dans certaines installations de chauffage.

6405

hot well pump

pompe *f* de hotwell

Pump handling condensate under high vacuum from a condenser with collecting tank (hot well) placed below.

Pompe aspirant sous un vide élevé l'eau de condensation provenant d'un condenseur muni d'un puisard (hotwell).

6406

reactor pump

pompe *f* de réacteur nucléaire

Collective description of various pumps used in the primary and secondary circuit of nuclear power stations (**primary reactor pumps** and **secondary reactor pumps**).

Terme collectif pour désigner différentes pompes utilisées dans le circuit primaire et secondaire des centrales nucléaires (**pompes *f* primaires de réacteur nucléaire** et **pompes *f* secondaires de réacteur nucléaire.**

6407

storage pump

pompe *f* d'accumulation

Pump used in hydraulic power stations for pumping water from low level to high level in order to accumulate hydraulic energy during periods of low power consumption. Large capacities at considerable differential heads.

Pompe utilisée dans les centrales hydrauliques. Elle remonte l'eau dans le lac supérieur pendant les heures creuses pour l'accumulation d'énergie hydraulique. Pompe de grosse puissance avec débit élevé et hauteur géométrique importante.

ITALIANO	ESPAÑOL	DEUTSCH	
pompa *f* alimento caldaia pompa *f* d'alimento	**bomba *f* para alimentación de calderas** bomba *f* de alimentación bomba *f* de agua de alimentación	**Kesselspeisepumpe *f*** Speisepumpe *f* Speisewasserpumpe *f*	**6402**
Pompa impiegata per alimentare le caldaie a vapore con acqua appositamente trattata (acqua di alimento caldaia).	Bomba que introduce el agua, generalmente tratada (agua de caldera), en las calderas de vapor.	Pumpe, die meist aufbereitetes Wasser (Kesselspeisewasser) in Dampfkessel fördert.	
pompa *f* per ricupero del condensato	**bomba *f* de retorno de condensados**	**Kondensatrückspeisepumpe *f*** Rückspeisekondensatpumpe *f*	**6404**
Pompa impiegata per il convogliamento del condensato nel circuito principale, per lo più negli impianti di riscaldamento e nelle centrali termiche.	Bomba situada en el circuito principal del agua procedente de la condensación del vapor. Utilizada basicamente en las centrales termicas y en algunas instalaciones de calefacción.	Pumpe, die niedergeschlagenen Dampf (Kondensat) zurück in den Hauptkreislauf fördert; meist in Kraftwerken und Heizungsanlagen eingesetzt.	
pompa *f* per pozzo caldo	**bomba *f* hotwell**	**Hotwellpumpe *f***	**6405**
Pompa impiegata per estrarre il condensato, sotto alto vuoto, direttamente dal condensatore, munito di pozzo caldo.	Bomba que aspira bajo vacio elevado el agua de condensación procedente de un condensador situado debajo.	Pumpe, die Kondensat unter hohem Vakuum aus einem Kondensator mit unten angebrachtem Sammelkasten (Hotwell) fördert.	
pompa *f* per reattore nucleare	**bomba *f* para reactor atomico**	**Reaktorpumpe *f***	**6406**
Denominazione generica per designare differenti pompe utilizzate nei circuiti primario e secondario delle centrali nucleari (**pompe *f* primarie** e **pompe *f* secondarie per reattore nucleare**).	Termino usado generalmente para designar las diferentes bombas utilizadas en los circuitos primarios y secundarios de las centrales nucleares (**bomba *f* primaria del reactor atomico** y **bomba *f* secundaria del reactor atomico**).	Sammelbegriff für verschiedene Pumpen, die im Primär- und Sekundärkreislauf nuklearer Kraftwerke eingesetzt werden (**Primärreaktorpumpen *f*** und **Sekundärreaktorpumpen *f***).	
pompa *f* d'accumulazione	**bomba *f* de acumulación**	**Speicherpumpe *f***	**6407**
Pompa impiegata nelle centrali idroelettriche per il sollevamento dell'acqua dai bacini inferiori a quelli superiori, allo scopo di accumulare energia idraulica durante le ore di minore richiesta d'energia elettrica. In genere pompa con grandi portate ed alte prevalenze.	Bomba utilizada en las centrales hidraulicas. Sirve para elevar el agua al embalse superior durante las horas de poco consumo, para acumular energia hidraulica. Bomba de gran potencia con elevado caudal y altura.	Pumpe, die in hydraulischen Kraftwerken aus dem Niederwasser in das Oberwasser fördert zur Ansammlung eines Energievorrates in Zeiten geringen Strombedarfes. Große Förderströme bei beträchtlichen geodätischen Förderhöhen.	

	ENGLISH	FRANÇAIS
6408	**pump turbine**	**pompe *f* turbine**
	Pump capable of operating as a turbine, e.g. in power storage schemes *(see also 1013)*.	Pompe capable de fonctionner en turbine; utilisée par exemple dans les centrales hydrauliques comme *pompe d'accumulation 6407*.
	Not to be confused with the *turbo-pump 3009*.	L'expression **pompe *f* réversible,** quelquefois employée pour ce type de pompe, est déconseillée.
		Ne pas confondre la pompe turbine avec la *pompe à débit réversible 1013* ou avec la *turbopompe 3009*.
6410	**main coolant pump** primary coolant pump (USA)	**pompe *f* primaire**
	Pump for circulating primary coolant in pressurized water reactors.	Pompe de circulation de fluide de refroidissement dans le circuit primaire d'un réacteur à eau pressurisée.
6411	**decay heat removal pump** back-up (emergency) boiler feed pump residual heat removal pump (USA)	**pompe *f* de sécurité**
	Pump for supplying, e.g. essential cooling service following reactor shutdown. Supplies cooling water into either the main coolant or a secondary circuit. The pump is also used as a safety "back-up" feed pump to the secondary circuit (boiler feed/steam) in the event of failure.	Pompe p.ex. assurant le post-refroidissement nécessaire du coeur de réacteur lors de l'arrêt d'une centrale nucléaire. A cet effet, l'eau de refroidissement est injectée dans la conduite principale du fluide de refroidissement ou dans un circuit auxiliaire. Cette pompe remplit également des fonctions de sécurité dans le cas de défaillance du circuit secondaire.
6412	**chemical injection pump**	**pompe *f* à liquide déionisant** pompe *f* d'injection de liquide déionisant
	Pump, e.g. for injection of chemicals into feedwater for adjustment of hydrogen ion content (pH value)	P.ex. dans les centrales électriques, pompe destinée à véhiculer des liquides qui sont injectés dans l'eau d'alimentation, dans le but d'influencer la concentration en ions hydrogène (valeur pH).

ITALIANO	ESPAÑOL	DEUTSCH	
pompaturbina *f*	**bomba** *f* **de turbina**	**Turbinenpumpe** *f* Pumpenturbine *f*	**6408**
Pompa che può funzionare anche come turbina; impiegata per esempio nelle centrali idroelettriche *(cfr. anche 1013).* Non confondere con la *turbopompa 3009.*	Bomba capaz de funcionar tamtrien como turbina; utilizada por ejemplo en las centrales hidraulicas como *bomba de acumulación 6407.* La expresión **bomba** *f* **reversible,** algunas veces empleada para este tipo be bomba, no es aconsejable. No confundir la bomba de turbina con la *bomba de caudal reversible 1013* ó con la *turbobomba 3009.*	Pumpe, die als Turbine arbeiten kann; eingesetzt z.B. in Pumpspeicherwerken *(vergl. auch 1013).* Nicht zu verwechseln mit der *Turbopumpe 3009.*	
pompa *f* **primaria**	**bomba** *f* **del primario**	**Hauptkühlmittelpumpe** *f*	**6410**
Pompa di circolazione del fluido di raffreddamento nel circuito primario d'un reattore ad acqua pressurizzata.	Bomba de circulación del fluido de enfriamiento en el circuito primario de un reactor de agua presurizada.	Pumpe zur Umwälzung des Kühlmittels im Primärkreislauf eines Druckwasserreaktors.	
pompa *f* **di postraffreddamento**	**bomba** *f* **de seguridad**	**Niederdruck-Nachkühlpumpe** *f* Nachkühlpumpe *f*	**6411**
Pompa impiegata ad esempio per assicurare il postraffreddamento necessario del nocciolo del reattore, quando si arresta una centrale nucleare. A tale scopo l'acqua di raffreddamento è iniettata nella condotta principale del fluido di raffreddamento o in un circuito ausiliario. Questa pompa adempie ugualmente alle funzioni di sicurezza nel caso di mancato funzionamento del circuito secondario.	Bomba, que asegura el enfriamiento posterior del nucleo del reactor despues de la parada de una central nuclear. A tal efecto, el agua de enfriamiento se inyecta al conducto principal ó en un circuito auxiliar. Esta bomba hace igualmente las funciones de seguridad en el caso de fallo del circuito secundario.	Pumpe, die z.B. bei Abfahren eines Kernkraftwerkes die erforderliche Nachkühlung des Reaktorkerns übernimmt. Das Kühlwasser wird dabei in die Hauptkühlmittelleitung oder einen Hilfskreislauf eingespeist. Diese Pumpe erfüllt auch sicherheitstechnische Funktionen bei Ausfall des Sekundärkreislaufes.	
pompa *f* **d'iniezione liquidi deionizzanti**	**bomba** *f* **para líquido desionizado** bomba *f* para la inyección de líquido desionizado	**Deionateinspeisepumpe** *f* Deionatpumpe *f*	**6412**
P.es. nelle centrali elettriche, pompa destinata ad erogare liquidi da iniettare nell'acqua di alimento, allo scopo di correggere la concentrazione in ioni idrogeno (valore pH).	Por ejemplo en las centrales electricas, bomba destinada a vehicular los líquidos que se inyectan en el agua de alimentación, con el fin de modificar la concentración de iones hidrogeno (valor pH).	Pumpe zur Förderung von Flüssigkeiten, die z.B. in Kraftwerken dem Speisewasser zwecks Beeinflussung der Wasserstoffionenkonzentration (pH-Wert) zugeführt werden.	

6413

evaporator condensate extraction pump

Pump, e.g. for pumping treated (demineralized) water to storage or reservoir tank, prior to being returned to the coolant circuit.

pompe *f* à condensat d'évaporateur

P.ex. pompe destinée à véhiculer le fluide de refroidissement traité dans les réservoirs à fluide de refroidissement avant d'être ramenée au circuit de refroidissement.

6414

recirculating pump

Pump for keeping temperatures in the reactor pressure vessel of a boiling water reactor below the maximum allowable values.

pompe *f* de circulation forcée

Pompe assurant la circulation de l'eau dans un réacteur à eau bouillante pour empêcher un dépassement de la temperature maximale admissible.

6415

evaporator feed pump

Pump for cycling reactor primary coolant to treatment plant (evaporator column).

pompe *f* d'alimentation de l'évaporateur

Pompe destinée à amener le fluide de refroidissement du réacteur à l'installation de traitement du fluide de refroidissement.

6416

start and shutdown pump

Pump used during the start and shutdown of a plant. For instance on a nuclear or thermal power station.

pompe *f* de démarrage et d'arrêt

Pompe utilisée au démarrage et à l'arrêt d'une installation, p.ex. de l'installation de chaudières d'une centrale nucléaire ou conventionnelle.

6417

seal water injection pump

Pump for supplying axial shaft seal, e.g. for *main coolant pumps 6410* in pressurized water reactors.

pompe *f* d'injection d'eau de barrage

Pompe destinée à alimenter les garnitures d'étanchéité d'arbre, p.ex. des *pompes primaires à fluide de refroidissement 6410* dans les réacteurs à eau pressurisée.

6418

water lubricated bearings pressurization pump

Pump supplying pressurized cold water to water lubricated bearings.

pompe *f* à eau pressurisée pour la lubrification de paliers

Pompe destinée à alimenter en eau froide et à la pression requise, les paliers lubrifiés à l'eau.

ITALIANO	ESPAÑOL	DEUTSCH	
pompa *f* per estrazione condensato dell'evaporatore P.es. pompa destinata a erogare il fluido di raffreddamento trattato nei serbatoi per fluido di raffreddamento, prima di essere rimandato nel circuito di raffreddamento.	**bomba *f* de condensados del evaporador** Por ejemplo, bomba destinada a vehicular el fluido de enfriamiento tratado en los recipientes del fluido de enfriamiento, antes de ser introducido al circuito.	**Verdampferkondensatpumpe *f*** Z.B. Pumpe zur Förderung des aufbereiteten Kühlmittels in die Kühlmittelbehälter, bevor es wieder dem Kühlkreislauf zugeführt wird.	**6413**
pompa *f* di circolazione forzata Pompa impiegata per assicurare la circolazione dell'acqua in un reattore ad acqua bollente per non superare la temperatura massima ammissibile.	**bomba *f* de circulación forzada** Bomba que asegura la circulación de agua en un reactor de agua en ebullición para impedir sobrepasar la temperatura máxima admisible.	**Zwangsumwälzpumpe *f*** Pumpe zur Kühlung des Reaktor-Druckgefäßes eines Siedewasserreaktors, so daß die maximal zulässigen Temperaturen nicht überschritten werden.	**6414**
pompa *f* d'alimento dell'evaporatore Pompa impiegata per erogare il fluido di raffreddamento del reattore al relativo impianto di trattamento (colonna dell'evaporatore).	**bomba *f* de alimentación del evaporador** Bomba destinada a llevar el fluido de enfriamiento de un reactor a la instalación de tratamiento de dicho fluido.	**Verdampferspeisepumpe *f*** Pumpe zur Förderung von Reaktorkühlmittel zur Kühlmittelaufbereitungsanlage (Verdampferkolonne).	**6415**
pompa *f* per avviamento e per arresto Pompa utilizzata durante l'avviamento e l'arresto di un impianto, per es. in una centrale nucleare o convenzionale.	**bomba *f* de arranque y paro** Bomba utilizada para el arranque y paro de una instalación, por ejemplo, en una instalación de calderas en una central nuclear ó convencional.	**An- und Abfahrpumpe *f*** Pumpe, die zum An- und Abfahren einer Anlage, z.B. der Kesselanlage eines nuklearen oder konventionellen Kraftwerkes eingesetzt wird.	**6416**
pompa *f* d'iniezione acqua di tenuta Pompa destinata ad iniettare acqua alle guarnizioni di tenuta dell'albero, per esempio delle *pompe primarie con fluido di raffreddamento 6410* nei reattori ad acqua pressurizzata.	**bomba *f* de inyección de agua de cierre** Bomba destinada a alimentar las guarniciones de estanqueidad de un eje, por ejemplo, las *bombas primarias del fluido de enfriamiento 6410* en los reactores de agua presurizada.	**Dichtungssperrwasserpumpe *f*** Sperrwasserpumpe *f* Pumpe zur Versorgung von Wellendichtungen, z.B. von *Hauptkühlmittelpumpen 6410* in Druckwasserreaktoren.	**6417**
pompa *f* per circuito acqua pressurizzata per lubrificazione cuscinetti Pompa destinata ad alimentare con acqua fredda e alla pressione richiesta, i cuscinetti lubrificati ad acqua.	**bomba *f* de agua presurizada para lubricar los soportes** Bomba destinada a alimentar con agua fria y a la presión requerida, los soportes lubricados por agua.	**Lagerdruckwasserpumpe *f*** Pumpe zur Versorgung wassergeschmierter Lager mit kaltem Wasser des erforderlichen Druckes.	**6418**

	ENGLISH	FRANÇAIS
6419	**charging pump** Pump delivering liquid into a system to replenish liquid losses (leakages) and to compensate for volume changes due to temperature. A further application is the boric acid control (injection) in primary circuits. .	**pompe *f* de régulation du débit-volume** Pompe injectant des liquides dans un système afin de compenser les pertes (fuites, ou modification du débit-volume déterminé par la température), p.ex. injection d'acide borique dans le circuit primaire d'une centrale nucléaire.
6420	**dewatering pump** water separation condensate pump Pump for the water removal from the low pressure stage of a steam turbine.	**pompe *f* de reprise d'eau de condensation** Pompe destinée à évacuer l'eau de condensation de la partie basse pression d'une turbine à vapeur.
6421	**de-aerator extraction pump** Pump for removing surplus water from the de-aerator storage tank.	**pompe *f* d'extraction de liquide du dégazeur** Pompe destinée à extraire l'eau d'alimentation de chaudière du dégazeur dans le cas de trop plein de celui-ci.
6422	**fuel element cooling ponds supply pump** Pump which supplies cooling water into storage tank of used rods in a nuclear power plant.	**pompe *f* d'alimentation des bassins de stockage** Pompe injectant de l'eau de refroidissement dans le bassin de stockage des éléments combustibles usés d'une centrale nucléaire.
6423	**fuel element cooling pond pump** fuel pool cooling pump (USA) Pump which circulates cooling water through fuel element cooling ponds.	**pompe *f* de refroidissement de bassin** Pompe de circulation d'eau de refroidissement dans un bassin de stockage d'éléments combustibles usés, dans une centrale nucléaire.
6424	**fuel elements cooling pond purification pump** Pump which drains contaminated water from fuel elements cooling	**pompe *f* de nettoyage de bassin** Pompe prélevant l'eau contaminée du bassin de stockage des éléments

ITALIANO	ESPAÑOL	DEUTSCH	
pompa *f* di regolazione del volume pompa *f* iniezione ad alta pressione Pompa impiegata per iniettare liquidi in un sistema allo scopo di compensare le perdite (fughe o variazione del volume determinata dalla temperatura). Ulteriore applicazione è il controllo (iniezione) dell'acido borico nel circuito primario.	**bomba *f* de regulación del caudal-volumen** Bomba que inyecta líquido en un sistema con el fin de compensar las perdidas (fugas, ó modificación del caudal-volumen determinado por la temperatura), por ejemplo inyección de acido borico en el circuito primario de una central nuclear.	**Volumenregelpumpe *f*** Pumpe, die Flüssigkeiten in ein System zwecks Ausgleich von Verlusten (Leckagen oder temperaturbedingte Volumenänderungen) einspeist, z.B. zur Borsäuresteuerung im Primärkreislauf eines Kernkraftwerks.	**6419**
pompa *f* per ricupero dell'acqua di condensazione Pompa destinata a rimettere in ciclo l'acqua di condensazione raccolta nelle parti di bassa pressione di una turbina a vapore.	**bomba *f* de separación del agua de condensaciòn** Bomba destinada a evacuar el agua de condensación de la parte baja de una turbina de vapor.	**Wasserabscheidekondensatpumpe *f*** Wasserabscheidepumpe *f* Pumpe zur Entwässerung des Niederdruckteils einer Dampfturbine.	**6420**
pompa *f* di estrazione del liquido del degasatore Pompa destinata a estrarre l'acqua d'alimento caldaia del degasatore nel caso di troppo pieno di questo.	**bomba *f* de extracción de líquido del desgasificador** Bomba destinada a extraer el agua de alimentación de caldera, del desgasificador, en el caso de estar demasiado lleno.	**Entgaserabziehpumpe *f*** Pumpe, die Speisewasser aus dem Entgaser, bei zu hohem Füllstand in diesem, abzieht.	**6421**
pompa *f* d'alimento delle piscine di raffreddamento del combustibile Pompa impiegata per iniettare l'acqua di raffreddamento nelle piscine di stoccaggio degli elementi di combustibile spento d'una centrale nucleare.	**bomba *f* de alimentación de las vasijas de almacenaje** Bomba que inyecta el agua de enfriamiento a las vasijas de almacenaje del combustible en una central nuclear.	**Lagerbeckenspeisepumpe *f*** Pumpe, die Kühlwasser in das Lagerbecken für verbrauchte Brennelemente in einem Kernkraftwerk einspeist.	**6422**
pompa *f* di raffreddamento della piscina combustibile Pompa di circolazione dell'acqua di raffreddamento in una piscina di stoccaggio degli elementi di combustibile spento in una centrale nucleare.	**bomba *f* de enfriamiento de las vasijas** Bomba de circulación de agua de enfriamiento en las vasijas de almacenaje de los elementos combustibles usados, en una central nuclear.	**Beckenkühlpumpe *f*** Pumpe, die das Kühlwasser im Lagerbecken für verbrauchte Brennelemente in einem Kernkraftwerk umwälzt.	**6423**
pompa *f* per circuito di pulizia della piscina combustibile Pompa impiegata per prelevare l'acqua contaminata della piscina di	**bomba *f* de limpieza de las vasijas** Bomba de limpieza de las vasijas que toma el agua contaminada de la	**Beckenreinigungspumpe *f*** Pumpe, die das kontaminierte Wasser aus dem Lagerbecken für verbrauchte	**6424**

		ENGLISH	FRANÇAIS
		ponds and returns it via fuel elements cooling pond water purification plant to the cooling pond.	combustibles usés pour la ramener, décontaminée, au bassin, en passant par le dispositif d'épuration d'eau de refroidissement de ce bassin.
6425		**boron injection pump** Pump installed in primary circuit to control boron concentration.	**pompe *f* d'injection de bore** Pompe destinée à réaliser la concentration borique dans le circuit primaire.
6426		**boric acid pump** Pump for the transport of boric acid from the process vessel to the boric acid container or for the injection into the volume control system.	**pompe *f* à acide borique** Pompe vehiculant de l'acide borique provenant du réservoir de décantation, vers le réservoir à acide borique ou l'injectant dans le système de régulation du débit-volume.
6427		**high pressure (feed/injection) pump** safety injection pump (USA) Pump which starts automatically, e.g. on loss of pressure from the primary circuit of a pressurized water reactor.	**pompe *f* d'injection haute pression de sécurité** Pompe qui se met automatiquement en marche lorsque la pression tombe de façon incontrôlée, p.ex. à la suite d'une fuite dans le circuit primaire d'une centrale nucléaire à eau pressurisée.
6428		**core coolant prime maintenance pump** low pressure coolant injection pump (USA) Pump which maintains required prime or level in the pressure vessel during shutdown/cooldown of a boiling water reactor following a failure.	**pompe *f* de maintien** Pompe pour le maintien du niveau de liquide requis dans le réservoir sous pression d'un réacteur à eau bouillante, en cas d'arrêt du réacteur par suite d'avarie.
6429		**containment spray pump** Pump for the cooling of the safety shell of a Nuclear Power Plant during failure.	**pompe *f* d'aspersion** Pompe de refroidissement de l'enveloppe de sécurité d'une centrale nucléaire, en cas d'avarie.

stoccaggio degli elementi di combustibile spento per riportarla, decontaminata, attraverso il dispositivo di depurazione dell'acqua di raffreddamento della piscina.

vasija de almacenamiento de los elementos combustibles usados para volver, descontaminada, a la vasija, pasando por los dispositivos de depuración del agua de enfriamiento de dichas vasijas.

Brennelemente entnimmt und über die Beckenkühlwasserreinigung gereinigt wieder in das Becken zurückfördert.

6425

pompa *f* per iniezione di boro

Pompa impiegata per realizzare la concentrazione di boro nel circuito primario.

bomba *f* de inyección de boro

Bomba destinada a conseguir la concentración borica en el circuito primario.

Borierpumpe *f*

Pumpe, die für die Steuerung der Bor-Konzentration im Primärkreislauf eingesetzt wird.

6426

pompa *f* per acido borico

Pompa impiegata per il travaso dell'acido borico dai relativi serbatoi o per iniezione dell'acido borico nel sistema di regolazione del volume.

bomba *f* para acido borico

Bomba que vehicula el acido borico procedente del recipiente de decantación, hacia el recipiente de acido borico desde donde es inyectado al sistema de regulación caudal-volumen.

Borsäurepumpe *f*

Pumpe zum Fördern von Borsäure aus dem Ansatzbehälter in den Borsäurebehälter oder zur Einspeisung in das Volumenregelsystem.

6427

pompa *f* d'iniezione alta pressione di sicurezza

Pompa che si mette automaticamente in funzione allorchè la pressione cade in modo incontrollabile, per es. in seguito ad una fuga nel circuito primario d'una centrale nucleare ad acqua pressurizzata.

bomba *f* de inyección de alta presión de seguridad

Bomba que se pone automaticamente en marcha cuando la presión cae de manera incontrolada, por ejemplo a continuación de una fuga en el circuito primario de una central nuclear de agua presurizada.

Sicherheitseinspeisepumpe *f*

Pumpe, die sich automatisch einschaltet, wenn z.B. durch eine Leckage im Primärkreislauf eines Druckwasserreaktors der Druck unkontrolliert abfällt.

6428

pompa *f* di mantenimento
pompa *f* di iniezione bassa pressione

Pompa per il mantenimento del livello liquido richiesto nel serbatoio in pressione di un reattore ad acqua bollente in caso di arresto del reattore in seguito ad avaria.

bomba *f* de mantenimiento

Bomba para el mantenimiento del nivel de líquido preciso en el recipiente bajo presión de un reactor de agua en ebullición, para el caso de paro del reactor como consecuencia de una averia.

Flutpumpe *f*

Pumpe zum Aufrechterhalten des erforderlichen Flüssigkeitsstandes im Druckbehälter eines Siedewasserreaktors bei Abfahren des Reaktors infolge eines Schadensfalles.

6429

pompa *f* di raffreddamento del contenitore di sicurezza

Pompa impiegata per il raffreddamento del contenitore di sicurezza di una centrale nucleare, in caso di avaria, mediante aspersione d'acqua.

bomba *f* de aspersión

Bomba de enfriamiento de la envoltura de seguridad de una central nuclear en caso de averia.

Gebäudesprühpumpe *f*

Pumpe zur Kühlung der Sicherheitshülle eines Kernkraftwerkes im Schadensfalle.

6430

condensate re-entry pump

pompe *f* à condensat avec étage de soutirage de retour

Multi-stage condensate pump usually used in power stations. The total pumped capacity after the first stage is directed to the condensate purification plant. From there the condensate is returned via the return branch to the next pumping stage.

(This pump is used in lieu of separate condensate – and booster pump).

Pompe à condensat multi-étagée utilisée généralement dans les centrales thermiques et dans laquelle le débit total s'écoule, après le premier étage, dans l'installation d'épuration de condensat et, de là retourne à la pompe en passant par la tubulure de retour de l'étage de soutirage de retour (remplacement de la pompe de mise en charge à condensat séparée et de groupe surpresseur).

Heating plant

Installations de chauffage

6501

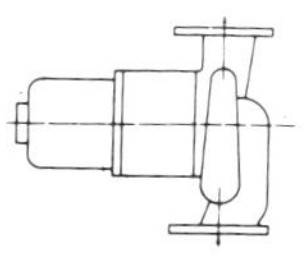

heating circulating pump

pompe *f* de chauffage

Pump providing forced circulation in hot water heating systems.

Pompe établissant une circulation forcée dans les installations de chauffage.

6502

accelerator (hot water)

accélérateur *m* de chauffage
circulateur *m* de chauffage

Pump for increasing the flow velocity used especially in heating plants; often constructed as a *glandless pump 1035.*

Pompe utilisée pour augmenter la vitesse de circulation de l'eau dans les installations de chauffage à eau chaude; en général, petit *groupe électro-pompe sans presse-étoupe 1035.*

6503

boiler circulating pump

pompe *f* de recyclage d'eau chaude

Pump incorporated in central hot water supply plant to circulate the water heated in the boiler through the hot water pipes, to maintain temperature.

Pompe utilisée dans les distributions collectives d'eau chaude pour mettre en circulation, dans les conduites d'eau chaude, l'eau chauffée dans le générateur à eau chaude; on évite ainsi que cette eau se refroidisse dans les conduites.

ITALIANO	ESPAÑOL	DEUTSCH	
pompa *f* estrazione condensato a rientro	**bomba *f* de condensado con etapa de trasiego de retorno**	**Kondensatpumpe *f* mit Anzapfrücklaufstufe** Re-entry-Pumpe *f*	**6430**
Pompa estrazione condensato a più stadi utilizzata a volte nelle centrali termiche. La portata totale, dopo il primo stadio viene inviata all'impianto di trattamento del condensato e di lì riimmessa (rientro) all'aspirazione dello stadio successivo. Questa pompa sostituisce l'impiego di due pompe separate: pompa estrazione condensato e pompa booster.	Bomba de condensados multi-etapa utilizada generalmente en las centrales termicas en la que el caudal total se derrama, despues de la primera etapa, hacia la planta de depuración de condensados. Desde allí los condensados retornan al siguiente estadio de la bomba.	Überlicherweise in Kraftwerken eingesetzte mehrstufige Kondensatpumpe, bei der der gesamte Förderstrom nach der ersten Stufe in die Kondensatreinigungsanlage und von dort über den Rückführstutzen der Anzapfrücklaufstufe wieder in die Pumpe zurückfließt (Ersatz für getrennte Kondensatvorpumpe und Druckerhöhungspumpe).	
Impianti di riscaldamento	**Instalaciones de calefaccion**	**Heizungsanlage**	
pompa *f* per riscaldamento	**bomba *f* de calefaccion**	**Heizungsumwälzpumpe *f*** Heizungspumpe *f* Heißwasser-Umwälzpumpe *f*	**6501**
Pompa impiegata per attivare la circolazione in impianti di riscaldamento ad acqua calda.	Bomba que establece una circulación forzada en las instalaciones de calefacción.	Pumpe zur Erzielung eines Zwangsumlaufes in Warmwasserheizungsanlagen.	
pompa *f* acceleratrice	**aceleradora *f* de calefacción** circulatoria *f* de calefacción	**Umwälzbeschleuniger *m*** Heizungsumwälzbeschleuniger *m*	**6502**
Pompa impiegata per aumentare la velocità dell'acqua di circolazione, ad esempio negli impianti di riscaldamento. E' in genere *pompa senza premitreccia 1035.*	Bomba utilizada para aumentar la velocídad de circulación del agua en las instalaciones de calefacción de agua caliente; en general, pequeño *grupo electrobomba sin reten 1035.*	Pumpe zur Erhöhung der Strömungsgeschwindigkeiten, besonders in Heizungsanlagen. Wird oft als *stopfbuchslose Pumpe 1035* ausgeführt.	
pompa *f* per riscaldatore d'acqua pompa *f* per boiler	**bomba *f* recirculatoria de agua caliente**	**Boilerpumpe *f***	**6503**
Pompa impiegata negli impianti di alimentazione d'acqua calda, per mantenere continuamente in circolazione, nell'apposita rete, l'acqua fornita dal riscaldatore, evitandone il raffreddamento.	Bomba utilizada en las ditribuciones colectivas para poner el agua caliente en circulación en los conductos de agua caliente para evitar así que el agua se enfrie en dichos conductos.	Pumpe, die in zentralen Warmwasserversorgungsanlagen eingesetzt wird, um das im Boiler erwärmte Wasser in den Warmwasserleitungen ständig umzuwälzen, damit eine Abkühlung verhindert wird.	

6504

district heating pump

Pump installed in main plant for hot water circulation within a whole district, users being connected either from outlet or return line of the circuit system.

Depending on installation position one differentiates between **outlet** or **return line pump.**

pompe *f* de chauffage urbain

Pompe installée généralement dans la chaufferie même et assurant la circulation de l'agent caloporteur. Souvent les utilisateurs individuels de tout un quartier de ville sont branchés entre la conduite aller et la conduite de retour. Suivant la conduite sur laquelle se trouve la pompe, on distingue la **pompe *f* sur circuit aller et la pompe *f* sur circuit retour.**

6505

fuel oil supply pump

Pump for transferring fuel oil between tanks, like for instance, pumping from a tanker wagon into a storage tank, or from main storage tank into a supply tank.

pompe *f* à mazout

Pompe utilisée pour le transvasement du mazout.

6506

fuel oil transfer pump

Pump for delivering fuel oil from a tank to the oil burner, in the case of several burners by use of a ring main.

pompe *f* à mazout (pour alimentation des brûleurs)

Pompe amenant le mazout du réservoir de stockage à un ou plusieurs brûleurs.

6507

oil burner pump
fuel oil injection pump

Usually *gear pump 0281* or *screw pump 0282* delivering fuel oil under required pressure to atomizer nozzles.

pompe *f* de brûleur

En général; *pompe à engrenages 0281* ou *pompe à vis 0282* alimentant l'injecteur de pulvérisation en mazout sous pression élevée.

pompa *f* per riscaldamento a distanza

Pompa disposta generalmente in centrale e che provvede alla circolazione dell'acqua, cioè del veicolo del calore. Generalmente i singoli utenti di un intero quartiere sono collegati in parallelo, con una tubazione di mandata ed una di riterno. Secondo la tubazione, si distingue fra **pompa *f* di andata** e **pompa *f* di ritorno.**

bomba *f* de calefacción urbana

Bomba instalada generalmente en la misma sala de calderas, que asegura la circulación del agente calorportante. Según la utilización de todo ó parte del pueblo se colocan en el conducto de ida ó retorno. Según la conducción en la que se encuentra cabe distinguir: **bomba *f* sobre el circuito de ida** ó **bomba *f* sobre el circuito de retorno.**

Fernheizpumpe *f* 6504

Pumpe, die meist in der Zentrale aufgestellt ist und für die Zirkulation des Wassers, d.h. des Wärmeträgers, sorgt. Oft werden die einzelnen Abnehmer eines ganzen Stadtteiles zwischen eine Vor- und eine Rücklaufleitung geschaltet. Je nach der Leitung unterscheidet man dann **Vorlaufpumpe *f*** und **Rücklaufpumpe *f*.**

(Anmerkung: *Rücklaufpumpen* kommen analog auch bei verschiedenen Verfahren der Chemie und Petrochemie vor; *vergl. 6817*).

---

pompa *f* per travaso di olio combustibile

Pompa impiegata per il travaso di olio combustibile da un recipiente ad un altro.

bomba *f* de fuel-oil

Bomba utilizada para el tranvase de fuel-oil.

Heizölpumpe *f* 6505
Heizöltransferpumpe *f*
Heizölumförderpumpe *f*

Pumpe, die Heizöl aus einem Behälter in einen anderen fördert, z.B. aus einem Kesselwagen in einen Lagertank oder aus einem Lagertank in einen Tagestank.

---

pompa *f* per distribuzione di olio combustibile

Pompa impiegata per il travaso di olio combustibile da un serbatoio di deposito al bruciatore, per lo più attraverso una tubazione ad anello.

bomba *f* de fuel-oil (para alimentación de quemadores).

Bomba para trasegar el fuel-oil desde el deposito de almacenamiento hasta uno ó varios quemadores.

Heizölzubringerpumpe *f* 6506

Pumpe, die Heizöl aus einem Lagertank zum Ölbrenner fördert, bei mehreren Brennern meist durch eine Ringleitung.

---

pompa *f* per bruciatori d'olio

Usualmente *pompa ad ingranaggi 0281* o *pompa a vite 0282,* impiegata per l'erogazione di olio combustibile, con la necessaria alta pressione, all'ugello del polverizzatore.

bomba *f* de quemador

En general, *bomba de engranajes 0281,* ó *bomba de tornillo 0282* que alimenta el inyector de pulverización de fuel-oil, a presión elevada.

Ölbrennerpumpe *f* 6507
Brennerbetriebspumpe *f*

Gewöhnlich *Zanradpumpe 0281* oder *Schraubenspindelpumpe 0282,* die das Heizöl mit dem notwendigen hohen Druck zur Zerstäuberdüse fördert.

	English	Français
	Mining and treatment	**Industries minières**
6601	**mine pump**	**pompe *f* de mine**
	Collective term for pumps handling mine water; these pumps have to comply with the local regulations for underground installation.	Terme collectif comprenant toutes les pompes destinées à l'évacuation des eaux des mines. Ces pompes sont soumises aux règlements concernant les installations de fond.
6602	**mine drainage pump**	**pompe *f* d'exhaure**
	Pump used in mines for maintenance of a normal water level; pumps accumulated water above ground.	Pompe évacuant au jour les eaux d'infiltration arrivant dans les galeries.
6603	**(coal) face pump**	**pompe *f* d'exhaure secondaire**
	Portable mine drainage pump, used in the immediate vicinity of the coal face, delivering the seepage water into the main draining system or the sump of a pump chamber.	Pompe installée à proximité du front de taille dans les mines, utilisée pour amener les eaux d'infiltration dans les rigoles alimentant le systeme principal de drainage.
6604	**sinking pump**	**pompe *f* de fonçage**
	Mostly vertical pump used for water level control during the sinking of mine shafts. The unit is fitted into a frame which is lowered by hoist to working elevation.	Pompe généralement verticale utilisée pour l'exhaure au cours de la construction des puits de mines. Le groupe de pompage, installé dans un cadre, est suspendu au câble d'un treuil pour sa descente au lieu d'utilisation.
6605	**tailings pump**	**pompe *f* de remblayage**
	Pump used in mines for the pumping of sand, gravel, refuse, etc; delivers the pumped medium into disused pits.	Pompe amenant dans les mines un mélange d'eau, de schistes et de stériles pour combler les galeries et tailles épuisées.

ITALIANO	ESPAÑOL	DEUTSCH	
Industria per l'estrazione e il trattamento dei minerali	**Industria minera**	**Bergbau und Aufbereitung**	
pompa *f* per miniera Denominazione generica per pompe che convogliano acque di miniera e sono soggette alle locali prescrizioni per l'installazione nelle miniere.	**bomba *f* de mina** Termino general que engloba todas las bombas destinadas a evacuar el agua de las minas. Estas bombas estan sujetas a los reglamentos relativos a instalaciones subterraneas.	**Bergwerkspumpe *f*** Untertagepumpe *f* Sammelbegriff für Pumpen zur Förderung von Grubenwasser, die den örtlich gültigen Vorschriften für Untertageinstallationen unterworfen sind.	**6601**
pompa *f* di esaurimento principale Pompa impiegata per convogliare all'esterno le acque di infiltrazione e per mantenere il livello dei normali specchi d'acqua.	**bomba *f* de drenaje** Bomba que evacua el agua de filtración que llega a las galerias.	**Wasserhaltungspumpe *f*** Pumpe, die das in Bergwerksstollen anfallende Wasser über Tage fördert (zur Haltung bzw. Gewährleistung des normalen Wasserspiegels).	**6602**
pompa *f* di esaurimento secondaria Pompa che viene installata nelle immediate vicinanze del luogo di lavoro, a scopo di prosciugamento. E' impiegata per erogare le acque di scolo nel sistema principale di drenaggio oppure nei serbatoi di raccolta della sala pompe.	**bomba *f* de drenaje secundaria** Bomba instalada en las proximidades del frente de trabajo en las minas, utilizada para llevar el agua de filtración a la rama principal.	**Vorortpumpe *f*** Sümpfungspumpe *f* Pumpe, die zur Sümpfung vor Ort (unmittelbar an der Abbaustelle der Kohle oder des Erzes im Bergwerk) eingesetzt wird. Sie fördert das Sickerwasser in das Hauptwasserhaltungssystem oder zum Sammelbehälter einer Pumpenkammer.	**6603**
pompa *f* sospesa per pozzi di miniera Pompa in esecuzione per lo più verticale, impiegata per contenere le acque durante lo scavo dei pozzi di miniera. Il gruppo pompa viene calato nella posizione d'impiego mediante una incastellatura appesa ai cavi di acciaio di una apparecchiatura di sollevamento.	**bomba *f* de fondo** Bomba generalmente vertical utilizada para el drenaje durante el curso de la construcción de los pozos de mina. El grupo de bombeo, instalado en un marco, está suspendido en un cable de un torno, con el fin de poder bajar la bomba en el momento de su utilización.	**Abteufpumpe *f*** Senkpumpe *f* Pumpe meist vertikaler Bauart für die Wasserhaltung beim Niederbringen (Abteufen) von Bergwerksschächten. Das Pumpenaggregat wird in einem Senkrahmen, der an dem Stahlseil einer Hebevorrichtung hängt, zur Einsatzstelle hinuntergelassen.	**6604**
pompa *f* di riempimento per miniera Pompa impiegata nelle miniere per l'erogazione di miscele di detriti e acqua allo scopo di riempire cunicoli o gallerie esaurite.	**bomba *f* de residuos** Bomba usada en las minas para bombear arena, grava y residuos.	**Spülversatzpumpe *f*** Pumpe, die in Bergwerken eine Mischung von Berge (taubes Gestein) und Wasser fördert für den Versatz von stillgelegten Stollen oder Streben.	**6605**

6606

coal slurry pump

Pump handling a slurry of pulverized coal and water.

pompe *f* à schlamm

Pompe transportant un mélange constitué en grande partie de charbon pulvérisé et d'eau.

6607

coal washing pump
rinsing pump

Pump handling reclaimed water for coal washing.

pompe *f* de lavage de charbon

Pompe fournissant l'eau nécessaire au lavage du charbon.

6608

ore washing pump

Pump handling reclaimed water for ore washing.

pompe *f* de lavage de minerai

Pompe fournissant l'eau nécessaire au lavage du minerai.

6609

heavy medium washery pump

Wear resisting pump 5012 handling a special mixture (mostly barium sulphate or magnetite and water) for separating coal from stones and soil.

pompe *f* de lévigation

Pompe résistant à l'abrasion 5012 destinée à propulser les liqueurs denses (en général eau avec magnétite ou baryte pulvérisée) pour séparer par exemple le charbon de ses schistes et stériles.

Oil field, offshore-technology and oil transport

Extraction et transfert de pétrole, technique offshore

6701

oil field pump

Pump for use in oil fields.

pompa *f* per campi petroliferi

Pompa impiegata nei campi petroliferi.

6703

borehole flushing pump

Centrifugal pump 0100 handling settled flushing water used in the construction of boreholes by reverse

pompe *f* d'injection de boue

Pompe fournissant le liquide spécial à base de boue pour l'exécution de certains forages.

ITALIANO	ESPAÑOL	DEUTSCH	
pompa *f* per fango di carbone Pompa impiegata per il trasporto, mediante acqua, di polverino di carbone.	**bomba *f* para mezcla de carbon** Bomba que transporta una mezcla constituida en gran parte de carbon pulverizado y agua.	**Kohlenschlammpumpe *f*** Pumpe zum Transport einer Mischung von gemahlener Kohle und Wasser.	6606
pompa *f* per lavaggio del carbone Pompa impiegata per il lavaggio del carbone, negli impianti di trattamento.	**bomba *f* para lavado de carbon** Bomba que proporciona el agua necesaria para el lavado del carbon.	**Kohlenwäschepumpe *f*** Pumpe für die Förderung von Wasser zum Waschen von Kohle in Aufbereitungsanlagen.	6607
pompa *f* per lavaggio dei minerali Pompa impiegata per il lavaggio dei minerali, negli impianti di trattamento.	**bomba *f* para lavado del mineral** Bomba que proporciona el agua necesaria para el lavado de mineral.	**Erzwäschepumpe *f*** Pumpe für die Förderung von Wasser zum Waschen von Erz in Aufbereitungsanlagen.	6608
pompa *f* per levigazione *Pompa resistente all'usura 5012* impiegata per l'erogazione di una miscela densa (per lo più acqua con magnetite o barite) e usata per esempio per la separazione del carbone e dei detriti (pietrisco).	**bomba *f* de levigación** *Bomba resistente a la abrasión 5012* destinada a propulsar los líquidos densos (en general agua con magnetita ó barita pulverizada) para separar por ejemplo el carbon de sus piedras y tierra.	**Trübepumpe *f*** *Verschleißfeste Pumpe 5012* für die Förderung von Trübe (meist gemahlener Schwerspat oder Magnetit mit Wasser), verwendet beispielsweise zum Trennen von Kohle und Berge (taubes Gestein). Gelegentlich wird die Bezeichnung *Trübepumpe* auch für Pumpen verwendet, die z.B. Wein- oder Hefetrübe fördern.	6609

Estrazione petrolio, tecnica offshore e trasporto del petrolio | Extracción y transporte de petroleo, Tecnica Offshore | Bohrfeld, Offshore-Technik und Rohöltransport

ITALIANO	ESPAÑOL	DEUTSCH	
pompe *f* de champ pétrolifère Pompe utilisée sur les champs pétrolifères.	**bomba *f* de campo petrolifero** Bomba utilizada en los campos petroliferos.	**Bohrfeldpumpe *f*** Pumpe, die auf Bohrfeldern eingesetzt wird.	6701
pompa *f* da iniezione per perforazioni Pompa impiegata per erogare, con la opportuna pressione, acqua o altro liquido speciale necessario all'esecu-	**bomba *f* de inyección de lodo** Bomba que suministra el líquido especial a base de lodo para la ejecución de ciertas perforaciones.	**Spülbohrpumpe *f*** Pumpe, die das zum Spülbohren erforderliche Druckwasser, eventuell auch Spezialflüssigkeit, fördert.	6703

circulation lift.

In the case of a *piston pump 0220,* recirculating water down a borehole, which is being drilled, in order to flush the fine particles away from the cutting bit: **mud pump.**

Une traduction française de l'expression anglaise *mud pump* n'existe pas. Il s'agit d'une pompe à piston utilisée pour le nettoyage des trépans au fond des forages.

6704

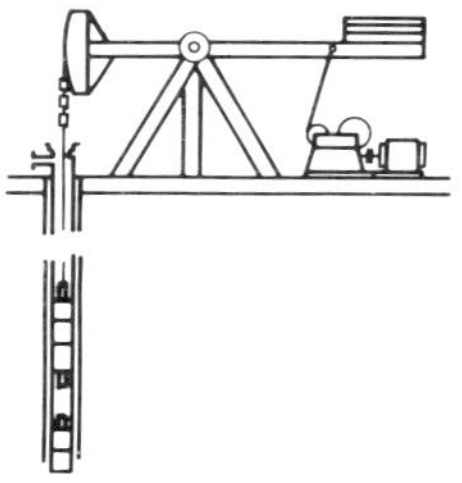

beam pump
rocking arm pump
rocking beam pump (USA)

Borehole reciprocating pump 6010, mostly used for pumping oil from great depths, driven through a twin or forked lever which is mounted in a suitable support bracket. Sometimes called **"Nodding Donkey".**

pompe *f* d'extraction de pétrole à balancier

Pompe à piston, à commande par tringle 6010, actionnée par un balancier double oscillant dans un support, utilisée pour l'extraction de pétrole.

6706

pipeline pump

Pump for transporting mainly crude oil through long-distance pipelines. – Not to be confused with the *pipeline mounted pump 1111.*

pompe *f* d'oléoduc
pompe *f* de pipeline

Pompe transportant les produits pétroliers liquides par des conduites (pipeline) sur de grandes distances.

6708

cavern pump

Vertical centrifugal pump 1002,0100 mostly used in underground caverns, (e.g. salt deposits) for the pumping of stored crude oil or the accumulated water below the oil.

Note: This term is uncommon in English.

pompe *f* de caverne

Pompe centrifuge verticale 1002, 0100, destinée surtout à pomper l'huile stockée dans les cavernes souterraines (qui se trouvent fréquemment dans les terrains salins) ou l'eau accumulée en dessous de l'huile.

6710

pump for offshore duties

Collecting description for various pumps used for offshore duties.

pompe *f* pour la technique offshore

Terme collectif pour désigner différents types des pompes utilisées dans la technique offshore.

6711

ballast pump

Pumps installed on oil platforms in the sea which pump seawater into storage tanks after crude oil has been

pompe *f* d'accumulation à eau

Sur les plates-formes de production en mer, pompe remplissant d'eau de mer les citernes d'accumulation au

---

zione di trivellazioni.

Non è possibile tradurre in italiano l'espressione inglese *mud pump.* Si tratta di una pompa a stantuffo impiegata per la pulizia della punta di perforazione.

Eine Übersetzung des englischen Ausdruckes *mud pump* ins Deutsche ist nicht möglich. Es ist eine Kolbenpumpe, die für die Reinigung der Bohrerspitzen in den Bohrlöchern verwendet wird.

---

pompa *f* a bilanciere doppio

bomba *f* de extracción de petróleo por balancin

Schwinghebelpumpe *f*
Balancierpumpe *f* **6704**

Pompa a stantuffo per pozzi trivellati 6010 prevalentemente impiegata per l'erogazione di petrolio da grandi profondità, comandata da bilanciere a due bracci e sostenuta da incastellatura a cavalletto.

Bomba de pistón para pozo perforado 6010 normalmente empleada para la extracción de petróleo de grandes profundidades, accionada por balancines de dos brazos.

Bohrlochkolbenpumpe 6010, vorwiegend verwendet für die Förderung von Erdöl aus großen Tiefen; der Antrieb erfolgt über einen zweiarmigen Schwinghebel, der in einem Bockgestell gelagert ist.

---

pompa *f* per oleodotti

bomba *f* de oleoducto
bomba *f* de pipeline

Pipelinepumpe *f* **6706**

Pompa impiegata per il trasporto di petrolio greggio in oleodotti, a grandi distanze.

Bomba que transporta los productos petroliferos por los conductos (pipeline) a grandes distancias.

Pumpe, die vorwiegend Rohöl durch Rohrleitungen über weite Strecken transportiert.

---

pompa *f* per giacimenti in caverna

bomba *f* de caverna

Kavernenpumpe *f* **6708**

Pompa centrifuga verticale 1002, 0100, destinata soprattutto a pompare il greggio depositato nelle caverne sotterranee (ad es. depositi di salgemma) o l'acqua accumulata al disotto del greggio.

Bomba centrífuga vertical 1002, 0100, destinada principalmente a bombear el aceite almacenado en las cavernas subterraneas (que se encuentran frecuentemente en los terrenos salinos) ó el agua acumulada por encima del aceite.

Vertikale Kreiselpumpe 1002, 0100, die vorwiegend in Kavernen (häufig in Salzstöcken befindlich) gelagertes Rohöl oder das darunter sich ansammelnde Wasser (Kavernensumpf) fördert.

---

pompa *f* per la tecnica offshore

bomba *f* para la tecnica offshore

Pumpe *f* für die Offshoretechnik **6710**

Denominazione generica per designare i diversi tipi di pompe utilizzate nella tecnica offshore.

Termino general para designar los diferentes tipos de bombas utilizadas en la tecnica offshore.

Sammelbegriff für verschiedenartige Pumpen, die in der Offshoretechnik eingesetzt werden.

---

pompa *f* per acqua di accumulo

bomba *f* de acumulación de agua

Speicherwasserpumpe *f* **6711**

Pompa impiegata sulle piattaforme marine per estrazioni petrolifere per riempire di acqua di mare i serbatoi

En las plataformas de producción márinas, bomba que reemplaza el agua de mar en las cisternas de

Pumpe, die auf Produktionsplattformen im Meer bei Entnahme von Rohöl aus den Speichertanks See-

	ENGLISH	FRANÇAIS
	pumped out to provide ballast.	fur et à mesure du pompage dans celles-ci, du pétrole brut, afin d'éviter qu'elles ne deviennent lèges.
6712	**sludge removal pump** Pumps for the emptying of sludge which forms in platform storage tanks filled partly with crude oil and seawater. The sludge forms at the dividing line between water and crude oil.	**pompe *f* d'aspiration de boue** Pompe destinée à aspirer à la surface de séparation entre l'eau et le pétrole brut, la boue qui se forme dans les citernes d'accumulation, remplies en partie de pétrole brut et en partie d'eau de mer, des plates-formes de production.
	Chemical and petrochemical industry	**Chimie et pétrochimie**
6801	**chemical pump** Pump which by design and material choice fulfils the particular requirements of the chemical industry.	**pompe *f* pour l'industrie chimique** Pompe dont l'exécution et les matériaux correspondent aux exigences de l'industrie chimique.
6802	**gas washing pump** (not in use in USA) scrubber pump *Centrifugal pump 0100* used in gas washing plants for handling liquids containing dissolved gases.	**pompe *f* de lavage de gaz** *Pompe centrifuge 0100* utilisée dans les installations de lavage de gaz pour liquides contenant du gaz dissous.
6803	**laboratory pump** Usually a small pump used for various duties in laboratories.	**pompe *f* de laboratoire** En général, petite pompe utilisée pour des essais divers dans les laboratoires.
6804	**acid pump** Pump made in acid resisting materials suitable for pumping various acids.	**pompe *f* à acide** Pompe, de construction spéciale et en matériaux spéciaux, utilisée pour propulser des acides.

di accumulo in proporzione al pompaggio in questi di petrolio grezzo, alfine di evitare che essi diventino leggeri.

acumulación a medida que se bombea el petroleo bruto, con el fin de mantener el lastre.

wasser in diese nachfüllt, um ein Aufschwimmen zu vermeiden.

---

pompa *f* di estrazione fango — **bomba *f* de aspiración de lodo** — **Schlamm-Abziehpumpe *f*** 6712

Pompa impiegata per estrarre, alla superficie di separazione tra l'acqua e il petrolio grezzo, il fango che si forma nei serbatoi di accumulo delle piattaforme marine per estrazioni petrolifere, riempiti in parte di petrolio e in parte d'acqua di mare.

Bomba destinada a aspirar de la superficie de separación entre el agua y el petroleo bruto, el lodo que se forma en las cisternas de acumulación, formada en parte de petroleo bruto y en parte de agua de mar, en las plataformas de producción.

Pumpe zum Abziehen des Schlamms, der sich in den teils mit Rohöl, teils mit Seewasser gefüllten Speichertanks von Produktionsplattformen an der Trennfläche zwischen Wasser und Rohöl bildet.

Industria chimica e petrochimica — Quimica y petroquimica — Chemie und Petrochemie

---

pompa *f* per industria chimica — **bomba *f* para la industria quimica** — **Chemiepumpe *f*** 6801

Pompa che per costruzione e materiale risponde ai particolari requisiti richiesti dall'industria chimica.

Bomba en la que su ejecución y sus materiales estan de acuerdo con las exigencias de la industria quimica.

Pumpe, deren Ausführung und Werkstoffe den besonderen Anforderungen der chemischen Industrie entsprechen.

---

pompa *f* per lavaggio dei gas — **bomba *f* de lavado de gas** — **Gaswaschpumpe *f*** 6802

Pompa centrifuga 0100 usata negli impianti di lavaggio dei gas. Il fluido pompato contiene gas disciolto.

Bomba centrífuga 0100 utilizada en las instalaciones de lavado de gas para líquidos conteniendo gases disueltos.

Kreislpumpe 0100, die in Gaswaschanlagen eingesetzt wird und deren Fördergut gelöstes Gas enthält.

---

pompa *f* da laboratorio — **bomba *f* de laboratorio** — **Laborpumpe *f*** 6803

Pompa, per lo più di piccole dimensioni, impiegata nei laboratori per ricerche di vario genere.

En general, pequeña bomba utilizada para ensayos diversos en los laboratorios.

Meist kleinere Pumpe, die in Laboratorien für die verschiedenartigsten Versuche benutzt wird.

---

pompa *f* per acidi — **bomba *f* para acido** — **Säurepumpe *f*** 6804

Pompa adatta, per la sua esecuzione ed il materiale impiegato, all'erogazione di acidi.

Bomba de construcción especial y en materiales especiales, utilizada para propulsar acidos.

Pumpe, die sich aufgrund ihrer Konstruktion und Werkstoffausführung speziell für die Förderung von Säuren eignet.

	ENGLISH	FRANÇAIS
6805	**alkaline pump** lye pump Pump made in materials and of construction suitable for pumping liquids with caustic reaction.	**pompe *f* à lessive** pompe *f* à produits basiques Pompe, en matériaux spéciaux, utilisée pour le pompage des liquides à réaction basique.
6806	**transfer pump** Pump used to transfer various fluids between process plant or between tanks, especially in the petrochemical and offshore industry. The term **product pump** is sometimes used in Germany.	**pompe *f* de transfert** Pompe servant à transferer des liquides d'un stade de fabrication à un autre ou d'une citerne à une autre. Parfois appelé **pompe *f* à produit.**
6807	**proportioning pump** dosing pump *Variable capacity displacement pump 1047, 0200* for reproducible delivery with simultaneous volumetric determination of quantity. Discharge is frequently a specified proportion of another parameter of measurement.	**pompe *f* doseuse** *Pompe volumétrique à débit réglable 0200, 1047* utilisée pour injecter dans un réseau un débit en fonction de paramètres déterminés.
6808	**metering pump** dispensing pump *Displacement pump 0200* for the volumetric measurement of liquids, in general non-adjustable.	**pompe *f* avec compteur volumétrique incorporé** *Pompe volumétrique 0200* à débit généralement non réglable mesurant la quantité de liquide véhiculé.
6809	**oil refinery pump** Collective term for pumps used in oil refineries; mostly subject to special regulations.	**pompe *f* de raffinerie** Terme collectif comprenant toutes les pompes utilisées dans les raffineries de pétrole, soumises en général à des prescriptions spéciales.

pompa *f* per lisciva

Pompa, in materiali speciali, mpiegata per il pompaggio di liquidi a reazione basica.

bomba *f* para productos basicos

Bomba, en materiales especiales, utilizada para bombear líquidos de reacción basica.

Lauge(n)pumpe *f* 6805

Pumpe, die sich aufgrund ihrer Konstruktion und Werkstoffausführung für die Förderung basisch reagierender Flüssigkeiten eignet.

---

pompa *f* transfer

Pompa impiegata per trasferire liquidi da uno stadio di fabbricazione ad un altro o da un serbatoio ad un altro.

In Germania è denominata anche *Produktpumpe.*

bomba *f* de transporte

Bomba que sirve para transportar líquidos de un estado de fabricación a otro, ó de una cisterna a otra.

Tambien se le llama **bomba *f* de producto.**

Transferpumpe *f* 6806
Umfüllpumpe *f*

Pumpe, die zum Umpumpen von Medien von einem Prozeß zum anderen oder von einem Tank in den anderen dient, (vor allem in der Petrochemie, einschließlich Offshoretechnik).

In Deutschland oft auch als **Produktpumpe *f*** bezeichnet.

---

pompa *f* dosatrice

Pompa volumetrica regolabile 0200, 1047 impiegata per erogare e nello stesso tempo misurare un certo volume di liquido in condizioni esattamente riproducibili. La portata sta per lo più in un certo rapporto con un altra grandezza misurabile. E' indicata talvolta anche come **pompe *f* misuratrice.**

bomba *f* dosificadora

Bomba volumétrica de caudal regulable 0200, 1047 utilizada para inyectar en un recipiente un caudal en función de unos parametros determinados.

Dosierpumpe *f* 6807

Regelbare Verdrängerpumpe 1047, 0200 für reproduzierbare Förderung bei gleichzeitiger volumetrischer Mengenerfassung. Der Förderstrom steht häufig in einem bestimmten Verhältnis zu einer anderen Meßgröße.

---

pompa *f* misuratrice

Pompa volumetrica 0200 che serve per misurare la portata di un liquido. In genere non è regolabile.

bomba *f* con contador volumétrico incorporado

Bomba volumétrica 0200 de caudal generalmente no regulable que mide la cantidad de líquido vehiculado.

Meßpumpe *f* 6808
Ausgabepumpe *f*

Verdrängerpumpe 0200, die zur Mengenmessung von Flüssigkeiten dient; meist nicht regelbar.

---

pompa *f* per raffineria

Denominazione generica delle pompe impiegate nelle raffinerie di petrolio e per lo più soggette a particolari prescrizioni.

bomba *f* de refineria

Termino general que engloba todas las bombas utilizadas en las refinerias de petroleo, sujetas en general a prescripciones especiales.

Raffineriepumpe *f* 6809

Sammelbegriff für Pumpen zum Einsatz in Erdölraffinerien; sie sind meist besonderen Vorschriften unterworfen.

	ENGLISH	FRANÇAIS
6810	**process pump** Pump which by design and material choice fulfils the particular requirements of the chemical and petrochemical processes including refineries. The requirements which the pumps have to meet, are settled in national and international standards, e.g. in ISO-draft proposal 5199.	**pompe *f* process** Pompe dont la conception et les matériaux correspondent aux exigences des procédés utilisés dans les industries de raffinage de pétrole, petrochimique et chimique. Les exigences auxquelles les pompes doivent répondre sont établies dans les normes nationales et internationales, p.ex. projet de norme ISO 5199.
6812	**loading pump** Pump for filling end products into tank wagons. *Note:* The term **transfer pump** is also used *(see 6806).*	**pompe *f* de chargement** Pompe utilisée pour le remplissage des citernes.
6813	**sump pump** bottoms pump Pumps for handling liquid accumulating in the "sump" of a plant. e.g. handling bottoms in a fractionating column **(bottoms pump)** sewage accumulating in the primary and secondary circuit of a nuclear power station or leakage liquids (water and oil) on oil platforms. *See also 6206.*	**pompe *f* à résidus** Pompe aspirant les liquides qui s'accumulent dans le fond d'une installation, p.ex. aspiration de résidus des colonnes de rectification; aspiration de l'eau résiduaire accumulée dans les zones primaire et secondaire d'une centrale nucléaire; aspiration de liquides de fuite (eau et pétrole) des plates-formes de production.
6815	**charge pump** feed pump Pump for delivering feed stock to a plant or part of a plant.	**pompe *f* de charge** Pompe utilisée dans les raffineries, la chimie et la pétrochimie pour introduire les produits primaires dans un appareil ou une installation.
6816	**mixing pump** Pump used to transfer one or several constituents from one or more containers to achieve temperature equalization or a more intimate com-	**pompe *f* de mélange** Pompe utilisée dans les raffineries, la chimie et la pétrochimie soit pour transférer d'un ou de plusieurs réservoirs un ou plusieurs composants

pompa *f* da processo

Pompa adatta, per progetto e materiali scelti, alle esigenze dei processi utilizzati nelle raffinerie di petrolio, nelle industrie chimiche e petrochimiche.

Le esigenze, alle quali le pompe devono soddisfare, sono stabilite nelle norme nazionali e internazionali, per es. progetto di norma ISO 5199.

bomba *f* de proceso

Bomba en la que su concepción y los materiales corresponden a las exigencias de los procesos utilizados en la industrias de refinación del petroleo, petroquimicas y quimicas. Las exigencias a las cuales deben sujetarse estan marcadas por las normas nacionales e internacionales. Por ejemplo proyecto de Norma ISO 5199.

Prozeßpumpe *f* 6810

Pumpe, deren Ausführung und Werkstoffe den besonderen Anforderungen der chemischen und petrochemischen Prozesse in Ölraffinerien entsprechen.

Die an die Pumpen gestellten Anforderungen sind in nationalen und internationalen Vorschriften niedergelegt, so z.B. im ISO-Entwurf 5199.

---

pompa *f* da carico

Pompa impiegata per il riempimento dei serbatoi.

bomba *f* de carga

Bomba utilizada para llenar las cisternas.

Verladepumpe *f* 6812

Pumpe zum Abfüllen von Endprodukten in Tankwagen.

---

pompa *f* per residui

Pompa impiegata per aspirare i liquidi che si accumulano sul fondo di una installazione, per esempio per aspirare i residui nelle colonne di frazionamento; per aspirare l'acqua residua che si accumula nelle isole primarie e secondarie di una centrale nucleare; per aspirare i liquidi di fuga (acqua e petrolio) sulle piattaforme marine per estrazioni petrolifere.

bomba *f* de residuos

Bomba que aspira los líquidos que se acumulan en el fondo de una instalación. Por ejemplo: aspiración de los residuos de una columna de rectificación; aspiración de los residuos acumulados en las zonas primaria y secundaria de una central nuclear; aspiración de los liquidos de escape (agua y petroleo) en las plataformas de producción.

Sumpfpumpe *f* 6813
Sumpfproduktpumpe *f*

Pumpe zum Abpumpen der sich im "Sumpf" einer Anlage ansammelnden Flüssigkeit, z.B.: Absaugen von Sumpfprodukten in Rektifizierkolonnen (**Sumpfproduktpumpe *f***); Abpumpen des sich im Primär- und Sekundärbereich eines Kernkraftwerks ansammelnden Abwassers; Abpumpen von Leckflüssigkeiten (Wasser und Öl) von Produktionsplattformen.

---

pompa *f* di carica

Pompa impiegata per l'erogazione, in un'apparecchiatura o in un impianto, dei prodotti di carica.

bomba *f* de carga

Bomba utilizada en las refinerias, la industria quimica ó petroquimica, para introducir los productos primarios en un aparato ó instálación.

Einsatzpumpe *f* 6815

Pumpe für die Förderung von Einsatzprodukten in einen Apparat oder in eine Anlage.

---

pompa *f* mescolatrice
pompa *f* per miscelazione

Pompa impiegata per aspirare uno o più componenti da uno o più recipienti, al fine di ottenere una distribuzione uniforme della loro tempera-

bomba *f* de mezcla

Bomba utilizada en las refinerias, industria quimica ó petroquimica, para transportar de uno ó varios dépositos uno ó varios componentes

Mischpumpe *f* 6816

Pumpe zum Umpumpen einer oder mehrerer Komponenten aus einem oder mehreren Behältern, um eine gleiche Temperaturverteilung oder

ponent mix; also a pump delivering into a mixing chamber down stream.

Mixing pumps are also used in other industries.

pour obtenir une répartition régulière de température, soit pour refouler dans un fourreau de mélange.

Sous la même désignation on entend également d'autres applications industrielles.

6817

reflux pump
top return pump

Pump for delivering top returns, e.g. part of the top products of a fractionating column, back to the top tray of the column.

pompe *f* de reflux

Pompe utilisée dans les raffineries, la chimie et la pétrochimie pour renvoyer le reflux, p.ex. un débit partiel du produit de tête d'une installation de rectification à l'etage supérieur de la colonne.

6818

discharge pump
final product pump

Pump for delivering intermediate or end products from a plant or part of a plant.

pompe *f* d'expédition

Pompe utilisée dans les raffineries, la chimie et la pétrochimie pour évacuer d'un appareil ou d'une installation le produit intermédiaire ou terminal.

6820

liquid gas pump

pompe pour gaz liquéfiés

Ships and dockyards

Marine et construction navale

6901

marine pump
ships pump

Collective term for pumps which are in accordance with current regulations for installation on board ships.

pompe *f* marine

Terme collectif comprenant toutes les pompes installées à bord des bateaux et des navires et soumises aux reglements éventuels de la construction navale.

tura oppure una loro migliore miscelazione. Ovvero, pompa impiegata per erogare i componenti in una successiva zona di miscelazione. Sotto la stessa denominazione si intendono ugualmente altre applicazioni industriali.	para obtener un reparto regular de la temperatura. Bajo la misma designación se entiende que puede aplicarse en otros procesos industriales.	eine bessere Durchmischung der Komponenten zu erreichen; oder eine Pumpe zur Förderung in eine der Pumpe nachgeschaltete Mischstrecke. Mischpumpen werden auch in anderen Industrien eingesetzt.	
pompa *f* per ricircolazione	**bomba *f* de reflujo**	**Rücklaufpumpe *f***	**6817**
Pompa impiegata per riportare indietro una parte dei prodotti — per esempio dei prodotti di testa di un impianto di raffinazione — nelle zone superiori della colonna.	Bomba utilizada en las refinerias, industria quimica ó petroquimica, para reenviar el reflujo, por ejemplo un caudal parcial del producto de cabeza de una intalación de rectificación al estadio superior de la columna.	Pumpe zur Förderung des Rücklaufs, z.B. eines Teilstromes des Kopfproduktes einer Rektifikationsanlage, zurück auf den obersten Boden der Kolonne.	
pompa *f* di estrazione	**bomba *f* de expedición**	**Austragpumpe *f***	**6818**
Pompa impiegata per estrarre i prodotti intermedi e finali da un'apparecchiatura od un impianto.	Bomba utilizada en las refinerias, industria quimica ó petroquimica para evacuar de un aparato ó instalación los productos intermedios ó acabados.	Pumpe für die Förderung von Zwischen- oder Endprodukten aus einem Apparat oder aus einer Anlage.	
pompa *f* per gas liquidi	**bomba *f* para gases licuados**	**Flüssiggaspumpe**	**6820**

Installazioni navali | Marina y construccion naval | Schiffe und Schiffsbau

pompa *f* per impieghi navali pompa *f* navale	**bomba *f* marina**	**Schiffspumpe *f***	**6901**
Denominazione generica di tutte le pompe installate a bordo di imbarcazioni e soggette alle prescrizioni della costruzione navale.	Termino general que engloba a todas las bombas instaladas a bordo de buques ó naves y sujetas a los reglamentos de la construcción naval.	Sammelbegriff für Pumpen, die den einschlägigen Vorschriften für den Schiffsbau unterworfen sind.	

	ENGLISH	FRANÇAIS
6902	**fresh water pump** Pump handling fresh water on board ships. Not to be mistaken for industrial *freshwater pump.*	**pompe *f* marine à eau douce** Pompe propulsant l'eau douce sur un bateau.
6903	**ballast pump** Pump used for the filling and emptying of the ballast tanks. – to regulate the draught of ships – for the trimming of ships **(trimming pump)** – to correct or adjust the list of ships (**list pumps)** – for producting a rolling movement in icebreakers through liquid displacement in order to assist the breaking of the ice **(roll pump).** In this case the pump is an *axial flow pump 0105,* with reversible blades for changing the direction of flow. (An unusual special case application). Ballast pumps are also used with oil platforms either for floating them for transport or settling them in their operational position. *Note:* Trim = the balance of a ship by distribution of the cargo. List = the heeling of a ship to the side along its longitudinal axis.	**pompe *f* de ballast** pompe *f* de lest Pompe assurant le remplissage et la vidange des compartiments d'un bateau (ballast): – pour régler le tirant d'un bateau – pour régler l'assiette[1] d'un bateau (**pompe *f* de ballast de proue et de poupe**) – pour régler la bande[2] d'un bateau (**pompe *f* de ballast latéral**) – pour provoquer les mouvements du roulis sur les brise-glace par déplacement de l'eau d'un ballast à l'autre et permettre ainsi le bris de glace (**pompe *f* de roulis**). Dans ce cas il s'agit d'une *pompe à hélice 0105* à pas reversible permettant d'inverser le sens du débit (cas rarement utilisé). Les pompes de ballast sont en outre utilisées pour assurer en mer le délestage des plates-formes en vue de leur transport et leur ancrage au lieu d'utilisation. *Nota:* On les appelle également **pompe *f* d'assiette'.** (peu utilisé) *Remarques:* 1) On règle l'assiette d'un bateau par remplissage ou vidange des ballasts avant et arrière. 2) On règle la bande d'un bateau en remplissant ou en vidangeant les ballasts tribord ou babord.
6907	**cargo pump** Pump for discharging and transferring liquid cargoes from oil tankers. It is employed for: – oil tankers **(cargo oil pump)**, also	**pompe *f* de frêt** Pompe utilisée pour le chargement et le déchargement des citernes de pétrole. Elle est également utilisée: – sur les navires pétroliers *(pompe*

pompa *f* navale per acqua dolce

Pompa impiegata per erogare acqua dolce nelle navi.

bomba *f* marina de agua dulce

Bomba que envia el agua dulce al buque.

Frischwasserpumpe *f* 6902

Pumpe für die Förderung von Süßwasser auf Schiffen. Nicht zu verwechseln mit der *Frischwasserpumpe* für industrielle Verwendung.

---

pompa *f* di assetto

Pompa impiegata per riempire e svuotare compartimenti di navi (ballast):

- per regolare l'immersione dello scafo
- per regolare l'assetto longitudinale dello scafo (**pompa *f* d'assetto longitudinale per i serbatoi di prua e di poppa)**
- per regolare l'assetto trasversale dello scafo (**pompa *f* d'assetto trasversale per i serbatoi di babordo e di tribordo)**
- per provocare nelle navi rompighiaccio un movimento di rollio mediante spostamento dell'acqua da un serbatoio all'altro (**pompa *f* da rollio)**. Si tratta, in tal caso, di *pompa ad elica 0105* a passo invertibile, che permette l'inversione del flusso (raramente utilizzata).

Le pompe di assetto sono impiegate anche sulle piattaforme petrolifere per dare loro l'immersione richiesta per il trasporto o per disporle nell'assetto di utilizzazione.

bomba *f* de lastre

Bomba que asegura el llenado y vaciado de los compartimientos de un buque (lastre):

- Para regular el calado del buque.
- Para regular el asiento (1) del buque (**bomba *f* de lastre de proa ó de popa)**.
- Para regular la banda (2) del buque (**bomba *f* de lastre lateral)**.
- Para provocar el movimiento de balanceo en zonas heladas para permitir la rotura del hielo por desplazamiento del agua de lastre de un lado a otro. En este caso se trata de una *bomba de helice 0105* de paso reversible para permitir invertir el sentido del caudal (caso raramente utilizado).

Las bombas de lastre tambien se utilizan en las plataformas para asegurar en el mar su estabilidad, tanto durante su transporte como en su posterior anclaje en el lugar de utilización.

Notas:

1) Para regular el asiento de un buque por llenado ó vaciado de lastre, delante ó atras.
2) Para regular la banda de un buque por llenado ó vaciado de lastre de babor ó estribor.

Ballastpumpe *f* 6903

Ballastwasserpumpe *f*

Pumpe zum Füllen und Leeren der Ballasttanks

- zur Regulierung des Tiefgangs von Schiffen,
- zum Trimmen[1] von Schiffen (**Trimmpumpe *f***),
- zum Krängen[2] von Schiffen (**Krängungspumpe *f***),
- zum Erzeugen einer Schlingerbewegung bei Eisbrechern durch Verlagern der Flüssigkeit, um dadurch das Brechen des Eises zu unterstützen (**Schlingerpumpe *f***). In diesem Fall ist die Pumpe ausgebildet als *Axialkreiselpumpe 0105* mit Umkehrschaufeln zwecks Änderung der Förderrichtung (seltener Anwendungsfall).

Ballastpumpen werden außerdem bei Schwerkraft-Meeresplattformen zum Aufschwimmen für den Transport und Absetzen am Einsatzort verwendet.

Anmerkungen:

1) Trimmen = Ein Schiff durch Drehung um seine Querachse in eine bestimmte Lage bringen (z.B. durch entsprechende Verteilung der Last).
2) Krängen = Ein Schiff durch Drehung um seine Längsachse in eine bestimmte Lage bringen.

---

pompa *f* di carico

Pompa impiegata per il carico e lo scarico di liquidi sulle navi cisterna. Essa viene utilizzata:

- sulle petroliere, anche per il

bomba *f* de flete

Bomba utilizada para la carga y descarga de las cisternas de petroleo. Tambien se utiliza para:

- En los petroleros para asegurar

Ladepumpe *f* 6907

Pumpe zum Entladen und Umfüllen von flüssigem Ladegut auf Tankschiffen. Sie wird verwendet auf

- Öltankschiffen (**Ladeölpumpe *f*,**

for loading and discharging the cargo tanks with ballast water.

— chemical carriers.

— liquid gas carriers.

de frêt) pour assurer avec de l'eau de ballast le remplissage et la vidange des citernes

— sur les navires transportant des produits chimiques

— sur les méthaniers

On les appelle souvent **pompes *f*** de chargement.

6908

general service pump

Pump used for general services on ships. Often used as **deckwash pump** for the cleaning of ships decks as well as the decks of drilling or production platforms or as *firepumps 7101* both on ships as well as on platforms.

pompe *f* de service général

Pompe pour usage général de bord.

Egalement utilisée comme **pompe de lavage** de pont ainsi que des plates-formes d'extraction et de forage. Sert aussi de *pompe d'incendie 7101.*

6910

bilge pump

Pump for handling seepage water which accumulates in ships' bilges.

pompe *f* de cale

Pompe évacuant les eaux de fuite qui s'accumulent dans la cale d'un bateau.

6911

bilge pump

Pump for handling of bilge water that collects in ships' holds and bilges.

Ballast pump 6903 and *service pump 6908* are also utilized as *bilge pumps.*

pompe *f* marine d'assèchement

Pompe évacuant les eaux de fuite qui s'accumulent par exemple dans la cale ou dans les réservoirs d'un bateau *(pompe de cale 6910).*

On utilise également comme *pompe marine d'assèchement* la *pompe de ballast 6903* et la *pompe de service général 6908.*

6912

auxiliary bilge pump

Pump used after the *(main) bilge pump 6911* to remove remaining liquid from ships' tanks.

pompe *f* marine d'assèchement complémentaire

Pompe évacuant à bord des navires les dernières traces de liquide qui ne peuvent plus être aspirées par les *pompes d'assèchement (principales) 6911.*

---

riempimento e lo svuotamento delle cisterne con acqua
- sulle navi per prodotti chimici
- sulle navi per gas liquefatti

con el agua de lastre el llenado y vaciado de las cisternas.
- En los buques que transportan productos quimicos.
- En los metaneros.

Cargopumpe *f*), dort auch zum Befüllen und Entlren von Ladetanks mit Ballastwasser,
- Chemikalientankschiffen,
- Flüssiggastankschiffen.

---

pompa *f* di servizio generica — 6908

Pompa di bordo per servizi generici.

Essa viene anche utilizzata per lavaggio di coperta e delle piattaforme petrolifere. Serve pure come *pompa antincendio 7101.*

bomba *f* de servicio general

Bomba de uso general a bordo del buque.

Se utiliza igualmente para limpieza de cubierta, asi como de las plataformas de extracción. Sirve tambien como *bomba de incendios 7101.*

Dienstpumpe *f*

Pumpe für allgemeinen Borddienst.

Vielfach auch als **Deckwaschpumpe *f*** zum Reinigen von Schiffsdecks sowie von Bohr- und Produktionsplattformen oder als *Feuerlöschpumpe 7101* auf Schiffen und Plattformen verwendet.

---

pompa *f* di sentina — 6910

Pompa impiegata per il prosciugamento delle acque di scolo nelle sentine delle navi.

bomba *f* de bodega

Bomba que sirve para evacuar el agua de fugas que se acumulan en la bodega de un buque.

Bilgepumpe *f*

Pumpe für die Förderung des Leckwassers, das sich in der Bilge, dem Kielraum des Schiffes, sammelt.

---

pompa *f* navale di prosciugamento — 6911

Pompa per l'evacuazione delle perdite che si accumulano, per esempio, nella sentina o nei serbatoi di una nave *(pompa di sentina 6910).*

Si utilizza anche come *pompa navale di prosciugamento* la *pompa di assetto 6903 la pompa di servizio generica 6908.*

bomba *f* de sentina

Bomba que evacua el agua de fugas que se acumulan por ejemplo en la bodega ć en los depositos del buque *(bomba de bodega 6910).*

La *bomba de lastre 6903* y la de *servicio general 6908* se utilizan tambien como *bomba de sentina.*

Lenzpumpe *f*

Pumpe zur Förderung von Leckwasser, das sich in Schiffsräumen, z.B. in der Bilge *(Bilgepumpe 6910),* oder in Tanks eines Schiffes ansammelt.

Als *Lenzpumpen* werden z.B. auch *Ballastpumpen 6903* und *Dienstpumpen 6908* verwendet.

---

pompa *f* navale ausiliaria di prosciugamento — 6912

Pompa in aggiunta alla *pompa (principale) di prosciugamento 6911,* per estrarre i liquidi residui dalla stiva, da serbatoi, ecc.

bomba *f* de sentina auxiliar

Bomba que evacua en los buques las ultimas trazas de líquido que no pueden ser aspiradas por la *bomba de sentina (principal) 6911.*

Nachlenzpumpe *f*

Pumpe, die nach dem Einsatz der *(Haupt)lenzpumpen 6911* die noch verbliebenen Flüssigkeitsreste aus den Schiffsräumen oder Tanks herauspumpt.

6913

oil tank residue pump

Mostly *reciprocating piston pump 0220* for stripping oil sludge from ships' tanks.

pompe *f* de dépotage complémentaire

Généralement *pompe à pistons 0220,* installée sur les navires pétroliers et destinée à évacuer les derniers restes de pétrole des citernes.

6914

Butterworth pump

Pump which supplies cold or warm water for cleaning devices fitted in the tanks of oil tankers. Cleaning effect by jet from rotating tangential nozzles. Very common as *vertical frame mounted pump 1019.* Serves in many cases as *fire pump 7101.*

pompe *f* de Butterworth

Pompe alimentant en eau froide ou chaude les installations de nettoyage des compartiments des bateaux-citernes. Nettoyage par jet d'eau rotatif. En général, *pompe verticale à embase 1019.* Egalement utilisée comme *pompe d'incendie 7101.*

6915

sanitary pump

Pump used for sanitary installations.

pompe *f* sanitaire

Pompe utilisée dans les installations sanitaires.

6916

forepeak pump

Pump for emptying the forepeak.

pompe *f* de vidange du pic-avant

Pompe utilisée pour la vidange de la chambre de collision (pic-avant).

6917

dock pump

Pump for emptying or filling dock basins. According to application: **dry dock pump** and **floating dock pump.**

pompe *f* de dock

Pompe assurant la vidange et le remplissage des docks flottants et des cales sèches.

On utilise également les expressions suivantes lorsque le lieu d'installation est parfaitement précisé:

sur les docks flottants: **pompe *f* de dock flottant**
sur les cales sèches: **pompe *f* de cale sèche.**

ITALIANO	ESPAÑOL	DEUTSCH	
pompa *f* **per olio residuo**	**bomba** *f* **de tanque complementaria**	**Restölpumpe** *f*	**6913**
Per lo più *pompa a stantuffo 0220,* impiegata per il prelievo dell'olio residuo dai serbatoi delle navi.	Generalmente *bomba de pistones 0200,* instalada en los buques petroleros y destinada a evacuar los ultimos restos de petroleo en las cisternas.	Meist *Kolbenpumpe 0220,* welche die Ölreste aus den Schiffstanks herauspumpt.	
pompa *f* **Butterworth**	**bomba** *f* **Butterworth**	**Butterworthpumpe** *f*	**6914**
Pompa che alimenta con acqua calda o fredda dispositivi rotanti a getto tangenziale per il lavaggio delle camere delle petroliere. In genere si tratta di *pompa con intelaiatura portante 1019.* Può anche essere impiegata come *pompa antincendio 7101.*	Bomba de alimentación de agua fria ó caliente para la limpieza de los compartimientos de los buques cisterna. La limpieza se efectua por impulsión del agua en sentido rotativo. En general, la *bomba vertical 1019.* Igualmente utilizada como *bomba de incendios 7101.*	Pumpe zur Förderung von kaltem oder warmem Wasser für Vorrichtungen, die zum Reinigen der Kammern in Tankschiffen in die entsprechenden Zellen eingehängt werden. Reinigungseffekt durch Strahl aus tangential angeordneten Düsen, die um die Einhängeachse rotieren. Oft als *Ständerpumpe 1019* ausgeführt. Dient auch als *Feuerlöschpumpe 7101.*	
pompa *f* **per installazioni sanitarie**	**bomba** *f* **sanitaria**	**Sanitärpumpe** *f*	**6915**
Pompa impiegata negli impianti igienici.	Bomba utilizada para las instalaciones sanitarias.	Pumpe zum Einsatz in Sanitäranlagen.	
pompa *f* **per camere di collisione**	**bomba** *f* **de vaciado de proa**	**Vorpiekpumpe** *f*	**6916**
Pompa impiegata per lo svuotamento delle camere di collisione.	Bomba utilizada para el vaciado de la camara de colisión (proa).	Pumpe, die zur Entleerung des Kollisionsraumes (Vorpiek) eingesetzt wird.	
pompa *f* **per bacino di carenaggio**	**bomba** *f* **para Dock**	**Dockpumpe** *f*	**6917**
Pompa impiegata per il riempimento e svuotamento di bacini di carenaggio. A seconda dell'impiego, si fa distinzione fra la **pompa** *f* **per bacino galleggiante** e la **pompa** *f* **per bacino fisso.**	Bomba que asegura el vaciado y llenado de los docks flotantes y bodegas secas. Segun su utilización se aplican las siguientes expresiones: En Docks flotantes: **bomba** f **de dock flotante.** En Bodegas secas: **bomba** *f* **de bodega seca.**	Pumpe zum Entleeren oder Füllen von Dockanlagen. Je nach Verwendungszweck unterscheidet man zwischen **Schwimmdockpumpe** *f* und **Trockendockpumpe** *f.*	

6918

salvage pump

Centrifugal pump 0100 used in salvaging sunken ships by emptying flooded compartments.

pompe *f* de renflouement

Pompe centrifuge 0100 évacuant au cours des opérations de renflouement l'eau qui se trouve dans les cales des bateaux coulés.

Building and construction

Travaux publics

7001

building site pump
contractors' pump

Pump generally used for the pumping of water often contaminated and containing solids on building sites. If the pump is mainly used for de-watering of building foundations or excavations below ground level or ditches, it is described as a **contractors' pump**, which can usually operate on "snore" when the suction is continuously exposed to air. *Building site pumps* can also be of the electro submersible type (electric motor often *submerged, see 3005)* — **contractors' submersible pump,** as *self-priming centrifugal pump 0702* or as a *diaphragm pump 0265* (the latter also hand operated).

Pompe *f* de chantier

Pompe en principe utilisée sur les chantiers de construction et de travaux publics; prévue pour service poussé.

Dénommée **pompe *f* d'épuisement de fouille** ou **pompe *f* d'assèchement de fouille** en cas d'utilisation pour l'assèchement des tranchées et des excavations.

Il peut s'agir soit **d'une électro-pompe *f* submersible de chantier** (équipée d'un moteur électrique pouvant fonctionner sous l'eau, *voir 3005*); soit d'une *pompe centrifuge auto-amorçante 0702;* soit d'une *pompe à membrane 0265* (cette dernière peut être à commande manuelle).

7004

dredging pump

Pump for lifting sand, gravel and silt from river beds and lakes.

pompe *f* de dragage

Pompe évacuant le gravier et le sable du fond des rivières et des lacs.

7005

de-watering pump
groundwater drainage pump

Pump working frequently on snore, either reducing or holding the water table elevation through a system of underground intakes to ensure a safe level below building excavations.

pompe *f* de rabattement de nappe

Pompe utilisée sur les chantiers pour abaisser ou maintenir le niveau de la nappe souterraine.

ITALIANO	ESPAÑOL	DEUTSCH	
pompa *f* di ricupero imbarcazioni	**bomba *f* de desencallado**	**Bergungspumpe *f***	**6918**
Pompa centrifuga 0100 impiegata nelle operazioni di risollevamento delle imbarcazioni affondate, per l'evacuazione dell'acqua dalle stive.	*Bomba centrífuga 0100* que evacua en el curso de las operaciones de desencallado el agua que se encuentra en las bodegas del buque a vaciar.	*Kreiselpumpe 0100,* die bei der Bergung von gesunkenen Schiffen den Schiffsraum leerpumpt.	

Costruzioni civili / Trabajos publicos / Bauindustrie

ITALIANO	ESPAÑOL	DEUTSCH	
pompa *f* per cantieri	**bomba *f* de obra (construcción)**	**Baupumpe *f***	**7001**
Pompa impiegata in genere per l'erogazione di acqua nei cantieri e prevista per servizi pesanti. Se impiegata per lo svuotamento di fosse o scavi, viene denominata **pompa *f* per svuotamento di scavi.** Può trattarsi sia di **elettropompa *f* sommergibile da cantiere** (con motore che può funzionare sommerso, *V. 3005*), sia di *pompa centrifuga autoadescante 0702,* sia di *pompa a membrana 0265* (quest' ultima può essere a comando manuale).	Bomba generalmente usada para bombear el agua, a menudo contaminada ó conteniendo solidos, en las obras en construcción ó trabajos publicos. Llamadas **bomba *f* de agotamiento de excavación** ó **bomba *f* de desecado de excavación** cuando se utilizan para el desecado de trincheras ó excavaciones. Puede tratarse de una **electrobomba *f* sumergible de obra** (equipada con motor electrico que puede funcionar bajo el agua, *ver 3005*); ó una *bomba centrífuga auto-cebante 0702;* ó una *bomba de membrana 0265.* (Esta ultima puede ser accionada manualmente).	Pumpe, die allgemein für die Wasserförderung auf Baustellen verwendet wird und für robusten Betrieb geeignet ist. Wird sie vor allem zum Entleeren von Baugruben und Gräben verwendet, so wird sie als **Baugrubenpumpe *f*** oder **Grabenpumpe *f*** bezeichnet. Sie kann ausgebildet sein z.B. als *Tauchmotorpumpe 3005* (mit Antrieb durch Elektromotor, der für gewöhnlich überflutet werden kann, *siehe 3005*), als *selbstansaugende Kreiselpumpe 0702* oder als *Membranpumpe 0265* (letztere auch mit Handbetätigung).	
pompa *f* per dragaggio	**bomba *f* de dragado**	**Baggerpumpe *f***	**7004**
Pompa impiegata per convogliare, mediante acqua, ghiaia, sabbia e fango dal fondo di fiumi e laghi.	Bomba adecuada para evacuar la arena y la grava de los rios y lagos.	Pumpe zum Fördern von Kies, Sand und Schlamm aus Flußbetten und Seen.	
pompa *f* per acque sotterranee	**bomba *f* de drenaje subterraneo**	**Grundwasserabsenkpumpe *f***	**7005**
Pompa impiegata per abbassare o mantenere ad un livello di sicurezza la falda idrica negli scavi di cantiere, a mezzo di un sistema di drenaggio sotterraneo.	Bomba utilizada en las canteras para reducir ó mantener el nivel del manto subterraneo.	Pumpe zum Absenken oder Halten des Grundwasserspiegels bei Tiefbauarbeiten.	

7006

grit pump
gravel pump

Pump for handling grit, gravel and sand suspended in flowing water. Impeller and casing made of or lined with a material which resists abrasion.

pompe *f* à gravier

Pompe utilisée pour le transport de gravier et de sable par voie hydraulique. La roue et le corps de pompe sont constitués ou revêtus de matériaux anti-abrasifs.

7007

concrete pump
cement pump

Pump designed to handle cement and concrete mixtures.

pompe *f* à béton

Pompe conçue spécialement pour pompage de béton liquide.

Fire fighting

Lutte contre l'incendie

7101

fire (fighting) pump

Pump for fire fighting duties, generally *self-priming 0702* or with priming device.

pompe *f* d'incendie

Pompe fournissant l'eau destinée à la lutte contre l'incendie. En général, *pompe auto-amorçante 0702* ou pompe équipée d'un dispositif d'amorçage.

7102

portable fire (fighting) unit

Portable engine driven *fire pumps 7101* for fire fighting duty.

moto-pompe *f* d'incendie portative

7103

sprinkler system supply pump
fire pump (USA)

Pump which supplies water for sprinkler systems. These are automatic stationary fire extinguishing and alarm plants including water storage tanks. They are started by heat sensitive elements. Such pumps have to meet specific regulations in some countries.

pompe *f* Sprinkler

Pompe alimentant en eau les installations Sprinkler de protection contre l'incendie. Ces installations fixes de détection, d'avertissement et d'extinction, avec réservoir toujours sous pression, se mettent automatiquement en marche sous l'effet d'un accroissement soudain de la

ITALIANO	ESPAÑOL	DEUTSCH	
pompa *f* per ghiaia Pompa impiegata per erogare ghiaia e sabbia in sospensione nell'acqua. La girante ed il corpo della pompa sono costituiti o rivestiti da materiale antiabrasivo.	**bomba *f* de grava** Bomba utilizada para el transporte de grava y arena por via hidraulica. El rodete y el cuerpo de bomba son ó estan revestidos de materiales antiabrasivos.	**Kiespumpe *f*** Pumpe zum Fördern von Kies und Sand mit Wasser als Transportmittel. Laufrad und Gehäuse werden aus abriebfestem Werkstoff hergestellt oder mit diesem ausgekleidet.	**7006**
pompa *f* per cemento pompa *f* per malta pompa *f* per calcestruzzo Pompa di esecuzione particolarmente adatta per l'erogazione di miscela di calcestruzzo.	**bomba *f* de hormigon** Bomba diseñada especialmente para bombear hormigon líquido.	**Betonpumpe *f*** Zementierpumpe *f* Zement(mörtel)pumpe *f* Pumpe, die speziell für die Förderung von Zementmischungen konstruiert ist.	**7007**
Antincendio	**Lucha contra incendios**	**Brandbekämpfung**	
pompa *f* antincendio Pompa impiegata per l'erogazione di acqua per lo spegnimento di incendi. Per lo più *pompa autoadescante 0702* o fornita di dispositivo di adescamento.	**bomba *f* de incendios** Bomba que toma el agua destinada a combatir un incendio. En general, *bomba auto-cebante 0702* ó bomba equipada con dispositivo de cebado.	**Feuerlöschpumpe *f*** Pumpe für die Förderung von Löschwasser, meist *selbstansaugende Pumpe 0702* oder mit Ansaugvorrichtung ausgerüstet.	**7101**
gruppo *f* antincendio portatile Gruppo costituito da una *pompa antincendio 7101* azionata da un motore a scoppio. Il gruppo è trasportabile sul luogo d'impiego.	**bomba *f* de incendio portatil**	**Tragkraftspritze *f*** Tragkraftspritzen sind nach geltenden Bestimmungen für die Brandbekämpfung besonders gestaltete, durch Verbrennungsmotoren angetriebene *Feuerlöschpumpen 7101,* die zur Verwendungsstelle getragen werden können.	**7102**
pompa *f* Sprinkler Pompa impiegata per erogare acqua negli impianti Sprinkler. Questi ultimi sono delle apparecchiature automatiche fisse sotto pressione, di allarme e di protezione antincendio mediante alimentazione idrica, azionata da dispositivo termico.	**bomba *f* Sprinkler** Bomba que proporciona el agua a los Sprinklers de protección de incendios. Estas instalaciones fijas de detección, aviso y extinción, con recipiente siempre bajo presión, se ponen automaticamente en marcha bajo los efectos de un aumento súbito de temperatura.	**Sprinklerpumpe *f*** Pumpe, die Wasser für Sprinkleranlagen liefert. Das sind automatische, unter Druck stehende, fest installierte Feuerlösch- und Alarmeinrichtungen mit Wasserspeicherung, die bei einem Hitzeimpuls in Tätigkeit treten. Die hierfür verwendeten Pumpen unterliegen in einigen	**7103**

température.

Dans quelques pays les pompes utilisées sont soumises à des règlements de réception spéciaux.

Sugar industry

Industrie sucriére

In some countries, for instance in Great Britain, the production of sugar from sugar cane is fairly common. The names of pumps differ therefore — at least in the English language — from those used in the Beet Sugar Industry. Such differing descriptions are therefore added as applicable *(see for instance No.7202)*

Dans certains pays, comme par exemple, en Grande-Bretagne, la fabrication de sucre, à partir de la canne à sucre, est très répandue. Parfois les désignations de pompes différent, du moins en anglais, de celles utilisées dans l'industrie sucrière de la betterave à sucre. Les désignations concernées font l'objet d'une mention particulière *(cf. par ex. le nº 7202).*

7200 **pump for the sugar industry**

Collective description for various pumps used in the sugar industry.

pompe *f* pour l'industrie sucrière

Terme collectif pour des pompes de différents types utilisées dans l'industrie sucrière.

7201 **beet fluming, washing and spray pump**

Centrifugal pump 0100 discharging clarified sludge pond water into the beet delivery trough and for activation of the spray nozzles.

pompe *f* à eau claire

Pompe centrifuge 0100 alimentant en eau claire le canal d'amenée des betteraves et les lances d'arrosage.

7202 **beet pump**

Centrifugal pump 0100 delivering water suspended beet to the beet washing plant.

The term **cane water pump** is used in cane sugar industry.

pompe *f* à betteraves

Pompe centrifuge 0100 transportant par voie hydraulique les betteraves après déchargement vers la station de lavage.

Dans l'industrie sucrière de la canne à sucre on utilise en anglais l'expression *"cane water pump".*

Tali pompe sono sottoposte, in alcuni paesi, a particolari norme di accettazione.

En algunos paises las bombas utilizadas estan sujetas a reglamentos especiales de recepción.

Ländern besonderen Abnahmevorschriften.

Industria saccarifera

Industria Azucarera

Zuckerindustrie

In alcuni paesi, ad esempio es. la Gran Bretagna, è molto diffusa l'utilizzazione della canna da zucchero. Le denominazioni delle pompe possono quindi differire talvolta da quelle impiegate nelle Industrie che utilizzano la barbabietola da zucchero. Le relative denominazioni sono pertanto oggetto di particolare menzione. *(Cfr. p.es. il n. 7202).*

En ciertos paises, como por ejemplo en Gran Bretaña, la fabricación del azucar a partir de la caña, está muy extendida. Por ello, las denominaciones de las bombas difieren, por lo menos en ingles, de las utilizadas en la industria de la remolacha de azucar. Las denominaciones correspondientes son objeto de una mención particular *(ver por ejemplo el nº 7202).*

In manchen Ländern, so z.B. in Großbritannien, ist die Herstellung von Zucker aus Zuckerrohr stark verbreitet. Die Pumpenbenennungen weichen dann mitunter – zumindest in der englischen Sprache – von den in der Rübenzucker-Industrie gebräuchlichen ab. Die abweichenden Benennungen sind in den betreffenden Fällen zusätzlich aufgenommen *(siehe z.B. Nr. 7202).*

---

pompa *f* per zuccherifici

bomba *f* para la industria Azucarera

Pumpe *f* für die Zuckerindustrie 7200
Zuckerindustriepumpe *f*

Termine generico indicante le pompe di diverso tipo utilizzate negli zuccherifici.

Termino general para las bombas de diversos tipos, utilizadas en la industria Azucarera.

Sammelbegriff für verschiedenartige Pumpen, die in der Zuckerindustrie eingesetzt werden.

---

pompa *f* per acqua decantata

bomba *f* de agua limpia

Schwemmwasserpumpe *f* 7201

Pompa centrifuga 0100 impiegata per erogare l'acqua sporca chiarificata, dalle fosse di raccolta nel canale di trasporto delle barbabietole e per alimentare gli ugelli spruzzatori.

Bomba centrifuga 0100 que alimenta de agua limpia el canal de impulsión de las remolachas y las lanzas de aspersión.

Kreiselpumpe 0100 zum Fördern von geklärtem Schlammteichwasser in die Zulaufrinne der Rüben und zur Beaufschlagung der Abspritzdüsen.

---

pompa *f* per bietole

bomba *f* de remolacha

Rübenpumpe *f* 7202

Pompa centrifuga 0100 impiegata per il sollevamento e il trasporto delle bietole nelle vasche di lavaggio, mediante corrente d'acqua.

Nella produzione dello zucchero di canna, tale pompa viene indicata, in inglese, con il termine *"cane water pump".*

Bomba centrifuga 0100 que transporta por via hidraulica las remolachas despues de su descarga en la estación de lavado.

En la industria Azucarera de la caña de azucar se utiliza en ingles la expresion *"cane water pump".*

Kreiselpumpe 0100 zum Fördern angeschwemmter Zuckerrüben in die Rübenwäsche.

Bei Herstellung des Zuckers aus Zuckerrohr wird im Englischen der Begriff *"cane water pump"* verwendet.

	ENGLISH	FRANÇAIS
7203	**raw juice circulating pump** circulating raw juice pump *Centrifugal pump 0100* delivering raw juice to the disintegrator.	**pompe *f* de circulation de jus brut** *Pompe centrifuge 0100* amenant le jus brut à l'échaudoir.
7204	**cossette pump** *Centrifugal pump 0100* delivering fresh cossettes in raw juice to the diffusion column.	**pompe *f* à jus-cossettes** *Pompe centrifuge 0100* amenant le jus-cossettes à la tour de diffusion.
7205	**pulp water pump** *Centrifugal pump 0100* delivering pulp water to the diffusion column.	**pompe *f* à eau de presses** *Pompe centrifuge 0100* amenant l'eau de presses à la tour de diffusion.
7206	**raw water service pump** *Centrifugal pump 0100* delivering clear water to the various supply points within the plant. In the cane sugar industry the term **raw water pump** is used for water, which may have abrasive or chemical contamination.	**pompe *f* à eau d'appoint** *Pompe centrifuge 0100* alimentant en eau claire la tour de diffusion et les postes d'utilisation. Dans l'industrie sucrière de la canne à sucre on utilise en anglais, l'expression *"raw water pump"* pour désigner la pompe utilisée pour le pompage de l'eau contenant des substances abrasives ou chimiques.
7207	**juice pump** sugar liquor pump raw liquor pump (in cane sugar industry) *Centrifugal pump 0100* pumping sugar liquor of different concentrations. In general slow running unit with low velocities of flow and minimim	**pompe *f* à jus** *Pompe centrifuge 0100* propulsant les jus de différentes concentrations, (voir exemples de combinaisons). En général, pompe tournant lentement, avec faibles vitesses d'écoule-

ITALIANO	ESPAÑOL	DEUTSCH	
pompa *f* **per circolazione dei sughi greggi** *Pompa centrifuga 0100* impiegata per erogare i sughi greggi di ricircolazione alle fettucce (polpe).	**bomba** *f* **de circulación de jugo crudo** *Bomba centrifuga 0100* que impulsa el jugo crudo al desintegrador.	**Rohsaftumwälzpumpe** *f* Rohsaftzirkulationspumpe *f* *Kreiselpumpe 0100* zum Fördern von Rohsaft zur Schnitzelmaische.	**7203**
pompa *f* **per acqua e fettucce** *Pompa centrifuga 0100* impiegata per trasportare il miscuglio di fettucce fresche e sughi greggi alla batteria di diffusione.	**bomba** *f* **de cosetas** *Bomba centrifuga 0100* que impulsa el jugo de cosetas a la torre de difusion.	**Schnitzelpumpe** *f* *Kreiselpumpe 0100* zum Fördern von frischen Rübenschnitzeln in Rohsaft zum Auslaugeturm.	**7204**
pompa *f* **per acqua di pressatura** *Pompa centrifuga 0100* impiegata per erogare l'acqua spremuta dalle fettucce nella batteria di diffusione.	**bomba** *f* **de agua de pulpa** *Bomba centrifuga 0100* que impulsa el agua de pulpa a la torre de difusión.	**Rücknahmepumpe** *f* Preßwasserpumpe *f* *Kreiselpumpe 0100* zum Fördern von Schnitzelpreßwasser in den Auslaugeturm.	**7205**
pompa *f* **per acqua pulita** *Pompa centrifuga 0100* impiegata per erogare l'acqua pulita nei punti di utilizzazione. Nell'industria dello zucchero di canna, viene usato il termine *"raw water pump"* per acque contenenti sostanze abrasive o chimiche.	**bomba** *f* **de agua cruda** *Bomba centrifuga 0100* que alimenta de agua clara la torre de difusion y los diversos puntos de la planta. En la industria Azucarera de la caña de azucar, en ingles, se utiliza la expresión *"raw water pump"* para designar la bomba utilizada para bombear el agua que contiene sustancias abrasivas ó quimicas.	**Klarwasserpumpe** *f* Frischwasserpumpe *f* *Kreiselpumpe 0100* zum Fördern von klarem Wasser an die Verbrauchsstellen. Frischwasserpumpe nicht zu verwechseln mit der Pumpe gleicher Bezeichnung zur Förderung von Süßwasser auf Schiffen, *vergl. 6902.* Bei der Zuckerherstellung aus Zuckerrohr wird im Englischen der Ausdruck *"row water pump"* bei der Förderung von Wasser verwendet, das durch abrasive oder chemische Substanzen verunreinigt ist.	**7206**
pompa *f* **per sughi** *Pompa centrifuga 0100* impiegata per erogare le soluzioni zuccherine di diversa concentrazione (V. denominazioni particolari). In genere è una pompa a basso nu-	**bomba** *f* **de jugo** *Bomba centrifuga 0100* que impulsa jugo de diversas concentraciones. En general, bomba que gira lentamente, con reducida velocidad de salida con el fin de reducir las turbu-	**Saftpumpe** *f* *Kreiselpumpe 0100* zum Fördern von Zuckersäften verschiedener Konzentration, *vergl.* Kombinationsbeispiele. Im allgemeinen langsamlaufende	**7207**

	ENGLISH	FRANÇAIS
	turbulence to ensure damage-free handling of pumped fluid.	ment pour réduire les tourbillons et pour ne pas détériorer le produit pompé.
7209	**milk of lime pump** *Centrifugal pump 0100* delivering milk of lime to supply points.	**pompe *f* à lait de chaux** *Pompe centrifuge 0100* amenant le lait de chaux au préchauffeur et aux postes d'utilisation.
7212	**mud pump** *Centrifugal pump 0100* removing sludge from filters.	**pompe *f* à résidus des filtres** *Pompe centrifuge 0100* amenant le jus clair de la station de saturation à la station d'évaporation.
7215	**spray pond pump** *Centrifugal pump 0100* delivering condensor cooling water through cooling jets into the jet or cooling water pond.	**pompe *f* à eau condensée** *Pompe centrifuge 0100* amenant le condensat de la caisse à travers des tuyères de refroidissement au bassin.
7217	**massecuite pump** *Centrifugal pump 0100* or *rotary pump 0280* delivering massecuite from the vacuum pans to the hopper of sugar centrifugals. In the cane sugar industry the term **syrup pump massecuite** is used for a *positive displacement pump 0200* dealing with high viscosity syrup.	**pompe *f* à masse cuite** *Pompe centrifuge 0100* ou *pompe volumétrique rotative 0280* amenant la masse cuite des appareils de cuisson aux conduites d'alimentation des centrifugeuses de sucre. Dans l'industrie sucrière de la canne à sucre on utilise en anglais, l'expression *"syrup pump massecuite"* pour désigner la *pompe volumétrique 0200* pour sirop très épais (visqueux).

mero di giri, con limitate velocità del flusso e minima vorticosità, al fine di non alterare il liquido pompato.

lencias para no deteriorar el producto bombeado.

Pumpe mit niedriger Strömungsgeschwindigkeit und geringer Turbulenzbildung zur Schonung des Fördergutes.

Bei der Zuckerherstellung aus Zuckerrohr wird im Englischen der Begriff *"raw liquor pump"* verwendet.

---

pompa *f* per latte di calce

Pompa centrifuga 0100 impiegata per erogare il latte di calce nei punti di utilizzazione.

bomba *f* de lechada de cal

Bomba centrifuga 0100 que impulsa la lechada de cal al precalentador y a los puntos de utilización.

Kalkmilchpumpe *f* 7209

Kreiselpumpe 0100 zum Fördern der Kalkmilch zu den Verbrauchsstellen.

---

pompa *f* per torte di detecazione

Pompa centrifuga 0100 impiegata per allontanare gli scarti dai filtri.

bomba *f* de residuos filtrados

Bomba centrifuga 0100 que impulsa el jugo claro de la estación de saturación a la estación de evaporación.

Filterschlammpumpe *f* 7212

Kreiselpumpe 0100 zum Entfernen des Schlammes aus den Filtern.

---

pompa *f* per acqua di condensa

Pompa centrifuga 0100 impiegata per erogare l'acqua, riscaldatasi in seguito alla condensazione, dal serbatoio di raccolta agli ugeli oppure alla vasca di scarico.

bomba *f* de agua condensada

Bomba centrifuga 0100 que impulsa el condensado de la caja a traves de las tuberias de enfriamiento del deposito.

Fallwasserpumpe *f* 7215

Kreiselpumpe 0100 zum Fördern des durch das Niederschlagen des Dampfes erwärmten Wassers aus dem Fallwasserkasten über Kuhldüsen in den Kühldüsen- oder Fallwasserteich.

---

pompa *f* per masse cotte

Pompa centrifuga 0100 oppure *pompa volumetrica rotativa 0280* impiegata per erogare le masse cotte dalle bolle di cottura alla condotta di adduzione delle centrifughe da zucchero.

Nell'Industria della canna da zuccbero, si usa in inglese l'espressione *"syrup pumps massecuite"* per indicare la *pompa volumetrica 0200* per sciroppi molto densi e viscosi.

bomba *f* para masa cocida

Bomba centrifuga 0100 ó bomba volumetrica rotativa 0280 que traslada la masa cocida de los aparatos de cocción a los conductos de alimentación de las centrifugas de azucar.

Füllmassepumpe *f* 7217

Kreiselpumpe 0100 oder *rotierende Verdrängerpumpe 0280* zum Fördern der Füllmasse aus der Kochstation in die Zulaufrinnen der Zuckerzentrifugen.

In der Rohrzucker-Industrie werden zur Förderung von Sirup hoher Zähigkeit *Verdrängerpumpen 0200* verwendet, die im Englischen als *"syrup pump massecuite"* bezeichnet werden.

		ENGLISH	FRANÇAIS
7218		**molasses pump** *Positive-displacement pump 0200* handling molasses. The term **final molasses pump** is used in cane sugar industry.	**pompe *f* à mélasse** *Pompe volumétrique 0200* amenant la mélasse au centre d'expedition. Dans l'industrie sucrière de la canne à sucre on utilise en anglais, l'expression *"final molasses pump"*.
7219		**centrifugal run-off pump** *Centrifugal pump 0100* for the transport of centrifuged juice to vacuum pan supply tanks.	**pompe *f* à égouttures des centrifugeuses** *Pompe centrifuge 0100* amenant les égouttures aux appareils de cuisson.
7220		**melt (liquor) pump** *Centrifugal pump 0100* delivering the clear melt liquor from the dissolving pans to the vacuum pan supply tanks.	**pompe *f* à refonte** *Pompe centrifuge 0100* amenant la cassonade avec égouttures aux appareils de cuisson.
7221		**(beet) tails pump** *Centrifugal pump 0100* delivering beet tail flotsam to the disintegrator.	**pompe *f* à queues de betteraves** *Pompe centrifuge 0100* transportant par voie hydraulique les queues de betteraves vers la machine coupe-racines.
7222		**pulp pump** *Centrifugal pump 0100* delivering wet sliced pulp to the beet screw presses.	**pompe *f* à pulpe** *Pompe centrifuge 0100* amenant la pulpe à la presse de filtration.
7223		**sediment pump** thick sludge pump *Positive-displacement pump 0200* for the removal of thick sludge deposition in the sludge pond.	**pompe *f* à boue épaisse** *Pompe volumétrique 0200* évacuant la boue déposée au fond du bassin de décantation.
7224		**raw liquor pump** *Centrifugal pump 0100* or *positive-*	**pompe *f* à sirop** *Pompe centrifuge 0100* ou *pompe*

ITALIANO	ESPAÑOL	DEUTSCH	
pompa *f* per melassa *Pompa volumetrica 0200* impiegata per erogare melassa. Nell'Industria dello zucchero di canna, si usa in inglese il termine *"final molasses pump"*.	**bomba *f* de melaza** *Bomba volumetrica 0200* que traslada la melaza al punto de expedición. En la industria Azucarera de la caña de azucar se utiliza en ingles la expresión *"final molasses pump"*.	**Melassepumpe *f*** *Verdrängerpumpe 0200* zum Fördern von Melasse. In der Rohrzucker-Industrie wird im Englischen der Ausdruck *"final molasses pump"* verwendet.	**7218**
pompa *f* per scoli di centrifugazione *Pompa centrifuga 0100* impiegata per erogare gli scoli di centrifugazione alle bolle di cottura.	**bomba *f* de escurrido de las centrifugas** *Bomba centrifuga 0100* que impulsa el escurrido a los aparatos de cocción.	**Ablaufpumpe *f*** *Kreiselpumpe 0100* zum Fördern der abgeschleuderten Abläufe der Zentrifugen zur Kochstation.	**7219**
pompa *f* per scolo verde *Pompa centrifuga 0100* impiegata per erogare lo scolo verde dai serbatoi di soluzione nelle casse d'entrata delle bolle di cottura.	**bomba *f* para purificar** *Bomba centrifuga 0100* para separar el licor depurado del recipiente del disolvente a los aparatos de cocción.	**Klärepumpe *f*** *Kreiselpumpe 0100* zum Fördern der Zuckerkläre aus den Auflösepfannen in den Einzugskasten der Kochstation.	**7220**
pompa *f* per code di barbabietole *Pompa centrifuga 0100* impiegata per erogare le code di barbabietole alla macchina affettatrice.	**bomba *f* para los rabos de la remolacha** *Bomba centrifuga 0100* que transporta por via hidraulica los rabos de las remolachas hacia la máquina corta racimos.	**Rübenschwänzepumpe *f*** *Kreiselpumpe 0100* zum Fördern von Rübenschwänzen in einer Aufschwemmung zur Schnitzelmaschine.	**7221**
pompa *f* per ricupero dei polpini *Pompa centrifuga 0100* impiegata per erogare le polpe delle fettucce esaurite nei filtri pressa.	**bomba *f* de pulpa** *Bomba centrifuga 0100* que impulsa la pulpa a la prensa de filtrado.	**Pulpepumpe *f*** *Kreiselpumpe 0100* zum Fördern der Pulpe der Naßschnitzel in die Filterpresse.	**7222**
pompa *f* per residui melmosi *Pompa volumetrica 0200* impiegata per asportare i rifiuti melmosi dalla fossa di raccolta.	**bomba *f* de lodo espeso** *Bomba volumetrica 0200* que evacua el lodo espeso depositado en el fondo de la vasija de decantación.	**Dickschlammpumpe *f*** *Verdrängerpumpe 0200* zum Entfernen des abgesetzten Dickschlammes aus dem Schlammteich.	**7223**
pompa *f* per sciroppi *Pompa centrifuga 0100*, oppure *pom-*	**bomba *f* de jarabe** *Bomba centrifuga 0100* ó *bomba*	**Siruppumpe *f*** *Kreiselpumpe 0100* oder *Verdränger-*	**7224**

displacement pump 0200 delivering remelt syrup to the refinery.

volumétrique 0200 amenant le sirop à la raffinerie.

Paper, cardboard and cellulose industry

Industrie du papier et de la cellulose

7301

pulp pump (not in use in USA)
stock pump

Centrifugal pump 0100 for handling shreddable products obtained from wood by chemical reaction (sulphite or sulphate process, or on sodium basis) and diluted with water so as to attain concentrations ranging from 0.2 to approximately 10%).

pompe *f* à cellulose

Pompe centrifuge 0100 propulsant les produits effilochables, qui par délignification chimique du bois (par procédés à base de sulfite, bisulfite ou soude) et par décantation avec de l'eau sont amenés à des concentrations variant de 0,2–10%.

7302

mechanical wood pulp pump (not in use in USA)
groundwood stock pump

Centrifugal pump 0100 for handling fibrous matter obtained by pressing wood against rotating grindstones while adding water. Such fibrous matter is known as white pulp if raw timber is used, and as brown pulp if steam-stripped timber is used. It is diluted with water so as to attain concentrations ranging from approximately 0.2 to 10%.

pompe *f* à pâte mécanique

Pompe centrifuge 0100 propulsant la matière fibreuse, obtenue par usure et abrasion du bois sur les meules tournantes, entraînée par courant d'eau. En utilisant du bois brut, cette matiere est appelée pate blanche, et en utilisant du bois etuvé, elle est appelée pate brune. Par addition d'eau elle sera diluée à 0,2–10%.

7303

paper stock pump

Centrifugal pump 0100 for handling mixtures of different half stuffs to which fillers, dye stuffs, size,etc, have been added.

pompe *f* à pâte à papier

Pompe centrifuge 0100 propulsant un mélange de différentes pâtes brutes additionnées d'autre part de charges de colorants, de colle, etc.

7304

stock water pump
white water pump (USA)

Centrifugal pump 0100 used during paper stock processing for handling highly diluted half stuffs and finished

pompe *f* à eau blanche

Pompe centrifuge 0100 propulsant les pâtes brutes ou travaillées, fortement diluées dans le cadre de la

pa volumetrica 0200 impiegata per erogare gli sciroppi alla raffineria.

volumetrica 0200 que impulsa el jarabe a la refineria.

pumpe 0200 zum Fördern von Sirup zur Raffinerie.

Industria della carta e della cellulosa

Industria del papel y la celulosa

Papier-, Pappen- und Zellstoffindustrie

---

pompa *f* per cellulosa — **bomba *f* de celulosa** — **Zellstoffpumpe *f*** 7301

Pompa centrifuga 0100 impiegata per erogare i materiali fibrosi che si ricavano dal legno, mediante processi di schiarimento (al solfito o al solfato e rispettivamente soda caustica) e che vengono portati, con acqua, a concentrazioni comprese fra 0,2 e 10% circa.

Bomba centrifuga 0100 que impulsa los productos deshilachados, que por reacciòn quimica de la madera (por proceso a base de sulfito, bisulfito o sosa) y por decantaciòn con agua son llevados a una concentraciòn que varìa del 0,2 al 10%.

Kreiselpumpe 0100 zum Fördern zerfaserbarer Produkte, die durch chemischen Aufschluß (Sulfit- oder Sulfat- bzw. Natronbasis) aus Holz erzielt und mit Wasser auf verschiedene Konzentrationen zwischen 0,2 und ca. 10% aufgeschwemmt werden.

---

pompa *f* per pasta di legno — **bomba *f* de pasta mecánica** — **Holzschliffpumpe *f*** 7302

Pompa centrifuga 0100 impiegata per erogare i materiali fibrosi, che si ricavano dallo sfibramento del legno, mediante mole di pietra sotto alimentazione d'acqua. Impiegando legno grezzo, si ottiene la pasta detta bianca, mentre usando legno evaporato, si ottiene quella bruna. Essa viene diluita dallo 0,2 al 10% circa mediante acqua.

Bomba centrifuga 0100 que impulsa materias fibrosas, obtenidas por descaste y abrasion de la madera en muelas girantes; con la ayuda de una corriente de agua.

Cuando se utiliza madera en bruto, esta materia se llama pasta blanca, y cuando se utiliza madera seca, se llama pasta oscura. Añadiendole agua se diluirá a 0,2—10%.

Kreiselpumpe 0100 zum Fördern von Faserstoff, der durch Anpressung von Holz an umlaufende Schleifsteine unter Wasserzuführung gewonnen wird. Bei Verwendung von rohem Holz wird dieser Faserstoff mit Weißschliff, bei Verwendung von gedämpftem Holz mit Braunschliff bezeichnet; er wird unter Zusatz von Wasser auf ca. 0,2 bis 10% verdünnt.

---

pompa *f* per pasta di carta — **bomba *f* para pasta de papel** — **Papierstoffpumpe *f*** 7303

Pompa centrifuga 0100 impiegata per erogare miscugli di diverse sostanze semilavorate (mezze paste) alle quali inoltre vengono fatte altre aggiunte, quali sostanze di carica, coloranti, collanti, ecc.

Bomba centrífuga 0100 que impulsa una mezcla de diferentes pastas brutas con adición de otras cargas como son colorantes, cola etc.

Kreiselpumpe 0100 zum Fördern eines Gemisches von verschiedenen Halbstoffen, denen außerdem Füllstoffe, Farbe, Leim usw. zugesetzt sind.

---

pompa *f* per sospensioni acquose — **bomba *f* de agua blanca** — **Stoffwasserpumpe *f*** 7304

Pompa centrifuga 0100 impiegata per erogare mezze paste o paste finite (alla diluizione almeno di 1:50, ma

Bomba centrifuga 0100 que impulse las pastas brutas o elaboradas, altamente diluidas en zona de prepara-

Kreiselpumpe 0100, die im Rahmen der Papierstoffaufbereitung stark verdünnte Halb- und Fertigstoffe (Ver-

products (dilution ratio at least 1:50, but generally 1:200).

préparation de la pâte à papier. la concentration est alors au maximum de 1:50, toutefois le plus souvent de 1:200.

7305

pulp water pump

Centrifugal pump 0100 designed for returning into the processing cycle the water intercepted at the flat or round screen, containing fibrous matter, fillers and dye stuffs.

pompe *f* à eau sous toile

Pompe centrifuge 0100 utilisée pour remettre dans le circuit de fabrication l'eau contenant fibres, colorants et charges, après avoir été recueillie dans la fosse à eau sous toile.

7306

stock drain water pump

Centrifugal pump 0100, pumping the water containing fibrous matter, dye stuffs and fillers from the entire processing cycle either to the influx basin or to special stock recovery plants.

pompe *f* d'évacuation des eaux blanches

Pompe centrifuge 0100 amenant l'eau contenant fibres, colorants et charges du circuit général de production au ramasse-pâte ou à des installations spéciales de récupération.

7307

filter residue pump

Centrifugal pump 0100 for handling solids mainly consisting of short fibres, fillers and dye stuffs which are separated by stuff catchers from the waste liquid.

pompe *f* à pâte recupérée

Pompe centrifuge 0100 propulsant la pâte récupérée au ramasse-pâte, séparée de l'eau claire. Cette pâte est composée surtout de fibres très courtes, de colorants et de charges.

7308

wood pulp pump
wood stock pump

Centrifugal pump 0100 for handling shreddable half stuff of the kind used in the fibreboard industry, produced from bagasse, saw mill residue, wood chips, sawdust, etc, and diluted with water.

pompe *f* à pâte de bois

Pompe centrifuge 0100 propulsant les fragments de pâte brute utilisés dans l'industrie de panneaux en fibres de bois. Cette pâte se compose de délignures de scierie, de chutes de bois, de sciure, de bagasse, etc., mélangés avec de l'eau.

7309

linters pump

Centrifugal pump 0100 for handling water-diluted brown cotton linters

pompe *f* à linters

Pompe centrifuge 0100 propulsant la pâte de coton lessivée, de couleur

ITALIANO	ESPAÑOL	DEUTSCH	
in genere di 1:200) necessarie alla preparazione della pasta di carta.	ción de la pasta de papel. La concentración es entonces como máximo del 1:50, sin embargo la más normal es del 1:200.	dünnungsverhältnis mindestens 1:50, meist jedoch 1:200) fördert.	
pompa *f* per acqua da filtrare *Pompa centrifuga 0100* impiegata per erogare l'acqua contenente sostanze fibrose, di carica o coloranti dalle parti filtranti circolari o piane delle macchine da carta, facendole ritornare in ciclo.	**bomba *f* de agua para parte inferior de la tela** *Bomba centrífuga 0100* utilizada para enviar al circuito de fabricación el agua conteniendo fibras, colorantes y cargas, después de ser recogida en la fosa de agua de la parte superior de la tela.	**Siebwasserpumpe *f*** *Kreiselpumpe 0100,* die das an der Lang- oder Rundsiebpartie der Papiermaschine aufgefangene faser-, fülstoff- und farbhaltige Wasser zurück in den Fabrikationslauf fördert.	**7305**
pompa *f* per acqua di scarico del materiale *Pompa centrifuga 0100* impiegata per erogare l'acqua contenente sostanze fibrose, coloranti o di carica provenienti dall'intero ciclo di produzione e riportarla nel recipiente finale oppure in appositi impianti di ricupero del materiale.	**bomba *f* de evacuación de las aguas blancas** *Bomba centrífuga 0100* que conduce el agua conteniendo fibras, colorantes y cargas del circuito general de producción a las instalaciones especiales de recuperación.	**Stoffabwasserpumpe *f*** *Kreiselpumpe 0100,* die das faser-, farbstoff- und füllstoffhaltige Wasser aus dem gesamten Produktionskreislauf entweder in Vorfluter oder in besondere Stoffrückgewinnungsanlagen fördert.	**7306**
pompa *f* per materiali grigliati *Pompa centrifuga 0100* impiegata per erogare quelle sostanze solide, composte prevalentemente di fibre corte, sostanze di carica e coloranti, le quali vengono separate dall'acqua di scarico mediante griglie.	**bomba *f* de pasta recuperada** *Bomba centrífuga 0100* que impulsa la pasta recuperada, separada del agua clara. Esta pasta está compuesta principalmente de fibras muy cortas, de colorantes y de cargas.	**Fangstoffpumpe *f*** *Kreiselpumpe 0100* zum Fördern derjenigen Festsubstanzen, die vorwiegend aus kürzeren Fasern, Füllstoffen und Farbstoffen bestehen und durch Stoffänger aus dem Abwasser ausgeschieden werden.	**7307**
pompa *f* per materiali legnosi *Pompa centrifuga 0100* impiegata per erogare, mediante acqua, le mezze paste fibrose usate per la produzione delle lastre di conglomerato, fabbricate con cascami della canna da zucchero (bagasse), segatura, trucioli, farina di legno, ecc.	**bomba *f* de pasta de madera** *Bomba centrífuga 0100* que impulsa los fragmentos de pasta bruta utilizada en la industria de paneles de fibra de madera. Esta pasta esta compuesta de virutas, trozos de madera, serrín, bagazo, etc. mezclados con el agua.	**Holzstoffpumpe *f*** *Kreiselpumpe 0100* zum Fördern des in der Faserplatten-Industrie verwendeten zerfaserbaren Halbstoffes, der aus Bagasse, Sägewerksabfällen, Holzabfällen, Sägemehl usw. erzeugt und mit Wasser aufgeschwemmt wird.	**7308**
pompa *f* per cotone grezzo *Pompa centrifuga 0100* impiegata per erogare, mediante acqua, le fibre	**bomba *f* de linters** *Bomba centrífuga 0100* que impulsa la pasta de algodon lejiada, de color	**Linterspumpe *f*** *Kreiselpumpe 0100* zum Fördern der mit Wasser aufgeschwemmten braun-	**7309**

which adhere to the cotton pads and are rich in oil.

brune. Ces fibres sont très huilifiées et adhèrent fortement aux capsules du coton. (Les linters sont des fibres de coton courtes).

7310 **bagasse pump**

Centrifugal pump 0100 for handling sugar cane residue (sugar cane cellulose) obtained from the sulphate process, which remains after the leaching of the sugar and is diluted with water.

pompe *f* à bagasse

Pompe centrifuge 0100 propulsant la pâte de cannes à sucre. Celle-ci est constituée par les déchets, après traitement des cannes à sucre au sulfate et diluée après extraction du sucre.

7311 **backwater pump**

Centrifugal pump 0100 for returning to the production process the water clarified in the different stock cleaning plants which, however, still contains a certain proportion of fibrous matter, fillers and dye stuffs.

pompe *f* à eaux de retour

Pompe centrifuge 0100 ramenant dans le circuit de fabrication les eaux de retour qui contiennent encore une certaine quantité de fibres, de charge et de colorants.

7312 **straw pulp pump**
straw stock pump

Centrifugal pump 0100 for handling semi-chemical pulp obtained from digesting straw with lime water.

pompe *f* à pâte brute de paille

Pompe centrifuge 0100 propulsant la pâte brute de paille obtenue par la cuisson de la paille avec du lait de chaux.

7313 **suction box water pump**
Sven-Pedersen pump (not in use in USA)

Centrifugal pump 0100 for handling on aerated water/fibre mixture which is sucked off at the wire end through a vacuum generated by vacuum pumps at the flat and round suction boxes and which, because of its high density, collects in so-called separation tanks.

pompe *f* d'extraction de caisse aspirante
pompe *f* Sven-Pedersen

Pompe centrifuge 0100 propulsant un mélange d'eau de fibres et d'air qui, aspiré par dépression créée par des pompes à vide, s'est déposé, à cause de sa forte densité, dans les séparateurs.

ITALIANO	ESPAÑOL	DEUTSCH	
brune di cotone, molto oleose, che restano attaccate alla capsula dei semi del cotone.	oscuro. Estas fibras son muy ricas en aceite y se adhieren fuertemente a las cápsulas de algodon (Los "linters" son las fibras cortas del algodon).	farbigen Fasern der Baumwolle, die an den Samenkapseln der Baumwolle festhaften und stark ölhaltig sind.	
pompa *f* per residui di canna da zucchero	**bomba *f* de bagazo**	**Bagassepumpe *f***	**7310**
Pompa centrifuga 0100 impiegata per erogare, mediante acqua, i residui della canna da zucchero spappolata in seguito al processo al solfato (cellulosa di canna), che rimangono dopo la lisciviazione dello zucchero.	*Bomba centrífuga 0100* que impulsa la pasta de la caña de azucar. Está constituida por los desperdicios, después del tratamiento de la caña con sulfato y tratamiento de la caña con sulfato y diluido después de la extracción del azucar.	*Kreiselpumpe 0100* zum Fördern des nach dem Sulfatverfahren aufgeschlossenen Rückstandes von Zuckerrohr (Zuckerrohr-Zellstoff), der nach der Auslaugung des Zuckers verbleibt und mit Wasser aufgeschwemmt wird.	
pompa *f* per acqua di ricupero	**bomba *f* de agua de retorno**	**Rückwasserpumpe *f***	**7311**
Pompa centrifuga 0100 impiegata per erogare l'acqua chiarificata recuperata nei diversi impianti di depurazione, ma contenente tuttavia ancora particelle fibrose, di carica e coloranti, e farla ritornare in ciclo.	*Bomba centrifuga 0100* que impulsa al circuito de fabricación el agua de retorno que contiene todavía una cierta cantidad de fibras, carga y colorantes.	*Kreiselpumpe 0100,* die das in den verschiedenen Stoffreinigungsanlagen anfallende geklärte Wasser, das aber noch gewisse Anteile an Fasern, Füllstoff und Farbe enthält, zurück in die Produktion fördert.	
pompa *f* per pasta di paglia	**bomba *f* de pasta de paja**	**Strohstoffpumpe *f***	**7312**
Pompa centrifuga 0100 impiegata per erogare la cellulosa, che viene ricavata dalla paglia per semplice cottura con latte di calce.	*Bomba centrífuga 0100* que impulsa la pasta de paja obtenida por la cocción de la paja con la lechada de cal.	*Kreiselpumpe 0100* zum Fördern des durch einfaches Kochen mit Kalkmilch erzeugten Halbzellstoffes, der aus Stroh gewonnen wird.	
pompa *f* per acqua degli aspiratori pompa *f* Sven-Pedersen	**bomba *f* de extracción de la caja aspirante** bomba *f* Sven-Pedersen	**Saugerwasserpumpe *f*** Sven-Pedersen-Pumpe *f*	**7313**
Pompa centrifuga 0100 impiegata per erogare il miscuglio di acqua, fibre e aria, che viene aspirato dalla parte del filtro degli aspiratori rotanti, grazie alla depressione prodotta da pompe del vuoto (poste dal lato dei filtri degli aspiratori piani o rotanti) e che viene raccolto nelle cosidette casse di separazione, a causa dell' elevato suo peso.	*Bomba centrífuga 0100* que impulsa una mezcla de agua, fibras, y aire que, aspirada por la depresión creada por las bombas de vacio, se deposita a causa de su alta densidad, en los separadores.	*Kreiselpumpe 0100* zum Fördern eines Wasser-Faser-Luftgemisches, das durch die Erzeugung von Unterdruck durch Vakuumpumpen an den Flach- und Rundsaugern an der Siebpartie abgesaugt wird und sich infolge seiner hohen Dichte in sogenannten Ausscheidekesseln sammelt.	

No.	ENGLISH	FRANÇAIS
7314	**waste paper pulp pump** *Centrifugal pump 0100* to convey a pumpable mixture of waste paper and scrap paper to the different processing points.	**pompe *f* à pâte de vieux papiers** *Pompe centrifuge 0100* utilisée pour amener un mélange de pâte, provenant de vieux papiers et de chutes de papiers, aux différents postes de traitement.
7316	**couch break pump** *Centrifugal pump 0100* to convey the pulp which breaks off at the couch roller (at the transition point from the long-screen to the dry part) and is diluted in the couch break tank to a pumpable mixture.	**pompe *f* sur fosse sous presse humide** *Pompe centrifuge 0100* propulsant la pâte à papier recueillie au départ du cylindre coucheur (lors du passage de la toile sans fin vers la sécherie) et diluée dans le cuvier à cassés humides.
7317	**broke pump** *Centrifugal pump 0100* for returning both the broke dissolved in the broke pulper and the edge cuts through the different vats and through cleaning and speck removing devices to the mixing chest of the pulp processing plant.	**pompe *f* à cassés** *Pompe centrifuge 0100* ramenant dans le circuit les cassés triturés dans le pulper ainsi que les chutes des bords dans le cuvier à mélange en passant par les différents cuviers, épurateurs et dépastilleurs.
7318	**chips pump** *Centrifugal pump 0100* for delivering the softened chips to the conveyor belt.	**pompe *f* à copeaux** *Pompe centrifuge 0100* amenant les copeaux trempés sur le tapis transporteur.
7319	**digester drain pump** *Centrifugal pump 0100* conveying the digester pulp to the pulp pit.	**pompe *f* de vidange du lessiveur** *Pompe centrifuge 0100* amenant la masse lessivée au cuvier d'égouttage de la pâte.
7320	**digester acid circulating pump** *Centrifugal pump 0100* for circulating the digester acid of the digester.	**pompe *f* de circulation de lessive** *Pompe centrifuge 0100* assurant le transvasement de la lessive du lessiveur.

ITALIANO	ESPAÑOL	DEUTSCH	
pompa *f* per carta da macero *Pompa centrifuga 0100* impiegata per erogare miscuglio di carta da macero alle diverse lavorazioni.	**bomba *f* de pasta de papelote** *Bomba centrífuga 0100* utilizada para mover una mezcla de pasta, procedente de papel viejo (papelote) y de recortes de papel, a los diferentes puntos de tratamiento.	**Altpapierstoffpumpe *f*** *Kreiselpumpe 0100* zum Fördern eines aus Altpapier und Papierabfall hergestellten pumpfähigen Gemisches zu den verschiedenen Verarbeitungsstellen.	**7314**
pompa *f* per ritagli di spremitura *Pompa centrifuga 0100* impiegata per erogare la pasta di carta che strappata dal rullo spremente (nel passaggio dal filtro alla parte asciutta) cade nella vasca dei cascami di spremitura, ove viene ridotta in miscuglio pompabile.	**bomba *f* de la fosa de la prensa húmeda** *Bomba centrífuga 0100* que impulsa la pasta de papel recogida a la salida del cilindro (después de pasar por la cinta sin fin hacia los secaderos) y diluida en los recipientes de las cajas húmedas.	**Gautschbruchpumpe *f*** *Kreiselpumpe 0100* zum Fördern des Papierstoffes, der beim Abreißen an der Gautschwalze (am Übergang vom Langsieb zur Trockenpartie) anfällt und in der Gautschbruchbütte auf ein pumpfähiges Gemisch verdünnt wird.	**7316**
pompa *f* per ritagli di carta *Pompa centrifuga 0100* impiegata per riportare in circolazione gli scarti disciolti nella vasca di raccolta e le rifilature marginali dalle diverse vasche di depurazione e di imbibizione, per la preparazione del materiale nella vasca di miscelazione.	**bomba *f* de desecho** *Bomba centrífuga 0100* que hace volver al circuito los desechos disueltos en el triturador de la pulpa, y a través de los bordes cortantes, pasando a través del dispositivo depurador de las partículas lleva la mezcla a la cubeta de la planta del proceso de la pulpa.	**Ausschußpumpe *f*** *Kreiselpumpe 0100* zum Zurückfördern des im Ausschuß-Pulper aufgelösten Ausschusses und der Randabschnitte über die verschiedenen Bütten, Reinigungs- und Entstippergeräte in die Mischbütte der Stoffaufbereitung.	**7317**
pompa *f* per fettucce tagliate *Pompa centrifuga 0100* impiegata per convogliare fettucce spezzettate e imbibite al nastro trasportatore.	**bomba *f* de virutas** *Bomba centrífuga 0100* que conduce las virutas recuperadas hacia la cinta transportadora.	**Hackschnitzelpumpe *f*** *Kreiselpumpe 0100* zum Fördern der aufgeweichten Hackschnitzel zum Förderband.	**7318**
pompa *f* per svuotamento delle apparecchiature di cottura *Pompa centrifuga 0100* impiegata per l'erogazione di masse cotte alle vasche di raccolta.	**bomba *f* de vaciado de lejiador** *Bomba centrífuga 0100* que conduce la masa lejiada al depósito de agotamiento de la pasta.	**Kocherableerpumpe *f*** *Kreiselpumpe 0100* zum Fördern der Kochermasse zur Stoffgrube.	**7319**
pompa *f* per circolazione di acidi di cottura *Pompa centrifuga 0100* impiegata per la circolazione degli acidi di cottura negli apparecchi di cottura.	**bomba *f* de circulación de la lejía** *Bomba centrifuga 0100* que asegura el transvase de la lejía en la lejiadora.	**Kochsäureumwälzpumpe *f*** *Kreiselpumpe 0100* zum Umpumpen der Kochsäure des Kochers.	**7320**

	English	Français
	Miscellaneous duties	**Utilisations diverses**
7401	**booster pump**	**groupe** *m* **surpresseur**
	Pump for raising pressure, e.g. for a high lying supply system or for multi-storey buildings; *compare also 2007.*	Pompe utilisée pour augmenter la pression de l'eau dans une canalisation ou conduite (par exemple alimentation en eau des étages supérieurs des immeubles élevés).
7402	**injection pump**	**pompe** *f* **d'injection**
	Low capacity pump for relatively high pressure which delivers the liquid into a control or process system. In the Oil Industry the pump **(sea-water injection pump)** is used to increase the pressure in oil fields, after the natural field pressure is reduced and insufficient to bring the oil to the surface.	Pompe donnant une pression relativement élevée avec faible débit pour introduire un liquide dans un organe et contrôler ou produire un effet déterminé. Si le liquide pompé est de l'eau, on utilise également la désignation **"pompe** *f* **d'injection d'eau".** Dans le domaine de l'exploitation pétrolière : pompe injectant dans le gisement de pétrole, de l'eau douce ou de mer **(pompe** *f* **d'injection d'eau de mer,** en anglais : *Sea water injection pump)* dans le but d'engendrer une pression de refoulement artificielle, après épuisement de la pression naturelle du gisement.
7403	**circulating pump**	**pompe** *f* **de circulation**
	Pump for maintaining circulation for various liquids under any temperature, e.g. also for La Mont boilers or heating plants.	Pompe utilisée pour maintenir ou augmenter la circulation d'un liquide quelconque à une température quelconque (par exemple dans les chaudières La Mont ou installations de chauffage).

Impieghi diversi

Utilizaciones diversas

Sonstige Verwendungszwecke

pompa *f* di sovralimentazione
pompa *f* booster

Pompa impiegata per l'aumento della pressione (per esempio nella rete di distribuzione dell acqua in zone particolarmente alte od in edifici elevati).

Per la pompa booster cfr. anche 2007.

grupo *m* sobrepesor

Bomba utilizada para aumentar la presión de agua en una canalización o conducto (por ejemplo alimentación de agua en los pisos superiores de edificios altos).

Druckerhöhungspumpe *f* 7401
Boosterpumpe *f*
Verstärkerpumpe *f*

Pumpe, die zum Steigern des Druckes (z.B. des Wasserleitungsdruckes für höher gelegene Gebiete oder Hochhäuser) eingesetzt wird.

Boosterpumpe vergl. auch 2007.

---

pompa *f* da iniezione

Pompa impiegata, con pressione relativamente alta e portata piccola, per iniettare il liquido in un sistema allo scopo di controllare o produrre un effetto determinato.

Nell'industria estrattiva del petrolio, essa viene impiegata con acqua dolce o di mare (**pompa *f* per iniezione ad acqua di mare**) per aumentare la pressione nei giacimenti in cui la pressione naturale é divenuta insufficiente a sospingere il petrolio alla superficie.

bomba *f* de inyección

Bomba que dá una presión relativamente elevada con bajo caudal, para introducir un líquido dentro de un organo con el fin de controlar o producir un efecto determinado.

Si el líquido bombeado es agua, se utiliza igualmente la designación **"bomba *f* de inyección de agua"**.

En el campo de la explotación petrolera:
Bomba que inyecta en el yacimiento de petróleo el agua dulce o de mar (**bomba *f* de inyección de agua de mar**, en inglés: *Seawater injection pump*) con el fin de producir una presión de impulsión artificial, después de agotarse la presión natural del yacimiento.

Einspritzpumpe *f* 7402
Injektionspumpe *f*

Pumpe mit relativ hohem Förderdruck bei kleinem Förderstrom, die das Fördergut zur Steuerung oder Erzeugung eines Effektes in ein System drückt. Ist das Fördergut Wasser, so wird auch die Benennung **Einspritzwasserpumpe** *f* verwendet.

In der Rohölfördertechnik : Pumpe, die Süß- oder Seewasser (**Seewasser-Einspritzpumpe *f***) in die Lagerstätte des Rohöls drückt, um nach Erschöfung des natürlichen Lagerstättendruckes einen künstlichen Förderdruck zu erzeugen.

---

pompa *f* di circolazione

Pompa impiegata per il mantenimento in circolazione di liquidi di qualsiasi qualità e temperatura (per es., nelle caldaie tipo La Mont e in impianti di riscaldamento).

bomba *f* de circulación

Bomba utilizada para mantener o aumentar la circulación de un líquido cualquiera (por ejemplo en las calderas de La Mont o instalaciones de calefacción).

Umwälzpumpe *f* 7403
Zirkulationspumpe *f*

Pumpe zur Aufrechterhaltung eines Kreislaufes für Flüssigkeiten jeder Art und Temperatur, z.B. auch bei La-Mont-Kesseln oder Heizungen.

	ENGLISH	FRANÇAIS
7404	**priming pump** evacuation pump Pump for removing air from suction pipes, tanks, etc.	**pompe *f* (à vide) d'amorçage** Pompe évacuant l'air ou les gaz des tuyauteries d'aspiration, réservoirs, etc.
7405	**hydraulic pump** Pump which supplies fluid pressure for hydraulic systems. In the case of oil hydraulics referred to as **hydrostatic pump** .	**pompe *f* pour transmission hydromécanique** pompe *f* hydraulique Pompe utilisée dans une transmission hydromécanique. L'expression *pompe hydraulique* est à éviter pour ne pas créer de confusion avec 0010.
7406	**hydraulic press pump** *High pressure pump 1004* for pumping water, oil or emulsion in suitable devices or machines (for instance hydraulic presses) in order to create large working forces by hydraulic pressure.	**pompe *f* pour machines hydrauliques** *Pompe à haute pression 1004* alimentant en eau, en huile ou en émulsion des appareils ou des machines appropriées (p.ex. presse hydraulique) pour créer des forces mécaniques importantes par pression hydraulique.
7407	**hydraulic (pressure) test pump** Pump which produces a suitable high pressure for testing pipelines, vessels, machines and apparatus to check their soundness or strength.	**pompe *f* d'épreuve** Pompe produisant une pression relativement élevée pour les essais de conduits, récipients, machines et appareils, pour le contrôle de leur résistance mécanique et de leur étanchéité.
7408	**(viscose) spinning pump** extrusion pump Pump used for the production of synthetic fibres. Creates pressure for extruding viscose through spinning orifices. Mostly positive *displacement pumps 0200.*	**pompe *f* d'extrusion** Pompe utilisée pour le filage des fibres artificielles; elle crée la haute pression nécessaire à l'extrusion de la viscose, etc. par les filières. Généralement construite comme *pompe volumétrique 0200.*

ITALIANO	ESPAÑOL	DEUTSCH	
pompa *f* per adescamento pompa *f* per estrazione di aria Pompa impiegata per l'estrazione dell'aria dalle tubazioni aspiranti, da recipienti, ecc.	**bomba *f* (de vacio) de cebado** Bomba que evacua el aire o el gas de las tuberias de aspiración, recipientes etc.	**Entlüftungspumpe *f*** Evakuierungspumpe *f* Pumpe zum Entlüften von Saugleitungen, Behältern usw.	**7404**
pompa *f* idraulica Pompa impiegata per alimentare un sistema di comando idraulico con il necessario liquido in pressione. Quando il *liquido pompato* è olio, viene denominata **pompa *f* oleodinamica.**	**bomba *f* para transmisión hidromecanica** bomba *f* hidraulica Bomba utilizada en la transmisión hidro-mecánica. La expresión *bomba hidraulica* es preferible evitarla para no crear confusión con 0010.	**Hydraulikpumpe *f*** Pumpe, die ein hydraulisches Steursystem mit der erforderlichen Druckflüssigkeit versorgt. Für die **Ölhydraulikpumpe *f*** hat sich die Benennung **Hydropumpe *f*** eingebürgert.	**7405**
pompa *f* per pressa *Pompa ad alta pressione 1004* impiegata per erogare acqua, olio od emulsione in particolari dispositivi o macchine (per esempio presse idrauliche) allo scopo di generare forze elevate per mezzo della pressione idraulica.	**bombas *f* de máquinas hidraúlicas** *Bomba de alta presión 1004* que alimenta en agua, aceite, o en emulsión los aparatos o máquinas adecuadas (por ejemplo prensa hidraúlica) para crear fuerzas mécanicas importantes por presión hidraúlica.	**Preßpumpe *f*** *Hochdruckpumpe 1004,* die Wasser, Öl oder Emulsion in geeignete Vorrichtungen oder Maschinen (z.B. hydraulische Presse) fördert zur Erzeugung größerer Arbeitskräfte durch hydraulischen Druck.	**7406**
pompa *f* per pressare pompa *f* per prove Pompa impiegata per generare una pressione opportuna allo scopo di controllare la tenuta o la resistenza di tubazioni, serbatoi, macchine ed apparecchiature.	**bomba *f* de prueba** Bomba que produce una presiòn relativamente elevada para ensayos de conductos, recipientes máquinas y aparatos, para controlar su resistencia mecánica y su estanqueidad.	**Abpreßpumpe *f*** Abdrückpumpe *f* Druckprüfpumpe *f* Pumpe zur Erzeugung eines entsprechend hohen Druckes zur Druckprüfung von Rohrleitungen, Behältern, Maschinen und Apparaten zur Kontrolle ihrer Dichtheit oder Festigkeit.	**7407**
pompa *f* per filanda Pompa impiegata nella produzione di fibre artificiali. Genera la pressione necessaria per comprimere, per esempio, la viscosa attraverso gli ugelli dei filatoi. Si tratta in genere di *pompa volumetrica 0200.*	**bomba *f* de extrusión** Bomba utilizada para el hilado de las fibras artificiales, produce la alta presión necesaria para la extrusión de la viscosa etc. por las hileras. Generalemente se trata de *bomba volumetríca 0200.*	**Spinnpumpe *f*** Pumpe, die für die Kunstfaserherstellung verwendet wird; sie erzeugt den notwendigen Druck, um z.B. Viskose durch die Spinndüsen zu pressen. Meist als *Verdrängerpumpe 0200* ausgebildet.	**7408**

No.	ENGLISH	FRANÇAIS
7415	**model pump** Geometric replica of prototype pump used for prototype and acceptance tests.	**pompe *f* modèle** Pompe géométriquement semblable à la pompe définitive, utilisée pour des essais préliminaires ou de réception.
7416	**car wash pump** Pump with sufficient nozzle pressure for the cleaning of motor vehicles.	**pompe *f* de lavage de voiture** Pompe produisant la pression d'arrosage nécessaire au nettoyage des voitures automobiles.
7417	**filter pump** Pump for handling contaminated liquids (suspensions) which have to be filtered.	**pompe *f* de filtre** Pompe propulsant les liquides troubles (suspensions) destinés à être filtrés.
7418	**lubricating pump** Special pump delivering lubricants, oil **(oil pump)** or grease **(grease pump),** to lubricating points operated manually or by mechanical means, usually positive displacement pumps.	**pompe *f* de lubrification** Pompe spéciale amenant les lubrifiants tels que: l'huile (**pompe *f* à huile, pompe *f* à huile de graissage**) la graisse (**pompe *f* à graisse de lubrification**) aux points de graissage. La pompe peut être à commande manuelle ou à commande mécanique.
7419	**cutting oil pump** suds pump coolant pump Pump which delivers oil or oil emulsion for cooling of machine tool cutting tools.	**pompe *f* d'arrosage pour machine-outil** Pompe fournissant l'huile de coupe ou des émulsions d'huile pour refroidir et lubrifier les outils de coupe des machines-outils.
7420	**governor oil pump** Pump supplying hydraulic servo systems with pressure oil.	**pompe *f* de régulateur hydraulique** Pompe alimentant en huile sous pression un dispositif de régulation hydraulique.

ITALIANO	ESPAÑOL	DEUTSCH	
pompa *f* per adescamento pompa *f* per estrazione di aria Pompa impiegata per l'estrazione dell'aria dalle tubazioni aspiranti, da recipienti, ecc.	**bomba *f* (de vacio) de cebado** Bomba que evacua el aire o el gas de las tuberias de aspiración, recipientes etc.	**Entlüftungspumpe *f*** Evakuierungspumpe *f* Pumpe zum Entlüften von Saugleitungen, Behältern usw.	**7404**
pompa *f* idraulica Pompa impiegata per alimentare un sistema di comando idraulico con il necessario liquido in pressione. Quando il *liquido pompato* è olio, viene denominata **pompa *f* oleodinamica.**	**bomba *f* para transmisión hidromecanica** bomba *f* hidraulica Bomba utilizada en la transmisión hidro-mecánica. La expresión *bomba hidraulica* es preferible evitarla para no crear confusión con 0010.	**Hydraulikpumpe *f*** Pumpe, die ein hydraulisches Steursystem mit der erforderlichen Druckflüssigkeit versorgt. Für die **Ölhydraulikpumpe *f*** hat sich die Benennung **Hydropumpe *f*** eingebürgert.	**7405**
pompa *f* per pressa *Pompa ad alta pressione 1004* impiegata per erogare acqua, olio od emulsione in particolari dispositivi o macchine (per esempio presse idrauliche) allo scopo di generare forze elevate per mezzo della pressione idraulica.	**bombas *f* de máquinas hidraúlicas** *Bomba de alta presión 1004* que alimenta en agua, aceite, o en emulsión los aparatos o máquinas adecuadas (por ejemplo prensa hidraúlica) para crear fuerzas mécanicas importantes por presión hidraúlica.	**Preßpumpe *f*** *Hochdruckpumpe 1004,* die Wasser, Öl oder Emulsion in geeignete Vorrichtungen oder Maschinen (z.B. hydraulische Presse) fördert zur Erzeugung größerer Arbeitskräfte durch hydraulischen Druck.	**7406**
pompa *f* per pressare pompa *f* per prove Pompa impiegata per generare una pressione opportuna allo scopo di controllare la tenuta o la resistenza di tubazioni, serbatoi, macchine ed apparecchiature.	**bomba *f* de prueba** Bomba que produce una presiòn relativamente elevada para ensayos de conductos, recipientes máquinas y aparatos, para controlar su resistencia mecánica y su estanqueidad.	**Abpreßpumpe *f*** Abdrückpumpe *f* Druckprüfpumpe *f* Pumpe zur Erzeugung eines entsprechend hohen Druckes zur Druckprüfung von Rohrleitungen, Behältern, Maschinen und Apparaten zur Kontrolle ihrer Dichtheit oder Festigkeit.	**7407**
pompa *f* per filanda Pompa impiegata nella produzione di fibre artificiali. Genera la pressione necessaria per comprimere, per esempio, la viscosa attraverso gli ugelli dei filatoi. Si tratta in genere di *pompa volumetrica 0200.*	**bomba *f* de extrusión** Bomba utilizada para el hilado de las fibras artificiales, produce la alta presión necesaria para la extrusión de la viscosa etc. por las hileras. Generalemente se trata de *bomba volumetrica 0200.*	**Spinnpumpe *f*** Pumpe, die für die Kunstfaserherstellung verwendet wird; sie erzeugt den notwendigen Druck, um z.B. Viskose durch die Spinndüsen zu pressen. Meist als *Verdrängerpumpe 0200* ausgebildet.	**7408**

7409

flushing pump

Pump which produces a suitable flow of liquid (flushing liquid) for the removal of solid or liquid media.

pompe *f* de rinçage

Pompe produisant un jet d'eau ou de liquide de rinçage pour chasser des produits solides ou liquides.

7410

washing pump
washery pump

Pump handling water for dressing plants (e.g. for coal, ores, CO_2, etc, *compare 6607* and *6608.).*

pompe *f* de lavage

Pompe fournissant l'eau de lavage aux installations de traitement (de charbon, de minerai, de CO_2, *etc. voir 6607 et 6608*).

7411

barrel emptying pump

Pump for emptying barrels or containers, usually hand operated, sometimes also motor driven; in general mounted on the barrel or container.

pompe *f* vide-fûts

Pompe utilisée pour vider les fûts ou récipients. Habituellement *pompe à bras 3018,* quelquefois *motopompe 3002.* La pompe est généralement placée sur le récipient.

7412

petrol station pump
dispensing pump
gasoline station pump (USA)

Self-priming 0702 built into filling station units for handling fuel.

pompe *f* de poste de distribution de carburant

Pompe auto-amorçante 0702 installée sur les postes de distribution de carburant.

7413

tanker pump

Pump mounted on road tankers for consumer supply, e.g. petrol (gasoline [USA]) stations and other users.

pompe *f* de camion-citerne

Pompe installée sur un camion-citerne et utilisée pour débiter le liquide aux postes de distribution de carburant et à divers utilisateurs.

7414

tank drainage pump

Pump for draining liquids from large containers or tanks.

pompe *f* de transvasement

Pompe utilisée pour le transvasement de liquides d'un réservoir ou récipient dans d'autres.

pompa *f* di risciacquo — **bomba *f* de enjuague** — **Spülpumpe *f*** 7409

Pompa impiegata per erogare una corrente di liquido sotto pressione per asportare sostanze solide o liquide.

Bomba que produce un chorro de agua o de líquido de enjuague para echar o eliminar los productos sólidos o líquidos.

Pumpe zur Erzeugung eines geeigneten Spülwasserstromes (Spülflüssigkeit) zum Wegfördern fester oder flüssiger Stoffe.

---

pompa *f* di lavaggio — **bomba *f* de lavado** — **Waschwasserpumpe *f*** 7410
Wäschepumpe *f*

Pompa impiegata per erogare acqua di lavaggio negli impianti di trattamento (ad es. per carbone, minerali, CO_2, ecc,; *cfr. 6607 e 6608*).

Bomba que aparta el agua de lavado en instalaciones de tratamiento (de carbón, de mineral, de CO_2, etc. *ver 6607 y 6608).*

Pumpe zum Fördern von Waschwasser in Aufbereitungsanlagen (z.B. für Kohle, Erz, CO_2 usw., *vergl. auch 6607 und 6608).*

---

pompa *f* per barili — **bomba *f* para vaciado de barriles** — **Faßpumpe *f*** 7411
Faßabfüllpumpe *f*

Pompa impiegata per o svuotamento di barili e recipienti in genere, per lo più a comando manuale o anche a motore. Questa pompa viene spesso applicata al recipiente

Bomba utilizada para vaciar los barriles o recipientes. Normalmente *bomba movida a mano 3018,* y algunas veces *moto-bomba 3002.* La bomba normalmente se situa encima del recipiente.

Pumpe zum Entleeren von Fässern und ähnlichen Behältern, gewöhnlich von Hand, aber auch durch Motorantrieb betätigt. Die Pumpe wird meist auf dem Behälter angebracht.

---

pompa *f* per distributore di carburanti — **bomba *f* de surtidor de carburante** — **Tanksäulenpumpe *f*** 7412
Ausgabepumpe *f* (für Tankstellen)

Pompa autoadescante 0702 incorporata nella colonna di prelievo, impiegata per la distribuzione di carburante.

Bomba auto aspirante 0702 instalada en los postes de distribución de carburante.

Selbstansaugende Pumpe 0702, die in Zapfsäulen eingebaut ist und zur Förderung des Treibstoffes dient.

---

pompa *f* per carri-cisterna — **bomba *f* de camión cisterna** — **Tankwagenpumpe *f*** 7413

Pompa montata sui veicoli a cisterna per la distribuzione del materiale trasportato alle stazioni di distribuzione e ad altri utilizzatori.

Bomba instalada sobre un camión cisterna y utilizada para suministrar el líquido a los postes de distribución de combustible y a los diversos usuarios.

Pumpe für den Einbau in Tankfahrzeuge zur Abgabe des Fördergutes an Tankstellen und sonstige Verbraucher.

---

pompa *f* per travaso — **bomba *f* de transvase** — **Abfüllpumpe *f*** 7414

Pompa impiegata per il travaso di liquidi da grandi recipienti o serbatoi.

Bomba utilizada para transvasar líquidos de un recipiente a otro.

Pumpe zum Abfüllen von Flüssigkeiten aus Behältern oder Tanks.

	ENGLISH	FRANÇAIS
7415	**model pump** Geometric replica of prototype pump used for prototype and acceptance tests.	**pompe *f* modèle** Pompe géométriquement semblable à la pompe définitive, utilisée pour des essais préliminaires ou de réception.
7416	**car wash pump** Pump with sufficient nozzle pressure for the cleaning of motor vehicles.	**pompe *f* de lavage de voiture** Pompe produisant la pression d'arrosage nécessaire au nettoyage des voitures automobiles.
7417	**filter pump** Pump for handling contaminated liquids (suspensions) which have to be filtered.	**pompe *f* de filtre** Pompe propulsant les liquides troubles (suspensions) destinés à être filtrés.
7418	**lubricating pump** Special pump delivering lubricants, oil **(oil pump)** or grease **(grease pump),** to lubricating points operated manually or by mechanical means, usually positive displacement pumps.	**pompe *f* de lubrification** Pompe spéciale amenant les lubrifiants tels que: l'huile **(pompe *f* à huile, pompe *f* à huile de graissage)** la graisse **(pompe *f* à graisse de lubrification)** aux points de graissage. La pompe peut être à commande manuelle ou à commande mécanique.
7419	**cutting oil pump** suds pump coolant pump Pump which delivers oil or oil emulsion for cooling of machine tool cutting tools.	**pompe *f* d'arrosage pour machine-outil** Pompe fournissant l'huile de coupe ou des émulsions d'huile pour refroidir et lubrifier les outils de coupe des machines-outils.
7420	**governor oil pump** Pump supplying hydraulic servo systems with pressure oil.	**pompe *f* de régulateur hydraulique** Pompe alimentant en huile sous pression un dispositif de régulation hydraulique.

pompa *f* modello

Pompa eseguita in similitudine alla sua esecuzione reale e che viene usata per le prove preliminari o di collaudo.

bomba *f* modelo

Bomba geometricamente parecida a la bomba definitiva, utilizada para ensayos preliminares o de recepción.

Modellpumpe *f* 7415

Pumpe, die der Endausführung geometrisch ähnlich ist und für Vor- und Abnahmeversuche verwendet wird.

---

pompa *f* per lavaggio di autoveicoli

Pompa impiegata per produrre i getti sotto pressione, usati nel lavaggio di autoveicoli di ogni tipo.

bomba *f* de lavado de coches

Bomba que produce la presión de regado necesaria para limpiar los automoviles.

Autowaschpumpe *f* 7416

Pumpe zur Erzeugung des notwendigen Spritzdruckes für die Reinigung von Kraftwagen aller Art.

---

pompa *f* per filtri

Pompa impiegata per l'erogazione di liquidi torbidi (sospensioni), che devono subire una filtrazione.

bomba *f* de filtrado

Bomba que impulsa los líquidos con impurezas (en suspensiones) destinados a filtrarse.

Filterpumpe *f* 7417

Pumpe für die Förderung von eingetrübten Flüssigkeiten (Suspensionen), die gefiltert werden sollen.

---

pompa *f* di lubrificazione

Pompa speciale impiegata per alimentare i punti da lubrificare con olio **(pompa *f* per olio)** o con grasso **(pompa *f* per grasso)**. Tale pompa può essere a comando manuale o a motore.

bomba *f* de lubrificación

Bomba especial que proporciona los lubricantes tales como:

Aceite — **(bomba *f* de aceite, bomba *f* de aceite de engrase)**.

Grasa — **(bomba *f* de engrase de lubricación)** a los puntos de engrase. La bomba puede ser de mando manual o mando mécanico.

Schmierpumpe *f* 7418

Spezielle Pumpe für die Förderung von Schmiermitteln, wie z.B. Öl **(Ölpumpe *f*, Schmierölpumpe *f*)** oder Fett **(Fettpumpe *f*, Schmierfettpumpe *f*)** für die Versorgung von Schmierstellen. Die Pumpe kann von Hand betätigt oder mechanisch angetrieben werden.

---

pompa *f* per olio da taglio
pompa *f* per macchine utensili

Pompa impiegata per lo più per l'erogazione di olio o sua emulsione, per il raffreddamento dei ferri da taglio delle macchine utensili.

bomba *f* para máquina herramienta

Bomba que proporciona el aceite ó emulsiòn de aceite para enfriar y lubrificar las herramientas de corte de las máquinas herramientas.

Schneidölpumpe *f* 7419

Pumpe, die meist für die Förderung von Öl oder Ölemulsion zur Kühlung der Schneidstähle von Werkzeugmaschinen verwendet wird.

---

pompa *f* per olio del regolatore

Pompa prevista per un sistema di regolazione idraulica con olio in pressione, ad esempio nell'esercizio delle centrali.

bomba *f* de regulador hidraúlico

Bomba que alimenta con aceite bajo presión su dispositivo de regulación hidraúlica.

Regelölpumpe *f* 7420
Reglerpumpe *f*

Pumpe, die ein hydraulisches Regelsystem mit Drucköl versorgt.

7421 **cleaning pump** — **pompe *f* de décapage**

1. Pump — preferably *piston pump* — for high pressure cleaning plant, e.g. cleaning of heat exchangers, sewage pipes and stables.

2. Pump for descaling rolled steel sheets produced in rolling mills.

1. Pompe — de préférence *pompe à pistons* — pour installations de nettoyage à haute pression, p.ex. nettoyage d'échangeurs de chaleur, de canalisations, d'étables, d'écuries, etc.

2. *Pompe à haute pression* destinée à éliminer les battitures des tôles en cours de production dans les laminoirs.

7422 **aquarium pump** — **pompe *f* d'aquarium**

Small pump for the supply (circulation) of fresh water and oxygen for aquariums.

Petite pompe pour l'alimentation en eau douce enrichie d'oxygène, d'aquariums décoratifs.

7423 **brewery pump** — **pompe *f* de brasserie**

Collective description for various pumps used in Breweries.

Terme collectif pour différents types de pompes utilisées dans les brasseries.

7424 **descaling pump** — **pompe *f* de détartrage**

Dosing pump 6807 for the descaling of lime, etc, deposits in pipelines, vessels and plant.

Pompe doseuse 6807 pour le détartrage de tuyauteries, réservoirs et appareils.

7425 **swimming pool pump** — **pompe *f* de circulation pour piscine**

Pump for the circulation of water in a swimming pool during which it is also filtered.

Pompe utilisée pour la circulation de l'eau dans une piscine, l'eau étant ainsi soumise à une purification.

Desalination — Dessalement de l'eau de mer

7501 **pump for desalination of sea water** — **pompe *f* pour le dessalement de l'eau de mer**

Collective term for various pumps

Terme collectif pour différents types

pompa *f* per lavaggio a pressione

1. *Pompa,* preferibilmente *a stantuffi,* per impianti di lavaggio ad alta pressione, per la pulitura di scambiatori di calore, di tubazione, stalle, ecc.
2. *Pompa ad alta pressione* per disincrostare le lamiere negli impianti di laminazione (pompa di decapaggio).

bomba *f* de decapado

1. Bomba, preferentemente *bomba de pistón,* para instalaciones de limpieza a alta presión; por ejemplo, limpieza de cambiadores de calor, canalizaciones, establos caballerizas etc.
2. *Bomba de alta presión* destinada a eliminar las escamas que se producen en el curso de la laminación de acero.

Abspritzpumpe *f* 7421

1. Pumpe – vorzugsweise *Kolbenpumpe* – für Hochdruckreinigungsanlagen **(Hochdruckreinigungspumpe *f*)**, z.B. zur Säuberung von Wärmetauschern, Kanalisationsrohrleitungen, Ställen.
2. Pumpe zur Entzunderung von Blechen bei der Herstellung in Blech-Walzwerken.

---

pompa *f* da acquario

Piccola pompa per alimentare, con acqua fresca arricchita di ossigeno, gli acquari.

bomba *f* de acuario

Pequeña bomba para la alimentación de agua dulce, rica en oxigeno, para acuarios decorativos.

Aquariumpumpe *f* 7422

Kleine Pumpe zur Frischwasserversorgung und Sauerstoffanreicherung von Zierfischbecken.

---

pompa *f* da birreria

Termine generico per le pompe di diverso tipo, impiegate nelle fabbriche di birra.

bomba *f* de cerveceria

Termino general para los diversos tipos de bombas utilizadas en las cervecerias.

Brauereipumpe *f* 7423

Sammelbegriff für verschiedenartige Pumpen, die in Brauereien eingesetzt werden.

---

pompa *f* per disincrostare

Pompa dosatrice 6807 per la disincrostazione di tubazioni, serbatoi ed apparecchi in genere.

bomba *f* de desincrustante

Bomba dosificadora 6807 para desincrustar tuberias, recipientes y aparatos.

Entkalkungspumpe *f* 7424

Dosierpumpe 6807 zur Entkalkung von Rohrleitungen, Behältern und Geräten.

---

pompa *f* di circolazione per piscina

Pompa per la circolazione e contemporanea filtrazione dell'acqua delle piscine.

bomba *f* de circulación para piscina

Bomba utilizada para la circulación del agua de una piscina, estando por tanto el agua sujeta a su purificación.

Schwimmbad-Umwälzpumpe *f* 7425

Pumpe zur Umwälzung des in einem Schwimmbecken befindlichen Wassers, wobei dieses bei der Umwälzung einer Reinigung unterworfen wird.

Dissalazione dell'acqua di mare

Desalinización del agua del mar

Meerwasserentsalzung

pompa *f* per la dissalazione dell'acqua di mare

Termine generico per le pompe di

bomba *f* para la desalinización del agua de mar

Término general para los diferentes

Pumpe *f* für die Meerwasserentsalzung 7501
Meerwasserentsalzungspumpe *f*

Sammelbegriff für verschiedenartige

	ENGLISH	FRANÇAIS
	used in sea water desalination.	de pompes, utilisées dans les installations de dessalement de l'eau de mer.
7502	**sea water intake pump**	**pompe *f* nourricière à eau de mer**
	Pump for pumping water from the sea through the condensators to the last transfer stages of the desalination plant.	Pompe destinée à pomper l'eau de mer, pour la refouler à travers les faisceaux du condenseur, vers les étages de dissipation de chaleur de l'installation de dessalement.
7503	**brine recirculating pump**	**pompe *f* de circulation de saumure**
	Pump for recirculating brine. Especially used during sea desalination to circulate large brine flows in the evaporators.	Pompe pour la circulation d'une saumure. Utilisée plus spécialement, dans le cas de dessalement de l'eau de mer, pour la circulation à gros débit de saumure, dans les chambres de l'évaporateur.
7504	**brine drain pump**	**pompe *f* de soutirage de saumure**
	Pump maintaining constant concentration of a mixture of brine and natural sea water draining brine to sea if concentration is too great.	Pompe qui, dans le but de maintenir une concentration constante du mélange saumure/eau de mer fraiche, soutire la saumure, dans le cas de trop forte concentration, et la refoule vers la mer.
7505	**distillate pump**	**pompe *f* à distillat**
	Pump for distillate for instance, during sea water desalination. The distillate is supplied to mixing stations for the production of drinking water.	Pompe destinée à véhiculer un distillat. Ceci peut être le cas en ce qui concerne le dessalement de l'eau de mer. Le distillat est alors amené vers les stations de mélange pour le traitement en eau potable.
7506	**steam ejector condensate pump**	**pompe *f* de condensat à éjecteur à vapeur**
	Steam ejector for the evacuation of steam chambers (to create maximum vacuum).	*Ejecteur à vapeur* utilisé pour évacuer les chambres d'évaporateur (à la dépression maximum possible).

ITALIANO	ESPAÑOL	DEUTSCH	
diverso tipo, impiegate negli impianti di dissalazione dell'acqua di mare.	tipos de bombas, utilizadas en las instalaciones de desalinización del agua del mar.	Pumpen, die in Meerwasserentsalzungsanlagen eingesetzt werden.	
pompa *f* di adduzione di acqua di mare	**bomba *f* nodriza de agua de mar**	**Seewasser-Zubringerpumpe *f***	**7502**
Pompa erogante acqua di mare attraverso i fasci tubieri degli ultimi stadi ai successivi stadi di dissipazione del calore negli impianti di dissalazione.	Bomba destinada a bombear el agua de mar, para impulsarla a través de las láminas del condensador hacia los estadios de disipación del calor en las instalaciones de desalación.	Pumpe zur Entnahme des Wassers aus dem Meer und zur anschließenden Förderung durch die Kondensatorbündel der Wärmeabführstufen der Entsalzungsanlage.	
pompa *f* di ricircolo salamoia	**bomba *f* de circulación de salmuera**	**Sole-Umwälzpumpe *f***	**7503**
Nel caso particolare degli impianti di dissalazione dell'acqua marina, é impiegata per far ricircolare grosse portate di salamoia negli evaporatori.	Bomba para la circulación de salmuera Utilizada muy especialmente, en el caso de desalinización de agua de mar, para la circulación de gran caudal de salmuera, en las camaras de evaporación.	Pumpe zur Umwälzung einer Sole. Speziell auch eingesetzt bei der Meerwasserentsalzung zur Umwälzung großer Sole-Förderströme in den Verdampferkammern.	
pompa *f* per spurgo salamoia	**bomba *f* de trasiego de salmuera**	**Sole-Abziehpumpe *f***	**7504**
Pompa impiegata per mantenere costante la concentrazione della soluzione di salamoia ed acqua di mare fresca, travasando in mare la salamoia in caso di concentrazione eccessiva.	Bomba que con el fin de mantener una concentración constante de la mezcla salmuera agua de mar, trasiega la salmuera, en el caso de fuerte concentración, y la impulsa al mar.	Pumpe, die zwecks Aufrechterhaltens einer konstanten Konzentration des Gemisches aus Sole und frischem Meerwasser bei zu hoher Konzentration Sole abzieht und ins Meer zurückfördert.	
pompa *f* estrazione distillato	**bomba *f* de destilado**	**Destillatpumpe *f***	**7505**
Pompa per erogare un distillato. Nel caso degli impianti di dissalazione, esso viene quindi pompato alla miscelazione per la produzione di acqua potabile.	Bomba destinada a vehicular el destilado. Este puede ser el caso a que se refiere la desalación del agua de mar. El destilado es entonces enviado a las estaciones de mezcla para su conversión en agua potable.	Pumpe zur Förderung eines Destillats. Dies kann z.B. bei der Meerwasserentsalzung anfallen und in diesem Falle den Mischstationen für die Aufbereitung als Trinkwasser zugeführt werden.	
pompa *f* di estrazione del condensato ad eiettore a vapore	**bomba *f* de condensado con eyector de vapor**	**Dampf-Ejektor Kondensatpumpe *f***	**7506**
Eiettore impiegato per svuotare le camere di evaporazione, alla massima depressione possibile.	*Eyectores* utilizados para evacuar las camaras del evaporador (a la depresión máxima posible).	Zum Evakuieren der Verdampferkammern (auf den maximal möglichen Unterdruck) eingesetzte *Dampfstrahlpumpe (Dampf-Ejektor).*	

	ENGLISH	FRANÇAIS
	Other Types (Examples of combination)	**D'autres conceptions** (Exemples de combinaison)
7901	bottom vertical inlet boiler feed pump bottom vertical suction boiler feed pump	pompe *f* d'alimentation de chaudière à entrée verticale par le bas
7902	portable fire pump	pompe *f* d'incendie portative
7903	fixed fire pump static fire pump stationary fire pump	pompe *f* d'incendie fixe
7910	pump for ore preparation	pompe *f* pour le conditionnement du minerai
7911	pump for electro plating industry	pompe *f* pour la galvanotechnique
7912	pump for leather industry	pompe *f* pour l'industrie du cuir
7913	petrochemical pump	pompe *f* pour la pétrochimie
7920	cosmetic pump	pompe *f* à cosmétique
7921	pump for pharmaceutical industry	pompe *f* de pharmacie
7930	barrel emptying semi-rotary pump	pompe *f* vide-fûts semi-rotative
7940	fountain pump	pompe *f* pour jet d'eau

ITALIANO	ESPAÑOL	DEUTSCH	
Altre esecuzioni (Esempi di combinazioni)	**Otros tipos** (Ejemplos de combinación)	**Weitere Ausführungen** (Kombinationsbeispiele)	
pompa *f* per alimentazione di caldaia, con entrata verticale dal basso	bomba *f* de alimentación de calderas con entrada vertical por abajo	Kesselspeisepumpe *f* mit Eintritt senkrecht von unten	**7901**
pompa *f* antincendio portatile	bomba *f* de incendio portatil	tragbare Feuerlöschpumpe *f*	**7902**
pompa *f* antincendio fissa	bomba *f* de incendio fija	ortsfeste Feuerlöschpumpe *f* stationäre Feuerlöschpumpe *f*	**7903**
pompa *f* per il trattamento del minerale	bomba *f* para el acondicionamiento de minerales	Pumpe *f* für die Erzaufbereitung	**7910**
pompa *f* per galvanostegia	bomba *f* para la galvanotecnia	Pumpe *f* für die Galvanotechnik	**7911**
pompa *f* per l'industria del cuoio	bomba *f* para la industria del cuero	Pumpe *f* für die Lederindustrie	**7912**
pompa *f* per petrochimica	bomba *f* para la petroquimica	Pumpe *f* für die Petrochemie	**7913**
pompa *f* per cosmetici	bomba *f* para la cosmética	Kosmetikpumpe *f*	**7920**
pompa *f* per l'industria farmaceutica	bomba *f* para la farmacia	Pharmaziepumpe *f*	**7921**
pompa *f* semirotativa per barili	bomba *f* vacia depósitos semirotativa	Faßflügelpumpe *f*	**7930**
pompa *f* da fontana	bomba *f* para chorro de agua	Springbrunnenpumpe *f*	**7940**

	ENGLISH	FRANÇAIS
	Sugar Industry:	Industrie Sucrière:
7950	syrup (extraction) pump	pompe *f* à jus épais
7951	clarified juice pump filtered juice pump evaporator supply pump	pompe *f* à jus avant évaporation
7952	raw juice pump	pompe *f* à jus de diffusion
7953	limed juice pump	pompe *f* à jus chaulé
7954	carbonisation juice pump	pompe *f* à jus impur

ITALIANO	ESPAÑOL	DEUTSCH	
Industria dello zucchero:	Industria azucarera:	Zuckerindustrie:	
pompa *f* per sughi spessi	bomba *f* para jugo espeso	Dicksaftpumpe *f*	**7950**
pompa *f* per sughi filtrati	bomba *f* para jugo antes de la evaporación	Dünnsaftpumpe *f*	**7951**
pompa *f* per sughi greggi	bomba *f* para jugo de difusión	Rohsaftpumpe *f*	**7952**
pompa *f* per sughi defecati	bomba *f* para jugo de cal	Scheidesaftpumpe *f*	**7953**
pompa *f* per sughi di scarico	bomba *f* para jugo impuro	Schlammsaftpumpe *f*	**7954**

Section 2

Alphabetical Indices

(including Alphabetical Indices of Descriptive Prefixes and Suffixes)

English • French • Italian • Spanish • German •

Seconde partie

Listes alphabétiques

(inclusivement les listes alphabétiques des termes qualitatifs, antérieurs et postérieurs)

anglais • français • italien • espagnol • allemand •

Parte 2

Elenchi alfabetici

(compreso l'elenco alfabetico dei termini qualificativi anteposti e postposti)

inglese • francese • italiano • spagnolo • tedesco •

Segunda parte

Indice alfabético

(incluyendo la lista alfabetica de los terminos calificativos antériores y postériores)

inglés • francés • italiano • espanõl • alemán •

Teil 2

Alphabetische Liste

(einsch. alphabetische Listen der vor- oder nachgestellten Beschreibungsmerkmale)

Englisch • Französisch • Italienisch • Spanisch • Deutsch •

Alphabetical Index
(including Alphabetical List of Descriptive Prefixes and Suffixes)

Liste alphabétique
(inclusivement la liste alphabétique des termes qualitatifs, antérieurs et postérieurs)

Elenco alfabetico
(compreso l'elenco alfabetico dei termini qualificativi anteposti e postposti)

Indice alfabético
(incluyendo la lista alfabetica de los terminos calificativos anteriores y posteriores)

Alphabetische Liste
(einschließlich alphabetische Liste der vor- oder nachgestellten Beschreibungsmerkmale)

English

anglais

inglese

inglés

Englisch

ALPHABETICAL LIST OF DESCRIPTIVE PREFIXES AND SUFFIXES

The following list contains descriptive prefixes and suffixes for pump names.

For each description serial numbers from Part 1, with which the prefix or suffix can be combined, are given as examples; for instance, the prefix *"hand operated"* can be combined with the descriptions *0010, 0220, 6911, 7414* and *7418.*

Furthermore, for each prefix or suffix a descriptive example for one of the possible combinations (including serial number is shown).

The descriptive example *"3910 : Hand-operated tank drainage pump"* shows how to combine the name ex Part 1 with the descriptive pre/suffix. The descriptive examples contained in the list appear in Part 1 always at the end of the individual (7) sections with the relevant serial numbers side by side for the five languages so that the method of combinations in the five languages can be compared.

The serial numbers appearing in the following list do not show all possible names of pumps with which the pre/suffixes can be combined; many additional combinations are possible as long as they make technical sense.

Descriptive Item	Combination Examples	Descriptive Example	Remarks
adjustable blades	0010, 0100, 0103, 0105	0904 axial flow pump with adjustable vanes	adjustable before assembling of the pump
auxilliary	0010, 4008, 6402	2903 auxilliary pump	
barrel emptying	0010, 0220, 0270	7930 barrel emptying semi-rotary pump	
blades, adjustable during standstill	0010, 0100, 0103, 0105	0904 axial flow pump with blades adjustable during standstill	adjustable before assembling of the pump
bottom entry	0010, 0100, 1123, 6402	7901 bottom entry boiler feed pump	bottom suction pump
carb juice	7207	7954 carb juice pump	sugar industry
centre stuffing box	0220	1925 piston pump with centre stuffing box	
clarified juice	7207	7951 clarified juice pump	or: filtered juice pump, evaporator supply pump (sugar industry)
(compressed) air	7411	3920 (compressed) air barrel emptying pump	
cooling jacket	0010, 0100	1943 pump with cooling jacket	
cosmetic	0010	7920 cosmetic pump	
closed impeller	0010, 0100, 0101, 1111	0903 closed impeller radial flow pump	
double	0102, 1224	0102 double channel impeller pump	
double acting	0010, 0220, 0270	0921 double acting piston pump	
duplex	1256, 1258	1256 duplex piston pump	
electro	0010, 6402	3901 electro boiler feed pump	
electro plating	0010	7911 chemical pump for electro plating industry	
emergency	4008, 6402	2904 emergency cooling water pump	
end stuffing box	0220	1923 piston pump with end stuffing box	
end suction	0010, 0100, 0101, 0102, 0120	0907 end suction volute pump	volute pump with axial inlet
fixed	0010, 0100, 0220, 0280, 7101	7903 fixed fire pump	occasionally the term "static" or "stationary" may be used
flange connections	0010, 1111	1910 in-line pump with flange connections	
fly wheel	1258	1921 power pump with fly wheel	

Descriptive Item	Combination Examples	Descriptive Example	Remarks
fountain	0010	7940 pump for fountain	
four	0010, 0100, 1123, 1124	0010 four-stage pump	
hand	0010, 0220, 0265, 0270, 3018	3018 hand pump	
hand operated	0010, 0220, 6910, 7414, 7418	3910 hand operated tank drainage pump 3911 hand operated bilge pump	
heated	0010, 0100	1942 heated centrifugal pump	
heating jacket heated jacket	0010, 0100	1940 heating jacket pump	heated jacket pump
impeller, closed	0010, 0100, 0101, 1111	0903 closed impeller radial flow pump	
impeller, open	0010, 0100, 0120	0902 centrifugal pump with open impeller	
impeller, shrouded	0010, 0100, 0101, 1010	1930 shrounded impeller single entry pump	
impeller, semi-open	0010, 0100, 0120	0901 semi-open impeller centrifugal pump	
inner stuffing box	0220	1924 piston pump with inner stuffing box	
intermediate	4008	2906 intermediate cooling water pump	
leather industry	0010	7912 pump for leather industry	
limed juice	7207	7953 limed juice pump	sugar industry
main	4031, 6402	2901 main condensate extraction pump	
mini	0010	1960 mini pump	
mobile	0010, 0100, 0220, 0280	1950 mobile pump 1952 mobile centrifugal pump	
multi	0102, 0220, 1224	0927 multi plunger pump 0102 multi channel pump	
multi cylinder	0220, 1224, 1225, 1226, 1227, 1258	1920 multi cylinder valve type piston pump	
open impeller	0010, 0100, 0120	0902 centrifugal pump with open impeller	
ore preparation	0010	7910 pump for ore preparation	
petrochemical	0010	7913 petrochemical pump	Generic name for pump used in petrochemical plant
pharmaceutical industry	0010	7921 pump for pharmaceutical industry	
portable	0010, 0100, 0220, 0280, 7101	1951 portable pump 7902 portable fire pump	
quadruple acting	0270	0922 quadruple acting semi-rotary (wing) pump	
raw juice	7207	7952 raw juice pump	sugar industry
reversible blades	0105, 6408	0906 axial flow pump with reversible blades	capable of operating in either direction
screwed connections	0010, 1111	1911 in-line pump with screwed connections	
secondary	4031	2902 secondary condensate pump	
semi-open impeller	0010, 0100, 0120	0901 semi-open impeller centrifugal pump	
shrouded impeller	0010, 0100, 0101, 1010	1930 shrouded impeller single entry pump	
side entry	0010, 0100, 1123	1904 side entry segmental type pump	

Descriptive Item	Combination Examples	Descriptive Example	Remarks
single	0102, 0220, 1224	0926 single plunger pump 0102 single channel impeller pump	
single acting	0010, 0220	0920 single acting piston pump	
single cylinder	0220, 1224, 1225, 1226, 1227, 1228, 1258	0923 single cylinder piston pump	
skid/sled mounted	0010, 0100, 7101	1955 skid mounted pump	the terms skid and sled are interchangeable
steam jacketed	0010, 0100	1941 steam jacketed pump	
syrup (extraction)	0010	7950 syrup (extraction) pump	sugar industry
three	0010, 0100, 0102, 1123, 1124	0100 three-stage centrifugal pump 0102 three channel impeller pump	
three cylinder	0220, 1224, 1225, 1226, 1227, 1228, 1258	0925 three cylinder piston pump 1224 triplex pump	
top entry	0010, 0100, 1123	1901 top entry pump	or: top inlet pump
trailer	0010, 0100, 0200, 7001	7001 trailer mounted contractors' pump	
transportable	0010, 0100, 0220, 0280	1951 transportable pump 1952 transportable centrifugal pump	
triple	0282, 0210, 0220, 1224	1224 triple ram pump	
triplex	0220, 1224, 1225, 1226, 1227, 1228, 1258	0925 triplex power pump	triplex pump
turbo	3009, 6402	3009 turbo pump	
two	0100, 1007	1007 two-stage pump	
two cylinder	0220, 1224, 1225, 1226, 1227, 1258	0924 two cylinder piston pump	
twin	0282	0282 twin screw pump	twin sometimes used for double
variable pitch blades	0010, 0100, 0103, 0150	0905 axial flow pump with variable pitch blades	or: adjustable propeller pump
welded connections	0010, 1111	1912 in-line pump with welded connections	

Liste alphabétique

(inclusivement la liste alphabétique des termes qualitatifs, antérieurs et postérieurs)

Alphabetical Index

(including Alphabetical List of Descriptive Prefixes and Suffixes)

Elenco alfabetico

(compreso l'elenco alfabetico dei termini qualificativi anteposti e postposti)

Indice alfabético

(incluyendo la lista alfabetica de los terminos calificativos anteriores y posteriores)

Alphabetische Liste

(einschließlich alphabetische Liste der vor- oder nachgestellten Beschreibungsmerkmale)

français

French

francese

francés

Französisch

Termes qualificatifs	Exemples de Combinaisons	Exemples de Désignations	Notes
portative	0010, 0100, 0220, 0280, 7101	7902 pompe d'incendie portative	
presse-étoupe central, avec. . .	0220	1925 pompe à pistons avec presse-étoupe central	
presse-étoupe d'extrémité, avec. . .	0220	1923 pompe à pistons avec presse-étoupe d'extrémité	
presse-étoupe interne avec. . .	0220	1924 pompe à pistons avec presse-étoupe interne	
principale	4031, 6402	2901 pompe principale d'extraction	
quadruple effet, à. . .	0270	0922 pompe semi-rotative à quadruple effet	
raccordement fileté, à. . .	0010 , 1111	1911 pompe in-line à raccordement fileté	
raccordement par brides, à. . .	0010, 1111	1910 pompe in-line à raccordement par brides	
raccordement par soudure, à. . .	0010, 1111	1912 pompe in-line à raccordement par soudure	
réchauffable	0010, 0100	1942 pompe centrifuge réchauffable	
roue fermée à. . .	0010, 0100, 0101, 1111	0903 pompe centrifuge à roue radiale fermée	
roue ouverte, avec. . .	0010, 0100, 0120	7902 pompe centrifuge avec roue ouverte	
roue semi-ouverte, avec. . .	0010, 0100, 0120	0901 pompe centrifuge avec roue semi-ouverte	
secondaire	4031	2902 pompe secondaire d'extraction	
secours	4008, 6402	2904 pompe de circulation d'eau de refroidissement de secours	
simple effet	0010, 0220	0920 pompe à pistons à simple effet	
transportable	0010, 0100, 0220, 0280	1951 pompe transportable	
trois canaux	0102	0102 pompe à roue à trois canaux	
trois cylindres	0220, 1224, 1225, 1226, 1227, 1258	1927 pompe mécanique à trois cylindres	pompe triplex
turbo. . .	3009, 6402	3009 turbo-pompe	
un canal	0102	0102 pompe à un canal	
vide-fûts	0010, 0220, 0270	7930 pompe vide-fûts semi rotative	
volant d'inertie	1258	1921 pompe mécanique à volant d'inertie	

LISTE ALPHABETIQUE DES TERMES QUALIFICATIFS (ANTERIEURS ET POSTERIEURS)

La liste alphabétique ci-après comporte des termes qualificatifs qui peuvent être placés avant ou après les désignations de pompes.

Pour chaque terme qualificatif, on a indiqué, pour les exemples de combinaison, des numéros d'ordre attribués aux désignations telles qu'elles figurent dans la première partie et avec lesquels le terme qualificatif peut être combiné. A titre d'exemple, le terme qualificatif *"à bras"* peut être combiné avec les désignations *0010, 0220, 0265, 0270, 0281, 7414* et *7418.*

Par ailleurs, il est donné pour chaque terme qualificatif, un exemple de désignation (avec son numéro d'ordre correspondant) pour l'une des combinaisons possibles. Ainsi pour le terme qualificatif "à bras", l'exemple de désignation est : *"3910- Pompe de transvasement à bras".* L'exemple montre le processus suivant lequel s'effectue la combinaison de la désignation de la première partie, avec le terme qualificatif. A la fin des sections de la premiere partie les exemples de désignations de la liste sont juxtaposés dans les cinq langues de manière à pouvoir comparer pour chacune des langues le procédé selon lequel s'est effectuée la combinaison. De plus, ils font l'objet d'une liste alphabétique.

Les numéros d'ordre figurant dans la liste ci-après ne se réfèrent pas à toutes les désignations avec lesquelles les termes qualificatifs concernés peuvent être combinés. De nombreuses autres combinaisons sont possibles, dans la mesure où elles sont techniquement significatives.

Termes qualificatifs	**Exemples de Combinaisons**	**Exemples de Désignations**	**Notes**
air comprimé, à . . .	7411	3920 pompe vide-fûts à air comprimé	
auxiliaire	0010, 4008, 6402	2903 pompe auxiliaire	
bras, à. . .	0010, 0220, 0265, 0270, 0281, 7414, 7418	3910 pompe de transvasement à bras	
canal, à un. . .	0102	0102 pompe à roue à un canal	
canaux, à deux. . .	0102	0102 pompe à roue à deux canaux	
canaux, à trois. . .	0102	0102 pompe à roue à trois canaux	
chariot, sur. . .	0010, 0100, 0220, 0280	1952 pompe centrifuge sur chariot	
chaulé, à jus. . .	7207	7953 pompe à jus chaulé	industrie du sucre
commande manuelle, à. . .	0010, 0220, 6911	3911 pompe de cale à commande manuelle	
commande mécanique à. .	0220, 3001, 7418	3001 pompe à commande mécanique	
conditionnement du minerai, pour le. . .	0010	7910 pompe pour le conditionnement du minerai	
cosmétique, à. . .	0010	7920 pompe à cosmétique	
cylindres, à deux. . .	0220, 1224, 1225, 1226, 1227, 1258	0924 pompe à pistons à deux cylindres	
cylindres , à plusieurs	0220, 1224, 1225, 1226, 1227, 1258	1920 pompe à pistons à plusieurs cylindres	
cylindres, à trois. . .	0220, 1224, 1225, 1226, 1227, 1258	0925 pompe mécanique à trois cylindres	pompe triplex
deux canaux, à. . .	0102	0102 pompe à roue à deux canaux	
deux cylindres, à. . .	0220, 1224, 1225, 1226, 1227, 1258	0924 pompe à pistons à deux cylindres	
diffusion, à jus de. . .	7207	7952 pompe à jus de diffusion	industrie du sucre
double effet, à. . .	0010, 0220, 0270	0921 pompe à pistons à double effet	
effet, à double. . .	0010, 0220, 0270	0921 pompe à pistons à double effet	
effet, à quadruple	0270	0270 pompe semi-rotative à quadruple effet	
effet, à simple. . .	0010, 0220	0922 pompe à pistons à simple effet	

Termes qualificatifs	Exemples de Combinaisons	Exemples de Désignations	Notes
électro. . .	0010, 6402	3901 électro-pompe d'alimentation de chaudière	
entrée axiale, à. . .	0010, 0100, 0101, 0102, 0120	0907 pompe à volute à entrée axiale	
entrée latérale, à. . .	0010, 0100, 1123	1904 pompe à corps segmenté à entrée latérale	
entrée verticale par le bas, à. . .	0010, 0100, 1123, 6402	7901 pompe d'alimentation de chaudière à entrée verticale par le bas	
entrée verticale par le haut, à. . .	0010, 0100, 1123	1901 pompe à entrée verticale par le haut	
enveloppe de réchauffage, à. . .	0010, 0100	1940 pompe à enveloppe de réchauffage	
enveloppe de réchauffage, à vapeur, à. . .	0010, 0100	1941 pompe à enveloppe de réchauffage à vapeur	
enveloppe de refroidissement, à. . .	0010, 0100	1943 pompe à enveloppe de refroidissement	
épais, à jus. . .	7207	7950 pompe à jus épais	industrie du sucre
évaporation, à jus avant. .	7207	7951 pompe à jus avant évaporation	industrie du sucre
fixe	0010, 0100, 0220, 0280, 7101	7903 pompe d'incendie fixe	
galvanotechnique, pour la. . .	0010	7911 pompe pour la galvanotechnique	
impur, à jus. . .	7207	7954 pompe à jus impur	industrie du sucre
industrie du cuir, pour l'. . .	0010	7912 pompe pour l'industrie du cuir	
intermédiaire	4008	2905 pompe de circulation d'eau de refroidissement intermédiaire	
jet d'eau, pour. . .	0010	7940 pompe pour jet d'eau	
jus avant évaporation, à. .	7207	7951 pompe à jus avant évaporation	industrie du sucre
jus chaulé, à. . .	7207	7953 pompe à jus chaulé	industrie du sucre
jus de diffusion, à. . .	7207	7952 pompe à jus de diffusion	industrie du sucre
jus épais, à. . .	7207	7950 pompe à jus épais	pompe à sirop
jus impur, à. . .	7207	7954 pompe à jus impur	pompe à sirop
miniature, en. . .	0010	1960 pompe en miniature	
mobile	0010, 0100, 0220, 0280	1950 pompe mobile	
monocylindrique	0220, 1224, 1225, 1226, 1227, 1228, 1258	0926 pompe à piston-plongeur monocylindrique	
pales orientables à l'arrêt, à. . .	0010, 0100, 0103, 0105	0904 pompe hélice à pales orientables à l'arrêt	pompe hélice à pas réglable
pales orientables en marche, à. . .	0010, 0100, 0103, 0105	0905 pompe hélice à pales orientables en marche	pompe hélice à pas variable
pas réversible, à. . .	0105, 6408	0906 pompe hélice à pas réversible	pompe hélice avec pales à profil symétrique et avec dispositif d'inversion de pas pouvant pomper dans les deux sens
patins, sur. . .	0010, 0100, 7101	1953 pompe sur patins	
pétrochimie, pour la. . .	0010	7913 pompe pour la pétrochimie	
pharmacie, de. . .	0010	7521 pompe de pharmacie	
plusieurs canaux, à. . .	0102	0102 pompe à roue à plusieurs canaux	
plusieurs cylindres, à. . .	0220, 1224, 1225, 1226, 1227, 1258	1925 pompe à pistons à plusieurs cylindres 0927 pompe à pistons-plongeurs à plusieurs cylindres	

Termes qualificatifs	Exemples de Combinaisons	Exemples de Désignations	Notes
portative	0010, 0100, 0220, 0280, 7101	7902 pompe d'incendie portative	
presse-étoupe central, avec. . .	0220	1925 pompe à pistons avec presse-étoupe central	
presse-étoupe d'extrémité, avec. . .	0220	1923 pompe à pistons avec presse-étoupe d'extrémité	
presse-étoupe interne avec. . .	0220	1924 pompe à pistons avec presse-étoupe interne	
principale	4031, 6402	2901 pompe principale d'extraction	
quadruple effet, à. . .	0270	0922 pompe semi-rotative à quadruple effet	
raccordement fileté, à. . .	0010 , 1111	1911 pompe in-line à raccordement fileté	
raccordement par brides, à. . .	0010, 1111	1910 pompe in-line à raccordement par brides	
raccordement par soudure, à. . .	0010, 1111	1912 pompe in-line à raccordement par soudure	
réchauffable	0010, 0100	1942 pompe centrifuge réchauffable	
roue fermée à. . .	0010, 0100, 0101, 1111	0903 pompe centrifuge à roue radiale fermée	
roue ouverte, avec. . .	0010, 0100, 0120	7902 pompe centrifuge avec roue ouverte	
roue semi-ouverte, avec. . .	0010, 0100, 0120	0901 pompe centrifuge avec roue semi-ouverte	
secondaire	4031	2902 pompe secondaire d'extraction	
secours	4008, 6402	2904 pompe de circulation d'eau de refroidissement de secours	
simple effet	0010, 0220	0920 pompe à pistons à simple effet	
transportable	0010, 0100, 0220, 0280	1951 pompe transportable	
trois canaux	0102	0102 pompe à roue à trois canaux	
trois cylindres	0220, 1224, 1225, 1226, 1227, 1258	1927 pompe mécanique à trois cylindres	pompe triplex
turbo. . .	3009, 6402	3009 turbo-pompe	
un canal	0102	0102 pompe à un canal	
vide-fûts	0010, 0220, 0270	7930 pompe vide-fûts semi rotative	
volant d'inertie	1258	1921 pompe mécanique à volant d'inertie	

Elenco alfabetico
(compreso l'elenco alfabetico dei termini qualificativi anteposti e postposti)

Alphabetical Index
(including Alphabetical List of Descriptive Prefixes and Suffixes)

Liste alphabétique
(inclusivement la liste alphabétique des termes qualitatifs, antérieurs et postérieurs)

Indice alfabético
(incluyendo la lista alfabetica de los terminos calificativos anteriores y posteriores)

Alphabetische List
(einschließlich alphabetische Liste der vor- oder nachgestellten Beschreibungsmerkmale)

italiano

Italian

italien

italiano

Italienisch

pompa per filanda **7408**
pompa monoblocco **1029**

pompa Butterworth **6914** pompa d'assetto longitudinale per i

Termine qualificativo	Esempio di combinazione	Esempio di denominazione	Note
premitreccia all'estremità, con	0220	1923 pompa a stantuffi con premitreccia all'estremità	
premitreccia intermedi, con	0220	1925 pompa a stantuffi con premitreccia intermedi	
premitreccia interno, con	0220	1924 pompa a stantuffi con premitreccia interno	
principale	4031, 6402	2901 pompa principale di estrazione del condensato	
quadruplo effetto, a	0270	0922 pompa semirotativa a quadruplo effetto	
riscaldabile	0010, 0100	1942 pompa centrifuga riscaldabile	
semirotativa	0010, 0220, 0270	7930 pompa semirotativa per barili	
semplice effetto	0010, 0220	0920 pompa a pistoni a semplice effetto	
secondaria	4031	2902 pompa secondaria di estrazione del condensato	
scarico, per sughi di	7207	7954 pompa per sughi di scarico	
spessi, per sughi	7207	7950 pompa per sughi spessi	industria saccarifera
sughi defecati, per	7207	7953 pompa per sughi defecati	
sughi di scarico, per	7207	7954 pompa per sughi di scarico	
sughi filtrati, per	7207	7951 pompa per sughi filtrati	
sughi greggi, per	7207	7952 pompa per sughi greggi	
sughi spessi, per	7207	7950 pompa per sughi spessi	
turbo	3009, 6402	3009 turbopompa	
trasportabile	0010, 0100, 0220, 0280	1951 pompa trasportabile	
trattamento del minerale, per il	0010	7910 pompa per il trattamento del minerale	
tre canali, a	0102	0102 pompa a tre canali	
un canale, ad	0102	0102 pompa a un canale	
volano, con	1258	1921 pompa meccanica con volano	

ELENCO ALFABETICO DEI TERMINI QUALIFICATIVI (ANTEPOSTI E POSPOSTI)

Nel seguente elenco alfabetico vengono indicati dei termini qualificativi che possono precedere o seguire le denominazioni delle pompe' Per ogni termine qualificativo, vengono indicati, per gli esempi di combinazioni, i numeri progressivi con cui le denominazioni sono state ordinate nella prima parte e con i quali i detti termini possono venir combinati. Ad esempio, il termine qualificativo *"manuale"* può essere combinato con le denominazioni *0010, 0220, 0265, 0270, 0281, 7414* e *7418.* Così, per ogni termine qualificativo, vien dato un esempio di denominazione, con il corrispondente numero progressivo, per una delle possibili denominazioni.

Per il termine qualificativo "manuale", l'esempio di denominazione è il seguente : *"3910 pompa a mano per travaso".*

L'esempio di denominazione mostra in quale modo si effettua la combinazione della denominazione della prima parte con il termine qualificativo.

Alla fine delle sette sezioni della prima parte sotto il corrispondente numero progressivo, si trovano gli esempi di denominazione affiancati nelle cinque lingue, così da poter confrontare il modo in cui è stata fatta la combinazione in ciascuna di esse.

Essi sono inoltre raccolti in un elenco alfabetico.

I numeri progressivi che compaiono nell'elenco non si riferiscono a tutte le denominazioni con le quali possono venir combinati i termini qualificativi esaminati. Molte altre combinazioni sono possibili sempreché esse siano tecnicamente significative.

Termine qualificativo	Esempio di combinazione	Esempio di denominazione	Note
aria compressa, ad	7411	3920 pompa per barili ad aria compressa	
ausiliaria	0010, 4008, 6402	2903 pompa ausiliaria	
bocche da saldare, con	0010, 1111	1912 pompa in linea con bocche da saldare	
bocche filettate, con	0010, 1111	1911 pompa in linea con bocche filettate	
bocche flangiate, con	0010, 1111	1910 pompa in linea con bocche flangiate	
camicia di riscaldamento, con	0010, 0100	1940 pompa con camicia di riscaldamento	
camicia di riscaldamento, a vapore, con	0010, 0100	1941 pompa con camicia di riscaldamento a vapore	
camicia di raffreddamento, con	0010, 0100	1943 pompa con camicia di raffreddamento	
canale, ad un	0102	0102 pompa ad un canale	
canali, a due	0102	0102 pompa a due canali	
canali, a tre	0102	0102 pompa a tre canali	
carrellata	0010, 0100, 0220, 0280	1952 pompa centrifuga carrellata	
cilindri, a due	0220, 1224, 1225, 1226, 1227, 1258	0924 pompa a pistoni a due cilindri	
cilindri, a più	0220, 1224, 1225, 1226, 1227, 1258	1920 pompa a stantuffi a valvola a più cilindri	
cilindri, a tre	0220, 1224, 1225, 1226, 1227, 1258	0925 pompa a pistoni a tre cilindri	pompa tripla
comando manuale, a	0010, 0220, 6910	3911 pompa di sentina a comando manuale	
comando meccanico, a	0220, 3001, 7418	3001 pompa a comando meccanico	
cosmetici, per	0010	7920 pompa per cosmetici	
defecati, per sughi	7207	7953 pompa per sughi defecati	industria saccarifera
doppio effetto, a	0010, 0220, 0270	0921 pompa a pistoni a doppio effetto	

Termine qualificativo	Esempio di combinazione	Esempio di denominazione	Note
due canali, a	0102	0102 pompa a due canali	
due cilindri, a	0220, 1224, 1225, 1226 1227, 1258	0924 pompa a pistoni a due cilindri	
effetto, a doppio	0010, 0220, 0270	0921 pompa a pistoni a doppio effetto	
effetto, a quadruplo	0922	0922 pompa semirotativa a quadruplo effetto	
effetto, a semplice	0010, 0220	0920 pompa a pistoni a semplice effetto	
elettro. . .	0010, 6402	3901 elettropompa per alimentazione di caldaia	
emergenza	4008, 6402	2904 pompa di emergenza per acqua di raffreddamento	
entrata assiale, ad	0010, 0100, 0101, 0102, 0120	0907 pompa a voluta ad entrata assiale	
entrata laterale, a	0010, 0100, 1123	1904 pompa con corpo ad elementi ad entrata laterale	
entrata verticale dal basso, con	0010, 0100, 1123	7901 pompa per alimentazione di caldaia con entrata verticale dal basso	
entrata verticale dall'alto, con	0010, 0100, 1123	1901 pompa con entrata verticale dall'alto	
farmaceutica, per	0010	7921 pompa per l'industria farmaceutica	
filtrati, per sughi	7207	7951 pompa per sughi filtrati	industria saccarifera
fissa	0010, 0100, 0220, 0280, 7101	7903 pompa antincendio fissa	
fontana, da	0010	7940 pompa da fontana	
galvanostegia, per	0010	7911 pompa per galvanostegia	
girante aperta, con	0010, 0100, 0120	0902 pompa centrifuga con girante aperta	
girante raidale chiusa, con	0010, 0100, 0101, 1111	0903 pompa centrifuga con girante radiale chiusa	
girante semiaperta, con	0010, 0100, 0120	0901 pompa centrifuga con girante semiaperta	
greggi, per sughi	7207	7952 pompa per sughi greggi	industria saccarifera
industria del cuoio, per l'.	0010	7912 pompa per l'industria del cuoio	
intermedia	4008	2905 pompa intermedia per acqua di raffreddamento	
mano, a	0010, 0220, 0265, 0270, 0281, 7414, 7418	3910 pompa a mano per travaso	
miniatura, in	0010	1960 pompa in miniatura	
mobile	0010, 0100, 0220, 0280	1950 pompa mobile, pompa portatile	
monocilindrica	0220, 1224, 1225, 1226, 1227, 1228, 1258	0926 pompa a stantuffo tuffante monocilindrica	
pale orientabili da fermo, a	0010, 0100, 0103, 0105	0904 pompa ad elica a pale orientabili da fermo	
pale orientabili in moto, a	0010, 0100, 0103, 0105	0905 pompa ad elica a pale orientabili in moto	
passo invertibile, a	0105, 6408	0906 pompa ad elica a passo invertibile	
pattini, su	0010, 0100, 7101	1953 pompa su pattini	
petrochimica, per	0010	7913 pompa per petrochimica	
portatile	0010, 0100, 0220, 0280, 7101	7902 pompa antincendio portatile	

Termine qualificativo	Esempio di combinazione	Esempio di denominazione	Note
premitreccia all'estremità, con	0220	1923 pompa a stantuffi con premitreccia all'estremità	
premitreccia intermedi, con	0220	1925 pompa a stantuffi con premitreccia intermedi	
premitreccia interno, con	0220	1924 pompa a stantuffi con premitreccia interno	
principale	4031, 6402	2901 pompa principale di estrazione del condensato	
quadruplo effetto, a	0270	0922 pompa semirotativa a quadruplo effetto	
riscaldabile	0010, 0100	1942 pompa centrifuga riscaldabile	
semirotativa	0010, 0220, 0270	7930 pompa semirotativa per barili	
semplice effetto	0010, 0220	0920 pompa a pistoni a semplice effetto	
secondaria	4031	2902 pompa secondaria di estrazione del condensato	
scarico, per sughi di	7207	7954 pompa per sughi di scarico	
spessi, per sughi	7207	7950 pompa per sughi spessi	industria saccarifera
sughi defecati, per	7207	7953 pompa per sughi defecati	
sughi di scarico, per	7207	7954 pompa per sughi di scarico	
sughi filtrati, per	7207	7951 pompa per sughi filtrati	
sughi greggi, per	7207	7952 pompa per sughi greggi	
sughi spessi, per	7207	7950 pompa per sughi spessi	
turbo	3009, 6402	3009 turbopompa	
trasportabile	0010, 0100, 0220, 0280	1951 pompa trasportabile	
trattamento del minerale, per il	0010	7910 pompa per il trattamento del minerale	
tre canali, a	0102	0102 pompa a tre canali	
un canale, ad	0102	0102 pompa a un canale	
volano, con	1258	1921 pompa meccanica con volano	

Indice alfabético

(incluyendo la lista alfabetica de los terminos calificativos anteriores y posteriores)

Alphabetical Index

(including Alphabetical List of Descriptive Prefixes and Suffixes)

Liste alphabétique

(inclusivement la liste alphabétique des termes qualitatifs, antérieurs et postérieurs)

Elenco alfabetico

(compreso l'elenco alfabetico dei termini qualificativi anteposti e postposti)

Alphabetische Liste

(einschließlich alphabetische Liste der vor- oder nachgestellten Beschreibungsmerkmale)

español

Spanish

espagnol

spagnola

Spanisch

LISTA ALFABETICA DE TERMINOS CALIFICATIVOS (anteriores y posteriores)

La lista alfabética, adjunta, incluye los términos calificativos que pueden situarse antes o después de la denominación de la bomba.

Para cada término calificativo, se indican, para los ejemplos de combinación, los números de orden atribuídos a las denominaciones que figuran en la primera parte y con los cuales el término calificativo puede combinarse. A titulo de ejemplo, el término calificativo *"a mano"*, puede combinarse con las denominaciones *0010, 0220, 0265, 0270, 0281, 7414* y *7418.*

Además, para cada término calificativo, se da un ejemplo de denominación (con su número de orden correspondiente) para una de las combinaciones posibles. Para el término calificativo "a mano", el ejemplo de denominación es : *"3910 – Bomba de transvase a mano".* El ejemplo, muestra el proceso según el cual se efectua la combinación de la denominación de la primera parte con el término calificativo.

Al final de la sección de la primera parte, los ejemplos de denominación de la lista están justapuestos en los cinco idiomas, con el fin de poder comparar para cada idioma el proceso según el cual se efectua la combinación. Este es el objeto de una lista alfabética.

Los números de orden que figuran en las listas no incluyen todas las combinaciones que pueden efectuarse con los términos calificativos. Muchas otras combinaciones son posibles, en la medida de que ellas sean tecnicamente significativas.

Término calificativo	Ejemplos de combinación	Ejemplo de designación	Notas
accionamiento manual, de . . .	0010, 0220, 6910	3911 bomba de bodega de accionamiento manual	
accionamiento mecánico, de . . .	0220, 3001, 7418	3001 bomba de accionamiento mecanico	
acondicionamiento de minerales, para . . .	0010	7910 bomba para el acondicionamiento de minerales	
aire comprimido, por	7411	3920 bomba de vaciado de barriles por aire comprimido	
auxiliar	0010, 4008, 6402	2903 bomba auxiliar	
cal, jugo de . . .	7207	7953 bomba para jugo de cal	industria azucarera
calentable	0010, 0100	1942 bomba centrífuga calentable	
canales, de dos . . .	0102	0102 bomba de rodete de dos canales	
canales, de tres	0102	0102 bomba de rodete de tres canales	
canal, de un	0102	0102 bomba de rodete de un canal	
carrito, sobre	0010, 0100, 0220, 0280	1952 bomba centrífuga sobre carrito	
chorro de agua, para	0010	7940 bomba para chorro de agua	
cilindros, de dos. . .	0220, 1224, 1225, 1226, 1227, 1258	0924 bomba de pistón de dos cilindros	
cilindros, de tres . . .	0220, 1224, 1225, 1226, 1227, 1258	0925 bomba de pistón de tres cilindros	
cilindros, de varios	0220, 1224, 1225, 1226 1227, 1258	1920 bomba de pistón de varios cilindros	
cosmética, para . . .	0010	7920 bomba para la cosmética	
cuadruple efecto, ce	0270	0922 bomba semi-rotativa de cuadruple efecto	
difusión, para jugo de . . .	7207	7952 bomba para jugo de difusión	industria azucarera
doble efecto, de	0010, 0220, 0270	0921 bomba de pistón de doble efecto	
dos canales, de . . .	0102	0102 bomba con rodete de dos canales	

Término calificativo	Ejemplo de combinación	Ejemplo de designación	Notas
dos cilindros, de . . .	0220, 1224, 1225, 1226, 1227, 1258	0924 bomba de pistón de dos cilindros	
efecto, de cuadruple	0922	0922 bomba semi-rotativa de cuadruple efecto	
efecto, de doble . . .	0010, 0220, 0270	0921 bomba de pistón de doble efecto	
efecto, de simple . . .	0010, 0220	0920 bomba de pistón de simple efecto	
electro . . .	0010, 6402	3901 electrobomba de alimentación de calderas	
entrada axial, de	0010, 0100, 0101, 0102, 0120	0907 bomba de voluta de entrada axial	
entrada lateral, de	0010, 0100, 1123	1904 bomba con cuerpo segmentado con entrada lateral	
entrada vertical por abajo, con . . .	0010, 0100, 1123, 6402	7901 bomba de alimentación de calderas con entrada vertical por abajo	
entrada vertical superior, con . . .	0010, 0100, 1123	1901 bomba de entrada vertical superior	
envoltura de calentamiento, con . . .	0010, 0100	1940 bomba con envoltura de calentamiento	
envoltura de calentamiento por vapor, con. . .	0010, 0100	1941 bomba con envoltura de calentamiento por vapor	
envoltura de enfriamiento, con . . .	0010, 0100	1943 bomba con envoltura de enfriamiento	
espeso, para jugo . . .	7207	7950 bomba para jugo espeso	industria azucarera
evaporación, para jugo antes . . .	7207	7951 bomba para jugo antes de la evaporación	industria azucarera
farmacia, para . . .	0010	7521 bomba para farmacia	
fija	0010, 0100, 0220, 0280, 7101	7903 bomba de incendio fija	
galvanotecnia, para la . . .	0010	7911 bomba para la galvanotecnia	
impuro, para jugo	7207	7954 bomba para jugo impuro	industria azucarera
industria del cuero, para la	0010	7912 bomba para la industria del cuero	
intermedia	4008	2905 bomba de circulación de agua de enfriamiento intermedia	
jugo antes de la evaporación, para	7207	7951 bomba para jugo antes de la evaporación	industria azucarera
jugo de cal, para	7207	7953 bomba para jugo de cal	industria azucarera
jugo de difusión, para . . .	7207	7952 bomba para jugo de difusión	industria azucarera
jugo espeso, para	7207	7950 bomba para jugo espeso	industria azucarera
jugo impuro, para	7207	7954 bomba para jugo impuro	industria azucarera
mano, a . . .	0010, 0220, 0265, 0270 0281, 7414, 7418	3910 bomba de transvase a mano	
miniatura	0010	1960 bomba miniatura	
monocilíndrica	0220, 1224, 1225, 1226, 1227, 1228, 1258	0926 bomba de pistón plongeur monocilíndrica	
movil	0010, 0100, 0220, 0280	1950 bomba movil	
palas orientables al parar, con . . .	0010, 0100, 0103, 0105	0904 bomba de hélice con palas orientables al parar	bomba de hélice con paso regulable
palas orientables en marcha, con . . .	0010, 0100, 0103, 0105	0905 bomba de hélice con palas orientables en marcha	bomba de hélice con paso variable

Término calificativo	Ejemplo de combinación	Ejemplo de designación	Notas
paso reversible, de	0105, 6408	0906 bomba de helice de paso reversible	bomba de hélice con palas de perfil simétrico y con dispositivo de inversión de paso, pudiendo bombear en los dos sentidos
patines, sobre . . .	0010, 0100, 7´01	1953 bomba sobre patines	
petroquímica, para la . .	0010	7913 bomba para la petroquímica	
portatil	0010, 0100, 0220, 0280, 7101	7902 bomba de incendio portatil	
prensa estopas central, con . . .	0220	1925 bomba de pistones con prensa estopas central	
prensa estopas en el extremo, con . . .	0220	1923 bomba de pistón con prensa estopas en el extremo	
prensa estopas interno, con . . .	0220	1924 bomba de pistón con prensa estopas interno	
principal	4031, 6402	2901 bomba principal de extracción	
rodete abierto, con	0010, 0100, C120	0902 bomba centrífuga con rodete abierto	
rodete cerrado, con	0010, 0100, 0101, 1111	0903 bomba centrífuga con rodete radial cerrado	
rodete semi-abierto, con . . .	0010, 0100, 0120	0901 bomba centrífuga con rodete semi-abierto	
secundaria	4031	2902 bomba secundaria de extracción	
seguridad	4008, 6402	2904 bomba de circulación de enfriamiento de seguridad	
simple efecto	0010, 0220	0920 bomba de pistón de simple efecto	
transportable	0010, 0100, 0220, 0280	1951 bomba transportable	
tres canales	0102	0102 bomba con rodete de tres canales	
tres cilindros	0220, 1224, 1225, 1226, 1227, 1258	0925 bomba de pistón de tres cilindros	
turbo	3009, 6402	3009 turbo bomba	
un canal	0102	0102 bomba con rodete de un canal	
uniones por brida, con . . .	0010, 1111	1910 bomba en línea con uniones por brida	
uniones por soldadura, con . . .	0010, 1111	1912 bomba en línea con uniones por soldadura	
uniones roscadas, con	0010, 1111	1911 bomba en línea con uniones roscadas	
vacia depositos	0010, 0220, 0270	7930 bomba vacia depositos semi-rotativa	
varios canales, de. . .	0102	0102 bomba con rodete de varios canales	
varios cilindros, de	0220, 1224, 1225, 1226, 1227, 1258	1920 bomba de pistón de varios cilindros. 0927 bomba de pistón plongeur de varios cilindros	
volante de inercia	1258	1921 bomba mecanica con volante de inercia	

Alphabetische Liste

(einschließlich alphabetische Liste der vor- oder nachgestellten Beschreibungsmerkmale)

Alphabetical Index

(including Alphabetical List of Descriptive Prefixes and Suffixes)

Liste alphabétique

(inclusivement la liste alphabétique des termes qualitatifs, antérieurs et postérieurs)

Elenco alfabetico

(compreso l'elenco alfabetico dei termini qualificativi anteposti e postposti)

Indice alfabético

(incluyendo la lista alfabetica de los terminos calificativos anteriores y posteriores)

Deutsch

German

allemand

tedesco

alemán

ALPHABETISCHE LISTE DER (VOR- UND NACHGESTELLTEN) BESCHREIBUNGSMERKMALE

Die nachstehende alphabetische Liste enthält Beschreibungsmerkmale, die Pumpenbennungen voran- oder nachgestellt werden können. Für jedes Beschreibungsmerkmal sind als Beispiel Ordnungsnummern von in Teil 1 enthaltenen Benennungen angegeben, mit denen es kombiniert werden kann; z.B. kann das Beschreibungsmerkmal *"Hand"* mit den Benennungen *0010, 0220, 0265, 0270, 0281, 7414* und *7418* kombiniert werden. Des weiteren ist bei jedem Beschreibungsmerkmal für eine der möglichen Kombinationen ein Bezeichnungsbeispiel (einschließlich Ordnungsnummer) aufgeführt; für das Beschreibungsmerkmal "Hand" ist das Bezeichnungsbeispiel: *"3910 Handabfüllpumpe"*. Das Bezeichnungsbeispiel zeigt an, wie die Kombination der Benennung aus Teil 1 mit dem Beschreibungsmerkmal erfolgt. Die in der Liste enthaltenen Bezeichnungsbeispiele sind in Teil 1 jeweils am Ende der einzelnen (sieben) Abschnitte mit einer Ordnungsnummer für die fünf Sprachen nebeneinandergestellt, so daß dort die Art und Weise der Kombination in den fünf Sprachen verglichen werden kann. Sie sind außerdem in den alphabetischen Listen aufgeführt.

Die in der nachfolgenden Liste enthaltenen Ordnungszahlen weisen nicht auf alle Benennungen hin, mit denen die jeweiligen Beschreibungsmerkmale kombiniert werden können. Zahlreiche weitere Kombinationen sind möglich, soweit sie technisch sinnvoll sind.

Beschreibungsmerkmal	**Kombinationsbeispiele**	**Bezeichnungsbeispiel**	**Bemerkungen**
axialer Eintritt	0010, 0100, 0101, 0102, 0120	0907 Spiralgehäusepumpe mit axialem Eintritt	
Dampfmantel	0010, 0100	1941 Pumpe mit Dampfmantel	
Dick...	7207	7950 Dicksaftpumpe	Zuckerindustrie
doppeltwirkende	0010, 0220, 0270	0921 doppeltwirkende Kolbenpumpe	
Drei...	0102, 0220, 1224	0102 Dreikanalradpumpe	
Dreizylinder...	0220, 1224, 1225, 1226, 1227, 1228, 1258	0925 Dreizylinder-Kurbelpumpe, 0925 Dreizylinder-Kolbenpumpe	auch: Triplexpumpe
Drillings...	0220	0925 Drillings-Kolbenpumpe	
Druckluft...	7411	3920 Druckluft-Faßpumpe	
Dünn...	7207	7951 Dünnsaftpumpe	Zuckerindustrie
Ein...	0102, 0220, 1224	0926 Einplungerpumpe	
einfachwirkende	0010, 0220	0920 einfachwirkende Kolbenpumpe	
einstellbare Schaufel	0010, 0100, 0103, 0105	0904 Axialkreiselpumpe mit einstellbaren Schaufeln	Einstellung der Schaufel nur vor Zusammenbau der Pumpe möglich
Eintritt, axial	0010, 0100, 0101, 0102, 0120	0907 Spiralgehäusepumpe mit axialem Eintritt	
Eintritt, seitlicher	0010, 0100, 1123	1904 Gliedergehäusepumpe mit seitlichem Eintritt	
Eintritt senkrecht von oben	0010, 0100, 1123	1901 Pumpe mit Eintritt senkrecht von oben	
Eintritt senkrecht von unten	0010, 0100, 1123, 6402	7901 Kesselspeisepumpe mit Eintritt senkrecht von unten	
Einzylinder...	0220, 1224, 1225, 1226, 1227, 1228, 1258	0923 Einzylinder-Kolbenpumpe	
Elektro...	0010, 6402	3901 Elektro-Kesselspeisepumpe	
Endstopfbuchse	0220	1923 Kolbenpumpe mit Endstopfbuchse	
Erzaufbereitung	0010	7910 Pumpe für die Erzaufbeitung	
fahrbare	0010, 0100, 0220, 0280	1952 fahrbare Kreiselpumpe	
Faß...	0010, 0220, 0270	7930 Faßflügelpumpe	
Flanschverbindung	0010, 1111	1910 Inlinepumpe mit Flanschverbindung	
Galvanotechnik	0010	7911 Pumpe für die Galvanotechnik	

Beschreibungsmerkmal	Kombinationsbeispiele	Bezeichnungsbeispiel	Bemerkungen
geschlossenes Laufrad	0010, 0100, 0101, 1111	0903 Radialkreiselpumpe mit geschlossenem Laufrad	
Gewindeverbindung	0010, 1111	1911 Inlinepumpe mit Gewindeverbindung	
halboffenes Laufrad	0010, 0100, 0120	0901 Kreiselpumpe mit halboffenem Laufrad	
Hand. . .	0010, 0220, 0265, 0270, 0281, 7414, 7418	3910 Handabfüllpumpe	auch : Ballonpumpe
handbetriebene	0010, 0220, 6911	3911 handbetriebene Bilgepumpe	
Haupt. . .	4031, 6402	2901 Hauptkondensatpumpe	
heizbare	0010, 0100	1942 heizbare Kreiselpumpe	
Heizmantel	0010, 0100	1940 Heizmantelpumpe	
Hilfs. . .	0010, 4008, 6402	2903 Hilfspumpe	
im Betrieb verstellbare Schaufel	0010, 0100, 0103, 0105	0905 Axialkreiselpumpe mit im Betrieb verstellbaren Schaufeln	auch: Verstellpropellerpumpe
im Stillstand einstellbare Schaufel	0010, 0100, 0103, 0105	0904 Axialkreiselpumpe mit im Stillstand einstellbaren Schaufeln	
Innenstopfbuchse	0220	1924 Kolbenpumpe mit Innenstopfbuchse	
Kleinst. . .	0010	1960 Kleinstpumpe	
Kosmetik. . .	0010	7920 Kosmetikpumpe	
Kühlmantel. . .	0010, 0100	1943 Kühlmantelpumpe	
Kufe	0010, 0100, 7101	1953 Pumpe auf Kufen	
Laufrad, geschlossenes	0010, 0100, 0101, 1111	0903 Radialkreiselpumpe mit geschlossenem Laufrad	
Laufrad, halboffenes	0010, 0100, 0120	0901 Kreiselpumpe mit halboffenem Laufrad	
Laufrad, offenes	0010, 0100, 0120	0902 Kreiselpumpe mit offenem Laufrad	
Lederindustrie	0010	7912 Pumpe für die Lederindustrie	
mechanisch angetriebene	0220, 3001, 7418	3001 mechanisch angetriebene Pumpe	
Mehr. . .	0102	0102 Mehrkanalradpumpe	
Mittelstopfbuchse	0220	1925 Kolbenpumpe mit Mittelstopfbuchse	
Neben. . .	4031	2902 Nebenkondensatpumpe	
Not. . .	4008, 6402	2904 Notkühlwasserpumpe	
offenes Laufrad	0010, 0100, 0120	0902 Kreiselpumpe mit offenem Laufrad	
ortsbewegliche	0010, 0100, 0220, 0280	1950 ortsbewegliche Pumpe	
ortsfeste	0010, 0100, 0220, 0280, 7101	7903 ortsfeste Feuerlöschpumpe	
Petrochemie	0010	7913 Pumpe für die Petrochemie	
Pharmazie	0010	7921 Pharmaziepumpe	
Roh. . .	7207	7952 Rohsaftpumpe	Zuckerindustrie
Schaufel, einstellbar	0010, 0100, 0103, 0105	0904 Axialkreiselpumpe mit einstellbaren Schaufeln	Einstellung der Schaufel nur vor Zusammenbau der Pumpe möglich
Schaufel, im Betrieb verstellbar	0010, 0100, 0103, 0105	0905 Axialkreiselpumpe mit im Betrieb verstellbaren Schaufeln	Verstellpropellerpumpe
Schaufel, im Stillstand einstellbar	0010, 0100, 0103, 0105	0904 Axialkreiselpumpe mit im Stillstand einstellbaren Schaufeln	
Schaufel, verstellbar	0010, 0100, 0103, 0105	0905 Axialkreiselpumpe mit verstellbaren Schaufeln	Verstellpropellerpumpe (Schaufeln im Betrieb verstellbar)

Beschreibungsmerkmal	Kombinationsbeispiele	Bezeichnungsbeispiel	Bemerkungen
Scheide. . .	7207	7953 Scheidesaftpumpe	Zuckerindustrie
Schlamm. . .	0010, 7207	7954 Schlammsaftpumpe	Zuckerindustrie
Schlitten	0010, 0100, 7101	1953 Pumpe auf Schlitten	
Schweißverbindung	0010, 1111	1912 Inlinepumpe mit Schweißverbindung	
Schwungrad	1258	1921 Kurbelpumpe mit Schwungrad	
seitlicher Eintritt	0010, 0100, 1123	1904 Gliedergehäusepumpe mit seitlichem Eintritt	
Springbrunnen . . .	0010	7940 Springbrunnenpumpe	
stationäre	0010, 0100, 0220, 0280, 7101	7903 stationäre Feuerlöschpumpe	
tragbare	0010, 0100, 0220, 0280, 7101	7902 tragbare Feuerlöschpumpe	
transportable	0010, 0100, 0220, 0280	1951 transportable Pumpe	
Turbo. . .	3009, 6402	3009 Turbopumpe	
Umkehrschaufel	0105, 6408	0906 Axialkreiselpumpe mit Umkehschaufeln	Axialkreiselpumpe mit Verstellmechanismus und symmetrischen Schaufelprofilen, die auch in umgekhrter Richtung fördern kann
verstellbare Schaufeln	0010, 0100, 0103, 0105	0905 Axialkreiselpumpe mit verstellbaren Schaufeln	Verstellpropellerpumpe (Schaufeln im Betrieb verstellbar)
Viel. . .	0220, 1224	0927 Vielplungerpumpe	
Vielzylinder. . .	0220, 1224, 1225, 1226, 1227, 1258	1920 Vielzylinder-Ventilkolbenpumpe	
vierfachwirkende	0270	0922 vierfachwirkende Flügelpumpe	
Zwei. . .	0102, 0220, 1224	0102 Zweikanalradpumpe	
zweifachwirkende	0010, 0220, 0270	0921 zweifachwirkende Kolbenpumpe	
Zweizylinder. . .	0220, 1224, 1225, 1226, 1227, 1258	0924 Zweizylinderkolbenpumpe	
Zwillings. . .	0220	0924 Zwillingskolbenpumpe	
Zwischen. . .	4008	2905 Zwischenkühlwasserpumpe	

ADVERTISEMENTS
•
PARTIE ANNONCES
•
PARTE RISERVATA ALLE INSERZIONI
•
PARTE DE ANUNCIOS
•
ANZEIGENTEIL

Halberg

Specialists in . . .
Radial and mixed flow horizontal end suction pumps, many to DIN 24255, DIN 24256, API 610 and VDMA 24297 requirement grade A standards
Horizontal and vertical multistage segmental diffusor pumps
Horizontal split case double suction pumps
Vertical radial, mixed and axial flow line shaft pumps
Booster systems; condensate return pumps and systems; sewage pumps
Plain and finned tube heat exchangers; industrial cooling units
. . . for chemical, refinery, fossil fuel and nuclear power industries.

Plants in . . .

Austria	France	Spain
Belgium/Luxembourg	West Germany	Switzerland
Canada	Holland	United States
England	Italy	

Headquarters:
Halberg Maschinenbau GmbH
Halbergstrasse 1
6700 Ludwigshafen/Rhein
West Germany
Telephone (0621) 56121
Telex 046-4833

Hayward Tyler

Specialists in . . .
Centrifugal pumps to API 610 standards
Submersible pumps and motors
Glandless boiler circulating pumps to N, NPT, U and U2 standards
Nuclear reactor internal pumps
Steam turbine prime movers, bucket or bladed wheel, to API 611/612
Pelton wheel energy recovery turbines
. . . for water supply and irrigation, fossil and nuclear power plants, refineries and chemical plants.

Plants in . . .

England	Italy	United States
Holland	Scotland	

Headquarters:
Hayward Tyler Ltd.
24 Crawley Green Road
Luton, LU1 3LW
Bedfordshire, England
Telephone (0582) 31144
Telex 82158 Tyler G

Peerless Pump

Specialists in . . .
Vertical turbine, mixed and axial flow pumps
Horizontal end suction vertically split case pumps
Horizontal double suction horizontally split case pumps
Horizontal and vertical Hydroconstant® variable speed drives
Underwriters listed and FM approved stationary fire pumps
Sump and non-clog sewage pumps, sumps and controls
. . . for the building trades, general industrial, municipal and agricultural industries.

Plants in . . .

Brazil	Mexico	Venezuela
England	United States	

Headquarters:
Peerless Pump
1200 Sycamore Street
Montebello, California 90640
Telephone (213) 726-1232
Telex 67-4156 Peerpump Mblo

SIHI

Specialists in . . .
Horizontal and vertical volute and segmental diffusor pumps
Horizontal and vertical self-priming side channel pumps
Liquid ring vacuum pumps and compressors
Gas ejectors; lobular pumps and pumping sets
Booster, filling plants; impregnation, drying and degassing plants
Reverse osmosis and water treatment equipment by Berkefeld
. . . for food processing, medical, chemical, marine and manufacturing industries.

Plants in . . .

Austria	France	Spain
Belgium/Luxembourg	West Germany	Switzerland
Canada	Holland	United States
England	Italy	

Headquarters:
SIHI GmbH & Co Kg
Lindenstrasse 170
D-2210 Itzehoe
West Germany
Telephone 4821-7711
Telex 28113

Fluid Systems Products Group

The Fluid Systems Products Group, 1200 Sycamore Street, Montebello, California 90640, USA. Telephone (213) 727-0422, Telex 67-4156.

SUBMERSIBLE
MOTORS
RATINGS FROM 2 TO 400 HP - 2 POLE - 50 Hz
RATINGS FROM 20 TO 260 HP - 4 POLE - 50 Hz
FOR
5 - 6 - 8
10 - 12 - 14
inch wells
WE MAKE
MOTORS ONLY
WET TYPE
Why choose wet type motors?
● There is no dispersion of lubrificating oil
● Water pollution is avoided
● If motor burns out it can be repaired
ROTOS MOTORI ELETTRICI S.p.A.
Viale Cinque Giornate, 1120
21042 CARONNO PERTUSELLA (Varese) Italy
☎ (02) 9659151/2/3/4
Telex 310623 ROTOMO I
Rotos

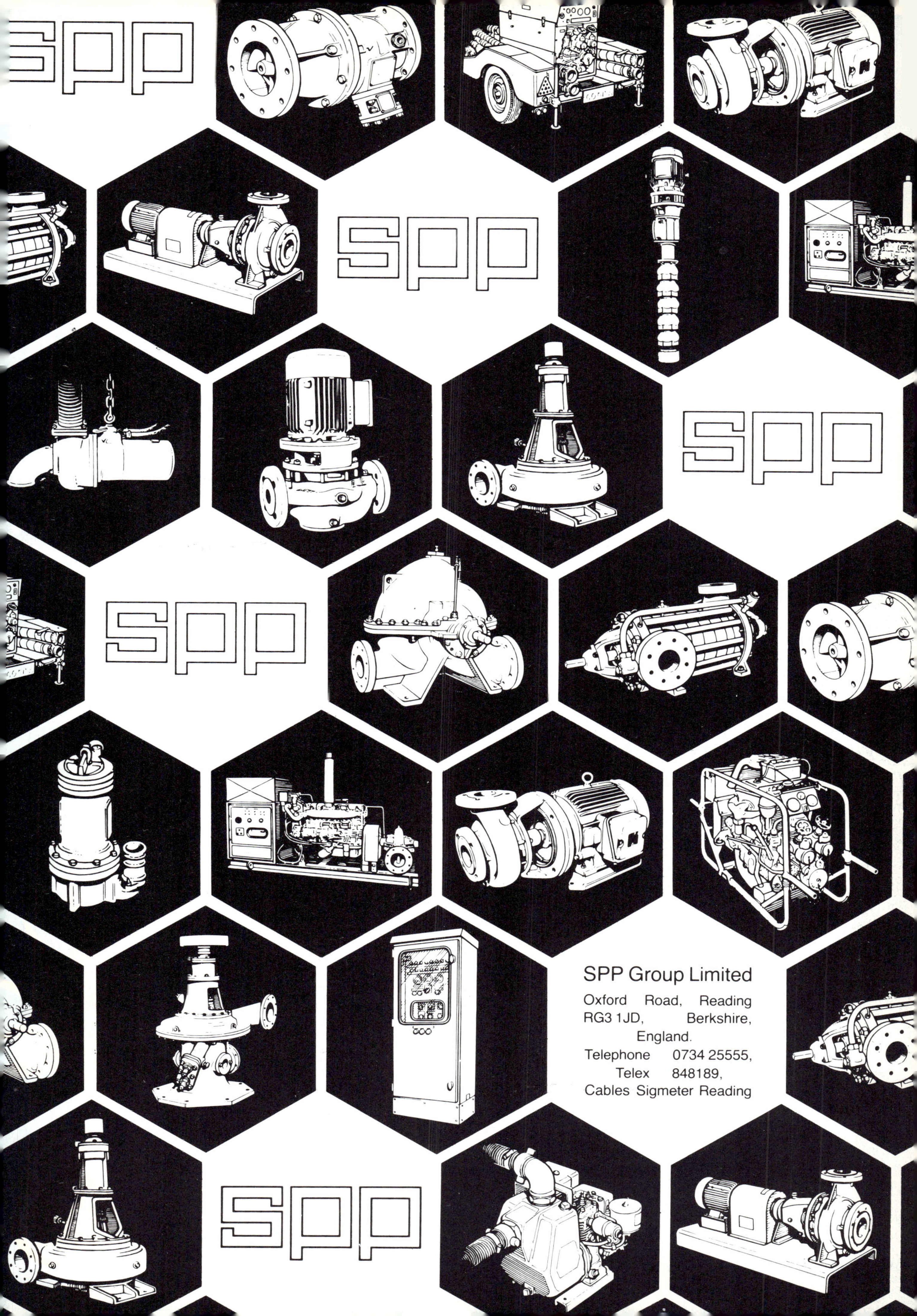
spp
spp
spp
spp
spp
SPP Group Limited
Oxford Road, Reading
RG3 1JD, Berkshire,
England.
Telephone 0734 25555,
Telex 848189,
Cables Sigmeter Reading

WIEGAND

Ingenieurunternehmen für Vakuum- und Verfahrenstechnik

150

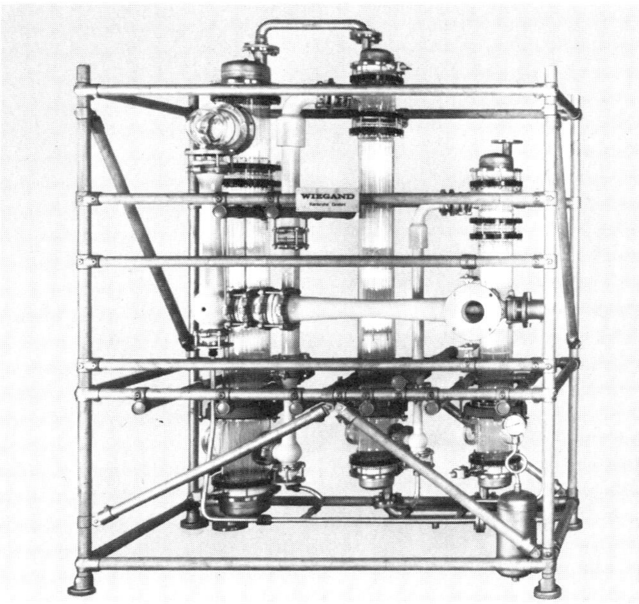

Dampfstrahl-Vakuumpumpen

aus den verschiedensten Werkstoffen, auch Graphit, Porzellan, Glas (s. Bild links), Hastelloy, Titan; für Saugdrücke bis zu 0,01 mbar, für kleinste und größte Leistungen.
Auch in Kombination mit mechanischen Vakuumpumpen.

Anwendungen z. B. in der Mineralölindustrie (s. Bild rechts), Düngemittel-, Zellstoff-, chemischen und pharmazeutischen Industrie, bei der Kunstfaserherstellung, Stahlentgasung, Vakuumkristallisation.

Steam Jet Vacuum Pumps

made of various materials, also of graphite, porcelain, glass (see left-hand side of figure), Hastelloy, titanium; for suction pressures of up to 0.01 mbar, for lowest and highest possible capacities. Also in combination with mechanical vacuum pumps.

To be used e.g. in the oil refining industry (see right-hand side of figure), fertilizer, cellulose, chemical and pharmaceutical industries, for the production of synthetic fibres, for steel degassing and vacuum crystallization.

Pompes à vide à jet de vapeur

en matériaux divers, également en graphite, porcelaine, verre (voir l'illustration à gauche), Hastelloy, titane ; pour des pressions d'aspiration allant jusqu'à 0,01 mbar, pour des capacités minimales et maximales, également combinées avec des pompes à vide mécaniques.

Utilisations : dans l'industrie pétrolière (voir l'illustration à droite), l'industrie des engrais, l'industrie de la cellulose, l'industrie chimique et pharmaceutique, dans la fabrication des fibres textiles artificielles, le dégazage d'acier, la cristallisation sous vide.

Pompe per vuoto a getto di vapore

costruite in diversi materiali, anche in grafite, porcellana, vetro (ved. fig. a sinistra), Hastelloy e titanio, per pressioni di aspirazione sino a 0,01 mbar, per piccole e grandi portate, abbiante anche a pompe per vuoto di tipo meccanico.

Impieghi : industrie petrolifere (ved. fig. a destra), industrie dei fertilizzanti, produzione di cellulosa, industrie chimiche e farmaceutiche, produzione di fibre sintetiche, degasaggio acciai, cristallizzazione sotto vuoto.

Bombas de vacío por chorro de vapor

fabricadas en materiales diversos, como grafito, porcelana, vidrio (veáse a la izquierda de la ilustración), hastelloy, titanio ; para presiones de aspiración hasta 0,01 mbar ; para capacidades muy bajas o muy altas.
También en combinación con bombas de vacío mecánicas.

Posibilidades de aplicación : por ejemplo en la industria de aceites minerales (veáse a la derecha de la ilustración), en la industria de abonos, la industria de celulosa y en la industria química y farmaceútica ; además en la producción de fibras sintéticas, para la desgasificación del acero y la cristalización al vacío.

Tochtergesellschaften, Lizenznehmer und Vertretungen

in Australien, Belgien, Dänemark, Finnland, Frankreich, Großbritannien, Indien, Irland, Italien, Japan, Korea, Neuseeland, Niederlande, Norwegen, Österreich, Portugal, Rumänien, Schweden, Schweiz, Spanien, Südafrika, U.S.A.

Wiegand Karlsruhe GmbH · Einsteinstraße 9–15 · D-7505 Ettlingen · West Germany · Tel. (07243) 7051 · Telex 782805

Why pay the premium for an exotic alloy pump when engineered plastics are better six ways.
1) More corrosion resistant. Completely inert to a wider range of chemicals.
2) More abrasion/erosion resistant. Less wear.
3) No metallic contamination. Product purity assured.
4) Easier to clean and maintain. No seizing or galling.
5) Lower initial, installation and up-keep costs.
6) Faster delivery. Your process goes on stream sooner.
Rugged centrifugal, sump and rotary pumps in these and other engineered plastics. PVC, PVDF, Polypropylene.
SUMP-GARD®
sump pumps
20 to 3800 lpm.
CHEM-GARD®
centrifugals
20 to 3800 lpm.
PRIME-GARD™
self-priming centrifugals
20 to 1140 lpm.
FLEX-I-LINER®
rotary
0 to 150 lpm.
From the World's Leading Plastic Pump Manufacturer
VANTON
VANTON PUMPS LTD.
Fribourg, Switzerland (037) 240524
16 Canal Street
Congleton, Cheshire CW12 3AA
Telephone: 02602 (77040)
Vpe

8778

THE BIBLE OF PUMPING

CONTENTS:

SECTION 1A
PUMP TYPES AND CHARACTERISTICS
Pump types (general). Centrifugal pumps and turbo-machines. Reciprocating pumps. Rotary pumps (general). Gear pumps. Vane pumps. Flexible vane pumps. Lobe-rotor pumps. Eccentric rotor screw pumps. Screw pumps. Diaphragm pumps. Peristaltic pumps. Glandless pumps. Self-priming pumps. Plastic pumps. Liquid ring pumps. Vacuum pumps. Miscellaneous pump types.

SECTION 1B
PUMPING PERFORMANCE CALCULATIONS
Fluid characteristics. Pump performance calculations. Pump inlet design. Pipework calculation.

SECTION 2A
PUMPING PRACTICE
Pump construction. Pump materials. Pump castings. Pump bearings. Pump installation and starting up. Pipework installation. Pump testing. Pump operation and maintenance. Noise and noise control.

SECTION 2B
ANCILLARIES
Pump drives. Valves. Valve actuators. Pipes and hoses. Filters. Controls and instrumentation. Packings and seals. Mechanical seals. Pump and pipeline heating. Bursting discs.

SECTION 3
DUTIES AND APPLICATIONS
Water pumps (general). Domestic water supply. Irrigation and land drainage. Submersible pumps. Chemical and process pumps. Metering and proportioning pumps. High pressure pumping. Agriculture. Boiler feed pumps. Bulk oil pumps. Pumps for food processing. Fire pumps. Solids handling. Powder and granular solids. Sewage and sludge pumps. Slurry pumps. Sugar and molasses. Pulp and paper pumps. Nuclear energy pumps. Marine pumps. High pressure water jetting. Dosing pumps.

SECTION 4
PUMP SELECTION
Pump selection. Survey of pumps.

SECTION 5
BUYERS' GUIDE

TRADE & TECHNICAL PRESS LTD.,
CROWN HOUSE, MORDEN, SURREY, SM4 5EW, ENGLAND.

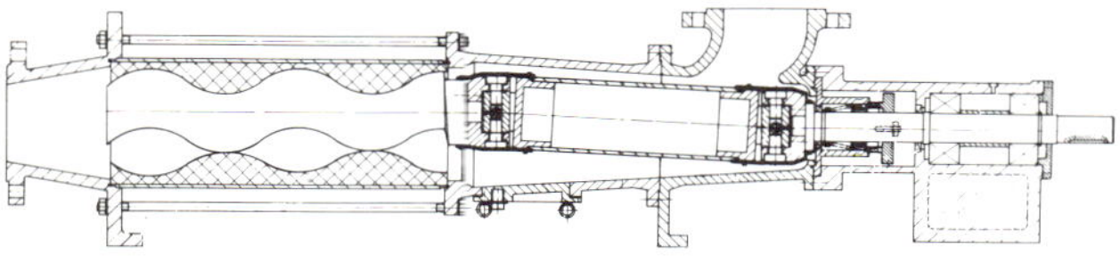

pump users handbook
second edition
TRADE & TECHNICAL PRESS LTD.

brio 15

EUROPUMP

EUROPUMP